国家出版基金项目
NATIONAL PUBLICATION FOUNDATION

宿 白 集

唐宋时期的雕版印刷

生活·讀書·新知 三联书店

图书在版编目（CIP）数据

唐宋时期的雕版印刷／宿白著．—北京：生活·读书·新知三联书店，
2020.1 （2021.9 重印）
（宿白集）
ISBN 978 - 7 - 108 - 06476 - 9

Ⅰ．①唐…　Ⅱ．①宿…　Ⅲ．①木版水印－印刷史－中国－唐宋时期
Ⅳ．① TS872-092

中国版本图书馆 CIP 数据核字（2019）第 030324 号

特约编辑　孙晓林
责任编辑　杨　乐
装帧设计　蔡立国
责任印制　董　欢
出版发行　生活·讀書·新知 三联书店
　　　　　（北京市东城区美术馆东街 22 号 100010）
网　　址　www.sdxjpc.com
经　　销　新华书店
印　　刷　天津图文方嘉印刷有限公司
版　　次　2020 年 1 月北京第 1 版
　　　　　2021 年 9 月北京第 2 次印刷
开　　本　720 毫米×1020 毫米　1/16　印张 22.5
字　　数　210 千字　图 160 幅
印　　数　07,001－10,000 册
定　　价　128.00 元
（印装查询：01064002715；邮购查询：01084010542）

出版说明

　　宿白，1922年生，字季庚，辽宁沈阳人。1944年毕业于北京大学史学系。1948年北京大学文科研究所攻读研究生肄业，1951年主持河南禹县（今禹州）白沙水库墓群的发掘，1952年起先后在北京大学历史系和考古系任教。1983年任北京大学考古系主任，兼校学术委员，同年任文化部国家文物委员会委员。1999年起当选中国考古学会荣誉理事长至今。2016年获中国考古学会终身成就奖。

　　宿白从事考古研究和教学工作逾一甲子，被誉为"百科全书式"的学者，尤其是在历史时期考古学、佛教考古、建筑考古以及古籍版本诸领域，卓有成就。著名考古学家徐苹芳在《中国大百科全书·考古卷》中如此评价宿白："其主要学术成果是，运用类型学方法，对魏晋南北朝隋唐墓葬作过全面的分区分期研究，从而为研究这一时期墓葬制度的演变、等级制度和社会生活的变化奠定了基础；他结合文献记载，对这个时期城市遗址作了系统的研究，对当时都城格局的发展、演变，提出了创见。对宋元考古作过若干专题研究，其中《白沙宋墓》一书，体现了在研究方法上将文献考据与考古实物相结合，是宋元考古学的重要著作。在佛教考古方面，用考古学的方法来研究中国石窟寺遗迹。"宿白的治学方法是"小处着手，大处着眼"，在踏实收集田野与文献材料的基础上，从中国历史发展与社会变革的大方向上考虑，终成一代大家。宿白集六种，收入了田野考古报告、论著、讲稿等作者的所有代表性著述，分别从不同侧面体现宿白的学术贡献。

　　《白沙宋墓》《藏传佛教寺院考古》《中国石窟寺研究》《唐宋时期

的雕版印刷》《魏晋南北朝唐宋考古文稿辑丛》和《宿白讲稿》系列，曾先后由文物出版社出版，皆是相关专业学者和学生的必读经典。三联书店此次以"宿白集"的形式将它们整合出版，旨在向更广泛的人文知识界读者推介这些相对精专的研究，因为它们不仅在专业领域内有着开创范例、建立体系的意义，更能见出作者对历史大问题的综合把握能力，希望更多的学者可以从中受益。此次新刊，以文物出版社版为底本，在维持内容基本不变的基础上，统一了开本版式，更新了部分图版，并由北京大学考古文博学院的多位师生对初版的排印错误进行了校订修正。所收著述在语言词句方面尽量保留初版时的原貌，体例不一或讹脱倒衍文字皆作改正。引文一般依现行点校本校核。尚无点校本行世之史籍史料，大多依通行本校核。全集一般采用通行字，保留少数异体字。引文中凡为阅读之便而补入被略去的内容时，补入文字加〔 〕，异文及作者的说明性文字则加（ ），缺文及不易辨识的文字以□示之。」表示碑文、抄本等原始文献的每行截止处。

　　宿白集的出版，得到了杨泓、孙机、杭侃等诸先生的大力支持，并得到北京大学考古文博学院的鼎力相助。在此，谨向所有关心、帮助和参与了此项工作的朋友表示衷心的感谢，并诚恳地希望广大读者批评指正。

生活·讀書·新知 三联书店
2017 年 8 月

目　次

书影目次

29. 梵文《大随求陀罗尼经咒》

30.《妙法莲华经》

31.《妙法莲华经》

32.《妙法莲华经》

33—37.《御制秘藏诠》及附图

第四部分

38.《汉书注》(临安)

39.《周易正义》(临安)

40.《汉官仪》(临安)

41.《文粹》(临安)

42.《渭南文集》(临安)

43.《抱朴子》(临安)

44.《昌黎先生集》(临安)

45.《河东先生集》(临安)

46.《文选五臣注》(杭州)

47.《妙法莲华经》(临安)

48.《朱庆余诗集》(临安)

49.《碧云集》(临安)

50.《佛国禅师文殊指南图赞》(临安)

51.《续幽怪录》(临安)

52.《大般若波罗蜜多经》(湖州)

53.《新唐书》(湖州)

54.《艺文类聚》(严州)

55.《新刊剑南诗稿》(严州)

56.《营造法式》(平江)

57.《无量清净平等觉经》(平江)

以上两浙西路

58.《资治通鉴》(绍兴)

59.《外台秘要方》(绍兴)

60.《尚书正义》(绍兴)

61.《礼记正义》(绍兴)

62.《毛诗正义》(绍兴)

63.《文选注》(明州)

64.《攻媿先生文集》(明州)

65.《周礼注》(婺州)

66.《梅花喜神谱》(婺州)

67.《景德传灯录》(台州)

68.《大唐六典》(温州)

69.《东家杂记》(衢州)

70.《三国志注》(衢州)

以上两浙东路

71.《大方广佛华严经修慈分》(福州)

72.《佛说优填王经》(福州)

73.《陶靖节先生诗注》(福州)

74.《后汉书注》(建阳)

75.《类编增广黄先生大全文集》(建阳)

76.《春秋公羊经传解诂》(建阳)

77.《史记集解索隐正义》(建阳)

78.《监本纂图重言重意互注论语》(建阳)

79.《挥麈录》(建阳)

80.《分门集注杜工部诗》(建阳)

81.《皇朝文鉴》(建阳)

82.《育德堂奏议》(建宁)

插图目次

前　言

　　本集共辑论文五篇、附录两篇。论文的前四篇原拟收在拙著《中国历史考古论集》中，后因讨论雕版印刷的文字也可以不属历史考古学范畴，出版社的同志认为另册付印为好。我接受了这个建议，并把《宋元史料目录》讲稿中的《南宋刻本书的激增和刊书地点的扩展》一节，排在《南宋的雕版印刷》之后，作为该文的补充。

　　附录一是 1948 年纪念北京大学五十周年参加撰写《北京大学图书馆善本书录》[1]时，我分担的部分任务。附录二是北京大学一百周年前夕，与北京大学图书馆善本部张玉范同志商议的《北京大学图书馆善本书影》的草目[2]。两篇附录记录了我和北京大学图书馆长达半个多世纪的工作联系；40 年代以来，为了学习、教学、科研，凡翻检中外文献，大半也唯北京大学图书馆是赖。饮水思源，谨以这几篇有关雕版印刷的重订稿，预贺即将到来的北京大学图书馆百年大庆。

1998 年 3 月

注释

[1]　《北京大学图书馆善本书录》是在当时北京大学图书馆馆长毛准教授组织下，由赵万里、王重民两教授主持选编。参加书录撰写的还有冀淑英、朱福荣、常芝英、赵西华四先生。

[2]　这个草目和正式印出的《北京大学图书馆藏善本书录》（北京大学出版社，1998 年）所收内容略有出入。

唐五代时期雕版印刷手工业的发展

一、雕版印刷的开始和唐后期的雕版印刷

印刷术的发明，是我国古代劳动人民对世界文明的伟大贡献之一。我国古代的印刷术开始于雕版印刷。

雕版印刷的开始时期，以前有两种说法：一说在唐以前；一说在唐代。关于唐以前的说法，20年代向达先生《唐代刊书考》[1]和50年代张秀民先生《中国印刷术的发明及其影响》[2]中的《印刷术起源》一章里，大体上已分辨明白，认为是不可靠的，这里就不详述了。唐代一说也还有分歧，张秀民主张开始于7世纪中期的贞观十年（636年）或稍迟。他是根据16世纪的著作——明邵经邦《弘简录》的记载，而《弘简录》的记载却未说明根据。明代人没有根据地说唐初的事，是不能轻易相信的。一般探讨雕版印刷起源的文章，大都从下面几条可靠的材料估计：

1.《册府元龟》卷一六〇："（太和）九年十二月丁丑，东川节度使冯宿奏：准敕，禁断印历日板。剑南两川及淮南道皆以板印历日鬻于市。每岁司天台未奏颁下新历，其印历已满天下，有乖敬授之道，故命禁之。"太和九年即公元835年。据冯宿奏剑南两川及淮南道板印历日，最迟当开始于文宗太和九年；如玩味"每岁司天台未奏颁下新历，其印历已满天下"句，则印卖历日之始，似又在太和九年之前。

2. 日本僧人《惠运律师书目录》中著录："降三世十八会印子一卷。"印子即印本，惠运于宣宗大中元年（847年）归国，他所携归的印本《降三世十八会》的雕印时间，至迟也应在大中元年。

3. 范摅《云溪友议》卷下："（纥干泉）镇江右……乃作《刘弘传》，雕印数千本。"范摅，咸通间人。纥干泉在大中元年迄三年时，任江西观察使[3]，雕印数千本《刘弘传》的时期，应在847—849年间。

4. 敦煌所出咸通二年（861年）写本《新集备急灸经》（P.2675）末书有"京中李家于东市印"一行，说明此写本系据李家印本转录者。因此可知，京中东市李家印本的时间，不会迟于懿宗咸通二年，可能在咸通二年之前。又P.2633写本《崔夫人要女文》末书："上都李家印崔氏夫人壹本。"此上都李家疑即京中李家。

5. 日本僧人宗叡《新书写请来法门等目录》中著录："西川印子《唐韵》一部五卷，同印子《玉篇》一部三十卷。"宗叡于咸通六年十一月归国，西川这两种印本应早于咸通六年十一月。

6. 敦煌所出有"咸通九年（868年）四月十五日王玠为二亲敬造"刊记的《金刚般若波罗蜜经》[4]（《书影选辑》图版1，以下径作图版×）。

7. 司空图《一鸣集》卷九《为东都敬爱寺讲律僧惠确化募雕刻律疏印本共八百纸》："今者以《日光旧疏》……印本渐虞散失，欲更雕镂……"向达先生考证，司空图此文写在他第一次来洛阳期间，即懿宗咸通末迄僖宗乾符六年之间（873—879年）[5]。司空文章中说是因"印本渐虞散失，欲更雕镂"，可见在他写此文之前，《日光旧疏》已有印本了。

以上这七条材料的绝对年代，从835年迄879年之间，即在9世纪中期。根据这些材料，可以看到：

（一）当时地方官府和民间都已有雕版印刷了。

（二）印书的地点，除两京外，以长江流域为盛。从上游的剑南两川，到中游的江南西道（治所在洪州，即今江西南昌），一直到下游以扬州为中心的淮南，都出现了雕版印刷。

（三）雕印的种类很多，有历日、医书、字书，还有道传（《刘弘传》）和佛书。

（四）印刷的数量发展很快，江西印《刘弘传》多达数千本，西川可以雕印有三十卷之多的《玉篇》。

（五）印刷的质量可以现存咸通九年《金刚经》为例，字体清晰、整齐，卷前还附有布局复杂、刻印精美的《释迦给孤独园说法》版画，反映了当时雕版印刷的高水平【图版1】。

从以上情况看，可以肯定印刷术不是开始于9世纪中期。9世纪中期它已经走过了一大段路途。对这一大段路途应当作如何估计？在这里，不能不提到现存最早的雕版印刷品——日本神护景云四年日本皇室雕印的《陀罗尼经》。该经雕、印都古拙、原始，应去雕版印刷开始时期不远。神护景云四年相当于唐代宗大历五年，即770年。当时日本的先进文明，特别是日本皇家所享有的文化，包括与佛教有关的文化，大都渊源于中土，雕印《陀罗尼经》当亦不例外。大历五年上距唐代盛世的开元天宝（713—755年）不远，开元天宝间是日本派遣遣唐使，汲取唐文明的最盛期。在这个时期以后不久，日本皇室开始雕印的颇为原始的印刷品——《陀罗尼经》，是不是也可以作为推测唐代早期雕版印刷的参考呢？如果可以这样间接推论，那么唐代雕版印刷的开始时期，就有可能在唐玄宗时代[6]。当然，这只是一个估计，真正科学地论断，还要寄希望于以后的发现。

9世纪70年代以后，有关雕版印刷的材料，以宋人《爱日斋丛钞》卷一引《柳玭家训序》最为重要："中和三年癸卯（883年）……阅书于（蜀）重城之东南，其书多阴阳杂说、占梦相宅、九宫五纬之流，又有字书小学，率雕板印纸，漫染不可尽晓。"看来印书的种类日益增多，成都雕印的发展日盛一日。敦煌还出有两个刊有僖宗纪元的印本残历：一个是中和二年历（翟理斯编号8100），首行刻"剑南西川成都府樊赏家历"【图版5】；另一个是丁酉（乾符四年，877年）历（翟.8099），未记印地，但从刻风上看，估计也可能是成都的印本[7]【图版4】。此外，敦煌还出有十多卷据"西川印出本"（P.2094）、"西川真印本"（S.5450）、"西川过家真印本"（北京图书馆有字9号，S.5446、5451、5534、5544、5669、5965、6726、P.2876、3398、3493）传抄的《金刚经》，抄写的时间从唐末昭宗天复二年（902年）（S.5965）到五代晋高祖天福八年（943年）（P.3493）。1944年，成都东门外的一座晚唐墓葬中出土印本《陀罗尼咒》，上刊"国圉府成都县□龙池坊□□□□近（匠）卞家……印卖咒本……"一行[8]【图版7c】。另外，敦煌还出了一件佚失纪年的印本残历，但保存有"上都东市大刁家大印"字样（翟.8101）[9]，上都即长安，这应是晚唐长安东市刁家所印的历日【图版6】。"文革"期间，西安西郊晚唐墓中也发现了和上述印本《陀罗尼咒》同样的东西[10]，大约也是当时长安的产品【图版7b、d】。

以上是我们现知可靠的有关早期雕版印刷记录和已知的唐代实物的全部[11]。从这些材料中，可以看到从9世纪中期到10世纪开头，在长安和成都的雕版印刷手工业中，已专业化了的家庭手工业发展很快。就现存实物，我们知道当时长安东市有李家、刁家，成都有樊家、过家、卞家。樊、过两家开设的铺子，不知在成都何处，卞家则明记设在一般坊里，不在市内。和其他手工业行业一样，大城市里的市已限制不住它们，它们已分散开设到市以外的居住区——坊里去了。这清楚地反映了我国晚唐时期城市手工业、商业的新发展。

二、五代十国时期雕版印刷的发展

10世纪前半段的五代十国时期，虽然是一个战乱频繁的年代，但在雕版印刷手工业的发展上却很重要。重要之点有以下四项：

（一）雕版印刷的地点，除了过去的老地点外，几乎遍及当时较为安定的地区，如南方的吴越、北方的青州[12]，甚至偏僻的河西也不例外。敦煌出有后晋开运四年（947年）所雕的《观世音菩萨像》【图版8】（翟.8089）、《毗沙门天王像》【图版9】（翟.8093），还有天福十五年己酉（949—950年）雕板的《金刚经》【图版10】（P.4515，翟.8084）。这些印刷品都是当时割据瓜沙的曹元忠所刻。敦煌所出前两例，还是单张的印刷品，后一例《金刚经》则已是一本册子形式的书籍，可见当时敦煌雕版印刷的发展迅速。1971年，安徽无为的一座砖塔下，发现显德三年（956年）吴越国王钱弘俶刊印的《一切如来心秘密全身舍利宝箧印陀罗尼经》一卷[13]。这种经，过去在浙江吴兴也曾发现过。从经前刊记知当时印造了八万四千卷。另外据张秀民统计，钱弘俶命灵隐寺僧人延寿在974年之前雕印其他佛教经像咒图有数字可考者，竟达六十八万二千卷[14]，数量之巨，在雕版印刷史上是空前的，后来也是很少见的。这更有力地证明了吴越地区雕版印刷的急剧发展。

（二）上述敦煌发现的《毗沙门天王像》的刊记中表明"弟子……曹元忠请匠人雕此印板……"《观世音菩萨像》后刊有"匠人雷延美"一行。同一人在刻《观世音菩萨像》之后的一二年内，又刻了《金刚经》，《金刚经》后面的刊记中雷延美出现了职衔，作"雕板押衙雷延美"。这三个刊记反映了：第一，当时河西地区有个体雕印工匠为官府所征雇；第二，由于官府雕版印刷的发展，有些工匠被官府录用，成为官府雕印手工业的管理者。这两种情况，在其他地区不仅也会存在，其规模可能更大。从上述吴越国王钱弘俶大量雕印佛教图籍可以估计，那里征雇匠人的数字，当远远超过河西。在中原，《五代会要》卷八经籍条记："后唐长兴三年（932年）二月，中书门下奏：请依石经文字刻《九经》印板。敕：令国子监集博士儒徒，将西京石经本，各以所业本经，句度抄写注出，仔细看读，然后雇召能雕字匠人，各部随帙刻印板，广颁天下。"四川私人雕印书籍也是如此。唐亡后的第二年（909年），前蜀任知玄自出俸钱，雇工开雕杜光庭《道德经广圣义》三十卷。毋昭裔于935年做了后蜀宰相之后，在成都雇工雕《文选》《初学记》《白氏六帖》[15]。953年，他又"出私财百万，营学馆，且请刻板印《九经》。蜀主从之"（《通鉴》卷二九一后周广顺三年）。可见当时各地官府和官员私人雕印书籍都是依靠招募工匠。较大规模的雕印事业本身又培养了不少个体雕印手工业者。较多的个体雕印工匠的出现，无疑地便利了雕印技艺的传布。雕印手工业发展到五代十国时期，这些是不可忽视的新情况。

（三）开始雕印儒家经书[16]。晚唐以来雕版印刷手工业虽然发展很快，但直到10世纪初期，经书还是以传统的手抄本为上。前引后唐长兴三年国子监开始刊印《九经》，儒家经书第一次出现了刊本。《五代会要》卷八经籍条记载的长兴三年二月敕文中还说："如诸色人要写经书，并须依所印敕（刻）本，不能更使杂本交错。"这就更巩固了国子监印本经书的标准地位。关于长兴三年刊印经书，《册府元龟》卷六〇八记载较详："周田敏为尚书左丞兼判国子监事。广顺三年六月，敏献印板书（《九经》）、《五经文字》、《九经字样》各二部一百三十策（册）。奏曰：臣等自长兴三年校勘雕印九经书籍……幸遇圣朝，克终盛事，播文德于有截，传世教以无穷。谨具陈进。先是后唐宰相冯道、李愚重经学，因言……尝见吴蜀之人鬻印板文字，色类绝多，终不及经典，如经典校定雕摹流行，深益于文教矣，乃奏闻。敕下儒官田敏等考校经注……先经奏定，而后雕刻……"〔17〕当时，不仅雕印了《九经》《五经文字》《九经字样》，还雕印了《论语》《孝经》《尔雅》，其后显德间（954—959年）还雕印了《经典释文》。由于后唐国子监雕印儒家经书的影响，953年，毋昭裔在四川也板印了《九经》。10世纪中期南北都在雕印经书，这样就彻底打破了文人蔑视印本书籍的传统。后唐以来国子监雕印经书，并规定以国子监印本经书为标准本，这样就出现了国家对雕印事业的控制。这种控制当然是雕印手工业发展的不利因素，后来为宋代所承袭。

（四）从《五代会要》卷八经籍条所记长兴三年四月敕文中又知道："国子监于诸色选人中，召能书人端楷写出，旋付匠人雕刻，每日五纸。"这是雕印书籍把书写和雕板这两个工序的人员明确分开的最早记录，而前此雕印实物字迹不甚规整，大约可以说明当时写、雕同出一人之手。这种分工，大大提高了印本书籍的质量，对确立印本书籍的地位，起了很大的作用，因此，一直为以后的公私雕印手工业者所遵循。关于《五代会要》所记的国子监于诸色选人中选定能书人的问题，王国维《五代两宋监本考》卷上曾辑录了不少记载，现重录赵明诚《金石录》和洪迈《容斋续笔》两项如下：《金石录》卷一〇著录："《后唐汾阳王真堂记》，李棁撰，李鄂（鹗）正书，末帝清泰三年（936年）八月。"卷三〇又记："右《后唐汾阳王真堂记》，李鹗书。鹗五代时仕至国子丞，《九经》印板多其所书。"《容斋续笔》卷一四周蜀九经条记："予家有旧监本《周礼》，其末云：大周广顺三年癸丑（953年）五月雕造九经书毕，前乡贡三礼郭嵘书……《经典释文》末云：显德六年己未（959年）三月太庙室长朱延熙书。"19世纪中期，日本涩江全善、森立之等发现日本室町时代（相当于我国元迄明初）覆刻南宋国子监递翻五代监本（半叶八行，行大十六字、小二十一字）的《尔雅》，卷末有"将仕郎守国子四门博士臣李鹗书"一行，更有了实物证据[18]。五代国子监注意书写人，应是沿袭以前的石经制度。我国古代雕版印刷与石经发生关系，即是从五代国子监雕印经书开始的。它不仅以石经本为底本，而且也接受了以前刊刻石经的一些经验。

附　后记八则

本文初刊于《文物》1981年5期。此次重刊未予改动。据近年新知的实物与文献资料，另撰后记八则如下。

一、新刊布的"文革"以来陕西西安、江苏镇江、安徽阜阳和无为唐墓中发现雕印的《陀罗尼咒经》计有六件，了解较清楚的有四件。

1. 1967年，中国科学院考古研究所西安工作站在西安西郊张家坡西安造纸网厂工地收集到唐墓出土的梵文《陀罗尼咒经》印本一纸（A）【图版7a】，该纸原插入小铜管中，其他同出遗物不详[19]。

2. 同在"文革"期间，安徽省考古研究所在阜阳一土坑唐墓中发现残存半幅的梵文《陀罗尼咒经》印本（B）；同出遗物有白瓷碗、盘，碗饰四曲葵瓣[20]。

3. 1974年和1975年，西安市文管会分别在西安西郊西安柴油机械厂和西安冶金机械厂征集到从土坑唐墓中出土的印本《陀罗尼咒经》各一件。前者系梵文印本（C）【图版7b】，装于铜腭托内；同时收集到规矩四神镜一面，此镜是否与印本《陀罗尼咒经》同出一墓，不能肯定。后者咒经译汉，并在印本中心标题作"佛 阅 随 㞐 㘴 得大自在陀罗尼神咒经"（D）【图版7d】，该印本盛在小铜盒中[21]。

以上四件印本《陀罗尼咒经》，只有阜阳印本伴出的遗物没有疑问。阜阳所出白瓷器与1944年四川成都土坑唐墓发现同印本《陀罗尼咒经》【图版7c】伴出的会昌开元通宝时间接近。看来，随葬《陀罗尼咒经》印本的蔚成风气，目前推定在中晚唐较为稳妥。至于四件

《陀罗尼咒经》印本的时间顺序，经与成都所出《陀罗尼咒经》印本比较，似乎也可作些初步推测。A、B、C同为梵文印本，每件上下左右皆印梵文十三行，似属相同类型；但在内容安排上却有不同：A《咒经》外围印出单线边框，边框外墨绘一重供养的花朵、法器和手印；B《咒经》印本残存一半，其外围印出单线边框和框外一重花朵、法器（残存部分无手印）皆用墨笔绘出，俱与A同；C"《经咒》印文的四边，围以三重双线边框……其间布满莲花、花蕾、法器、手印、星座等图案"[22]，皆是雕印出者。在《咒经》文字排列上：A作囧式排印，《咒经》文字不能连接，边缘有模糊处，颇似由四块印板捺印者；B四面连续排印囵，《咒经》文字可以连续环读，但四面接合处多有重叠，也似由四块印板捺印者；C印本残破，情况不甚明晰，似与B同；D汉文印本"环以经咒印文，每边十八行……咒文外围以双线边框……边框外……印有一周佛手印契，每边各有手印十二种"，《咒经》文字排列同B，即所谓"咒文环读"[23]。至于成都唐墓所出《陀罗尼咒经》印本，文字为梵文，上下左右各印梵文十八行，在《咒经》印文外围的安排，所框一层双线及供奉形象俱为印出者，与D同；惟供奉形象似只菩萨与手印两种，颇与以上四件有较大差异。根据以上分析，表释上述五种《咒经》之异同如下：

项目异同 / 五种《咒经》	《咒经》印文部分			《咒经》印文外围部分	
	文字	每面行数	排列样式	层数与边线	内容与制法
A	梵文	13行	囧四面不衔接。似由四块印板捺印者	印出一重单线	墨绘花朵、法器、手印
B	梵文	13行	囵可以环读。似由四块印板捺印者	同上	墨绘花朵、法器
C	梵文	13行	排列同上，可以环读	印出三重双线	印出花朵、法器、手印、星座

项目异同　　　　　五种《咒经》	《咒经》印文部分			《咒经》印文外围部分	
	文字	每面行数	排列样式	层数与边线	内容与制法
成都印本	梵文	18行	同上	印出一重双线	印出菩萨、手印
D	汉文	18行	同上	印出一重双线	印出每边手印12种

如果可以按雕印梵文者在先，汉文在后；《咒经》文字不能连读的排列在先，可以连续环读的排列在后；外围框单线在先，双线在后；外围内容墨绘在先，雕印在后；外围形象较多的在先，只有一项手印者在后等现象考虑，那么 A→B→C→成都印本→D，在一般情况下，似乎即可视作这五种《陀罗尼咒经》的时间先后顺序[24]。

二、王重民先生《伯希和劫经录》著录 P. 2184《金刚般若波罗蜜经》云："有注，双行写。又有后序并赞三首。第三赞为范阳卢季珣撰。又有'洛州巩县王大器重印'等语，则似依印本传写。"[25]按《元和郡县图志》卷五河南道一记"开元元年（713年）改洛州为河南府"，题记作洛州，如不是沿用旧称，这条记录可能是已知有关印本的最早文献了。

三、温玉成《中国石窟与文化艺术·中国石窟与密教》中记："1985年，在洛阳东郊史家湾砖厂出土了雕版印刷的《大随求陀罗尼》，长0.38米、宽0.30米。中心画一面八臂大随求菩萨……环绕大随求菩萨之外是八圈梵文，再外是方形七周梵文。在圆形与方形梵文的四角绘出四身供养人。在方形梵文的四个方位，中心画一坐佛，左右各有二个种子字，以金刚杵间隔之。四角画天王。在此陀罗尼右侧印有文字云：'经云，佛告大梵天王，此《随求陀罗尼》过去九十九亿诸佛共同宣说……岁在丙戌朱明之月初有八日报国寺僧知益发愿印施，布衣石弘广雕字。'其下墨书云'天成二年正月八日徐般弟子依佛记'（按天成二年是五代后唐明宗年号，公元927年〔丁亥〕）印刷的丙戌年即天成元年。"[26]

　　四、《高昌残影——出口常顺藏吐鲁番出土的佛典断片图録》著录洛京雕印的《弥勒下生经》【图版12】。残片仅存该经最后一行经文的下部。此后印有"洛京朱家装印""洛京历日王家雕字记"两行。再后残存墨书尾题二行："从悔奉为亡姊特印此经一百卷，伏（以下残）""□往净方面礼弥陀亲（以下残）"。据荣新江同志考证，这是后唐时期洛阳刊印历日的王家雕字，由另一朱家装印的《弥勒下生经》〔27〕的残片〔28〕。

　　五、后唐国子监刊印《九经》之前，曾刊《贞观政要》，见汪应辰《文定集》卷一〇《跋贞观政要》："此书婺州公库所刻板也。予顷守婺，患此书脱误颇多，而无他本可以参板（校）。绍兴三十二年（1162年）八月，偶访刘子驹于西湖僧舍，出其五世所藏之本，乃后唐天成二年（927年）国子监板本也，互有得失，然所是正亦不少，疑则阙之，以俟他日闲暇寻访善本，且参以实录史书，庶几可读也。时蒙恩除知福唐，且有旨促行，穴（窘）迫殊甚。二十有一日灯下书。"〔29〕

　　六、显于后唐后晋的和凝，后周世宗显德二年（955年）卒于第，生前曾自刊文集。《旧五代史·周书·和凝传》记其事云："（凝）平生为文章，长于短歌艳曲，尤好声誉。有集百卷，自篆于板，模印数百帙，分惠于人焉。"（《五代史记》卷五六《和凝传》："凝……为文常以多为富，有集百余卷，尝自镂板以行于世，识者多非之。"）五代私家刻文集，见于著录者似只此一事。和凝又曾序《道》《德》二经，板行天下，事见《混元圣纪》卷九："（天福）五年（940年）五月，赐张荐明号通玄先生，令以《道》《德》二经雕上印板；命学士和凝别撰新序冠于卷首，俾颁行天下。"

　　七、后晋汴梁曾刊唐元度《九经字样》，见《直斋书录解题》卷三："《九经字样》一卷，唐沔王友翰林待诏唐元度撰，补张参之所不载，开成中上之……（振孙）往宰南城，出谒，有持故纸鬻于道者得此书。乃古京本，五代开运丙午（三年，946年）所刻也，遂为家藏书籍之最古者。"

　　八、十国蜀、吴印板独多。前蜀有乾德五年（923年）雕板的《禅月集》，见该集昙域后序云："众请域编集（禅月大师贯休）前后所制歌诗文赞，日有见问，不暇枝梧，遂寻检藁草及暗记忆者，约一千首，乃雕刻版印，题号《禅月集》……时大蜀乾德五年癸未岁十二月十五日序。"南唐有《绮庄集》，见《郡斋读书志》卷四中："《刘绮庄歌诗》四卷，右唐四库书目有《绮庄集》十卷，今所余止四卷，诗三十二、启状四十四而已，惜其散落太半。其本乃南唐故物，纸墨甚精，后题曰：升元四年（940年）重题印其文云云。"[30]

注释

〔1〕 向达先生《唐代刊书考》原刊于1928年11月出版的《中央大学国学图书馆第一年刊》，1957年收入三联书店出版的《唐代长安与西域文明》。

〔2〕 张秀民先生《中国印刷术的发明及其影响》，人民出版社，1958年第一版。

〔3〕 参看吴廷燮《唐方镇年表》卷五、《唐方镇年表考证》卷下。

〔4〕 斯坦因窃去，现存伦敦，编号不详。

〔5〕 向达《唐代刊书考》。

〔6〕 参看Carter, Thomas Francis, *The Invention of Printing in China and its Spread Westward*, Revised by L. Carrington Goodrich, New York, 1955（吴泽炎译《中国印刷术的发明和它的西传》，商务印书馆，1957年）。

〔7〕 两残历皆为斯坦因窃去，现存伦敦。

〔8〕 该墓出土背铸"益"字的会昌中（841—846年）所铸的开元通宝六枚。参看冯汉骥《记唐印本陀罗尼经咒的发现》，《文物参考资料》1957年5期。

〔9〕 此印本残历也被斯坦因窃去。参看L. Giles, *Descriptive Catalogue of the Chinese Manuscripts from Tunhuang in the British Museum*, London, 1957。

〔10〕 此印本《陀罗尼咒》未著刊印地点。原件现藏西安市文管会。详见本文《后记》。

〔11〕 本文第一节中选录的材料，多据注〔1〕、〔2〕向、张两先生著作。关于唐代实物，敦煌还出有一些未记刊年的印本佛教书籍，其中可能还有唐代遗物。参看注〔9〕所引翟理斯目第五类印刷文书。另外北京图书馆所藏敦煌写经生字7号《佛顶尊胜陀罗尼经》末有"弟子王发愿雕印"一行，知此唐人写本也是据印本转录。参看许国霖《敦煌石室写经题记与敦煌杂录》上辑。

〔12〕 南唐刘崇远《金华子杂编》卷下："王师范……执法不渝。其舅柴某酒醉杀美人张氏……柴竟伏法……至今青州犹印卖王公判事。"参看注〔1〕、〔2〕。

〔13〕 参看《无产阶级文化大革命期间出土文物展览简介》，《文物》1972年1期。

〔14〕 参看张秀民《五代吴越国的印刷》，《文物》1978年12期。

〔15〕 参看张秀民《中国印刷术的发明及其影响》第65页及同页注④。

〔16〕　本节（三）、（四）两段选录的材料，多据王国维《五代两宋监本考》，该文收
　　　　　在《海宁王静安先生遗书》第33册。

〔17〕　《玉海》卷四三《景德群经漆板刊正四经》条："《国史志》：唐末益州始有墨
　　　　　板，多术数字学小书。后唐诏儒臣田敏校九经，镂木于国子监。"《旧五代史·
　　　　　周书·冯道传》："（后唐明宗时）以诸经舛缪，（道）与同列李愚委学官田敏等
　　　　　取西京郑覃所刊石经，雕为印板，流布天下，后世赖之。"

〔18〕　日本涩江全善、森立之《经籍访古志》卷二著录。此日本覆刻的《尔雅》，光
　　　　　绪末，杨守敬为黎庶昌购得，复刻入《古逸丛书》【图版13】。

〔19〕　参看安家瑶、冯孝堂《西安沣西出土的唐印本梵文陀罗尼经咒》，《考古》1998年
　　　　　5期。

〔20〕　承安徽省考古研究所同志见告。

〔21〕　参看保全《世界最早的印刷品——西安唐墓出土印本陀罗尼经咒》，《中国考古
　　　　　学研究论集》，1987年。

〔22〕　俱引自保全《世界最早的印刷品——西安唐墓出土印本陀罗尼经咒》。

〔23〕　同注〔22〕。

〔24〕　另两件：安徽无为唐墓所出咒经，现藏合肥安徽省博物馆；江苏镇江唐墓所
　　　　　出，现藏镇江博物馆，1985年5月曾在中国历史博物馆展出。

〔25〕　《伯希和劫经录》收在《敦煌遗书总目索引》，商务印书馆，1962年。

〔26〕　温玉成《中国石窟与文化艺术》，上海人民美术出版社，1993年，第350—351页。

〔27〕　此经尾题有"面礼弥陀……"，似与经文矛盾，值得注意。

〔28〕　参看荣新江《五代洛阳民间印刷业一瞥》，《文物天地》1997年5期。

〔29〕　据台湾商务印书馆1986年《景印文渊阁四库全书》。

〔30〕　据上海商务印书馆《四部丛刊三编》影印宋袁州刻本。

北宋汴梁雕版印刷考略

　　北宋是我国雕版印刷急剧发展的时代。都城汴梁国子监、印经院等官府刊印书籍盛极一时；民间印造文字的迅速兴起，尤为引人注目。汴梁作为当时雕印的代表地点，应是无可置疑之事，惟靖康之变，遗迹稀少，汴梁雕印的繁荣情况，只能就文献记录仿佛之。本世纪初，王国维先生撰《五代两宋监本考》，对北宋国子监刊书作了较详细的辑录[1]。此后，由于新资料的发现和公布，特别是 1936 年北平图书馆影印《宋会要辑稿》以来[2]，进一步较全面地研讨北宋汴梁雕版印刷的发展已有可能，现重辑有关著录，缀成小文。作者囿于见闻，对所引文献记载的理解亦难免臆断，尚希读者诸多指正。

一、太祖时期的雕版印刷

　　五代国子监校定雕印经书工作，太祖之世虽仍继续，但仅校刊《礼记》等六种《释文》十余卷，《玉海》卷四三开宝校释文条记其事云：

> 　　建隆三年（962 年），判监崔颂等上新校《礼记释文》。开宝五年（972 年），判监陈鄂与姜融等四人校《孝经》《论语》《尔雅》释文，上之。二月，李昉、知制诰李穆、扈蒙校定《尚书释文》。德明释文用《古文尚书》，命判监周惟简与陈鄂重修定，诏并刻板颁行。

《玉海》卷三七开宝尚书释文条亦记：

> 唐陆德明释文用古文……太祖命判国子监周惟简等重修。开宝五年二月，诏翰林学士李昉校定，上之。诏名《开宝新定尚书释文》。

其时雕印卷数较多的书籍有两类。一是刑律，《宋会要辑稿》（以下简作《辑稿》）册一六四《刑法一·格令一》：

> 太祖建隆四年（963年）二月五日，工部尚书判大理寺窦仪言，《周刑统》科条繁浩，或有未明，请别加详定……并目录成三十卷；别取旧削出格令宣敕及后来续降要用者，凡一百六条，为《编敕》四卷……至八月二日上之。诏并模印颁行。

二是本草，《四部丛刊》影印蒙古刻本《重修政和经史证类本草》卷一序例录《补注本草》所引书传内列开宝六年（973年）、七年两诏：

> 《开宝新详定本草》。开宝六年诏……仍命左司员外郎知制诰扈蒙、翰林学士卢多逊等刊定，凡二十卷。御制序。镂板于国子监。
>
> 《开宝重定本草》。开宝七年，诏以新定本草所释药类或有未允……仍命翰林学士李昉、知制诰王祐、扈蒙等重看详，凡神农所说以白字别之，名医所传即以墨字，并目录共二十一卷。[3]

可见，北宋肇建，最急切的是刊印安定社会秩序的法律文书和恢复人民健康的医药书籍。

太祖时，除官刊书籍外，《宋史·刘熙古传》记熙古摹刻《切韵拾玉》：

> 刘熙古……（乾德）六年（968年），就拜端明殿学士，丁母忧。开宝五年（972年），诏以本官参知政事……九年（976年）卒……（熙古）颇精小学，作《切韵拾玉》二篇，摹刻以献，诏

付国子监颁行之。

是宋初犹沿晚唐五代民间刊印"字书小学"[4]之习，惟摹刻后献付国子监颁行，又似与一般私家雕造印本不同。

二、太宗时期的雕版印刷

太宗时代大力扩展官府雕印事业，主要有以下三事。

第一，即位之初，创立三馆书院，聚天下图书，为了借鉴故事，流传书籍，命史馆编印了卷数众多的类书、小说和总集，随后又多次汇刊了医方。编辑类书事，见《续资治通鉴长编》（以下简作《长编》）卷一八：

> （太平兴国二年〔977年〕三月）戊寅，命翰林学士李昉等编类书为一千卷，小说为五百卷。

太平兴国六年镂板小说《太平广记》并目录五百十卷，见《太平广记》卷前附刊《太平广记表》：

> 臣（李）昉等言，臣先奉敕撰集《太平广记》……其书五百卷并目录十卷，共五百十卷，谨诣东上阁门奉表上进以闻……太平兴国三年八月十三日。……八月二十五日奉敕送史馆。六年正月奉圣旨雕印板。[5]

太平兴国八年，一千卷《太平御览》成书，见《四部丛刊》影印宋刻本《太平御览》目录前引《国朝会要》：

> （太平兴国）八年十二月，书成。诏曰，史馆新纂《太平总类》，包罗万家，总括群书，纪历代之兴亡，自我朝之编纂，用垂永世，可改名《太平御览》。

雍熙三年（986年）上《文苑英华》一千卷，《辑稿》册五六《崇儒五》编纂书籍条记其事云：

> 太平兴国七年（982年）九月，命翰林学士承旨李昉……（等）阅前代文集，撮其精要以类分之为千卷。雍熙三年十二月，书成，号《文苑英华》……帝览之称善，降诏褒谕，以书付史馆。

雍熙四年颁行《神医普救方》一千卷，见《太宗皇帝实录》卷四二：

> （雍熙四年冬十月）翰林学士贾黄中等以所集《神医普救方》一千卷来……仍宣付史馆，令刊板流布天下。[6]

此后，又敕编《太平圣惠方》一百卷，《御制太平圣惠方序》云：

> 朕闻皇王治世，抚念为本……令尚药奉御王怀隐等四人校勘编类……令勒成一百卷，命曰《太平圣惠方》。仍令雕刻印板，遍施华夷，凡尔生灵，宜知朕意。[7]

雕印的时间，《长编》卷三三系于淳化三年（992年）：

> （淳化三年）五月……上复命医官集《太平圣惠方》一百卷。己亥，以印本颁天下。

该书卷九九《针经》、卷一百《明堂》皆有人形版画，北宋刊书附录插图，约以此书为最早[8]。

第二，扩大国子监雕印书籍的种类，整顿书籍出鬻的规定。其前国子监所刊限于《九经三传》及其注文等，即《唐石经》范围和《经典释文》[9]。太宗时雕印书籍除上述书籍外，较明确由国子监刊造的尚有下列诸书（表一）：

表　一

太平兴国二年 （977年）	"诏（勾中正）详定《篇韵》与徐铉重校《说文》，模印颁行。"（《玉海》卷四四引经字源条）[10]
太平兴国八年 （983年）	"正月，诏以《国子监赞》九十四首、《武成王庙赞》七十五首，付监镂板。即太祖所制，判监陈鄂书。"（《玉海》卷一一二建隆增修国子监条）
雍熙三年 （986年）	"十一月乙丑朔，（徐）铉等上《新定说文》三十卷，凡经典相承传写及时俗要用而《说文》不载者，承诏皆附益之。上称善，遂令模印颁行。"（《长编》卷二七）[11]
端拱元年 （988年）	"三月，司业孔维等奉敕校勘孔颖达《五经正义》百八十卷，诏国子监镂板行之。"（《玉海》卷四三端拱校五经正义条）[12]
淳化五年 （994年）	"七月，诏选官分校《史记》《前后汉书》……既毕，遣内侍裴愈赍本就杭州镂板。"（《麟台故事》卷二校雠条）[13] "兼判国子监（李）至上言，《五经书疏》已板行，惟《二传》《二礼》《孝经》《论语》《尔雅》七经疏未备，岂副仁君垂训之意。今直讲崔颐正、孙奭、崔偓佺皆励精强学博通经义，望令重加雠校，以备刊刻。从之。"（《宋史·李至传》）
至道二年 （996年）	"八月丁卯，史馆以《史记》雕板成，上之。"（《太宗皇帝实录》卷七八）

《玉海》卷五五淳化赐儒行篇条记淳化三年雕印的《礼记·儒行篇》，可能也是国子监所印造：

> 淳化三年二月，诏以新印《儒行篇》赐中书、枢密、两制、三馆等人各一轴。先是，御试进士以《儒行篇》为题，意欲激劝士流修儒行，故命雕印……

关于国子监刊书、鬻书事，太宗时有以下规定，《四部丛刊》影印宋刻本《说文解字》卷末附刊雍熙三年（986年）《国子监雕印徐铉新校定说文解字牒》记：

　　许人纳纸墨价钱收赎。

《辑稿》册七五《职官二八》国子监条又记：

　　（雍熙）四年（987年）十月，诏国子监应卖书，价钱依旧置帐，本监支用，三司不得管系……（至道）三年（997年）十二月，诏国子监经书，外州不得私造印板。

大约由于国子监鬻书、印书事宜日益繁杂，所以淳化五年（994年）专设书库官，《宋史·职官志五》国子监条云：

　　淳化五年，判国子监李志〔至〕言，国子监旧有印书钱物所，名为近俗，乞改为国子监书库官。始置书库监官，以京朝官充，掌印经史群书，以备朝廷宣索赐予之用，及出鬻而收其直，以上于官。

　　第三，太祖开宝四年（971年）敕益州雕《释藏》经板，太平兴国八年（983年）板成运汴，事见《佛祖统纪》卷四三：

　　（开宝）四年……敕高品、张从信往益州雕《大藏经》板。……（太平兴国）八年六月……诏译经院赐名传法，于西偏建印经院。成都先奉太祖敕造《大藏经》板成，进上。[14]

《辑稿》册二百《道释二》传法院条记建传法院与印经院事：

　　太宗崇尚释教……（太平兴国五年〔980年〕）诏中使郑宗约就太平兴国寺大殿西，度地作译经院……（八年）诏改译经院为传法院，又置印经院。

成都所进《释藏》经板即贮于印经院。《释藏》都四千八百卷，其印板数字见《北山录》卷一〇《外信篇》宋初西蜀草玄亭沙门慧宝注：

> 今大宋皇帝……雕《藏经》印板一十三万余板。

除此项经板外，雍熙三年（986年）又诏开板新译经论，《辑稿》册二百《道释二》传法院条记：

> 雍熙三年九月，诏自今新译经论并刊板摹印，以广流传。

太宗时传法院陆续编联入藏的新译经律论集，据《景祐新修法宝录》卷一所记：

> 太宗朝，所译大小乘经律论集总一百三十九部，二百四十三卷。[15]

又据现存《大中祥符法宝录》卷一八、卷二〇所录太宗时编联入藏的《东土圣贤著撰》统计，即有九十二卷之数，此九十二卷即太宗御制六十二卷（《莲华心轮回文偈颂》十一卷、《秘藏诠》二十卷、《秘藏诠佛赋歌行》一卷、《秘藏诠幽隐律诗》四卷、《秘藏诠怀感诗》四卷、《秘藏诠怀感回文诗》一卷、《逍遥咏》十一卷、《缘识》五卷、《妙觉集》五卷）和赞宁《大宋高僧传》三十卷。综上可知真宗之前，印经院经板已增至五千一百余卷[16]。此外，《玉海》卷二八淳化秘阁御制条还记有御书院刊刻御制文事：

> （淳化）六年（995年）正月……文集中录出……十二愿至百官历子序，刻板于御书院。

《郡斋读书志》（袁本，以下略）卷一下记淳化中（990—995年）刊法帖事：

> 《淳化法帖》十卷。右皇朝淳化中，出禁中所藏历代君臣书，

命刊之板。后大臣二府皆以赐焉。

《郡斋读书志》卷三下又记淳化中张齐贤刻《注维摩诘经》：

> 《注维摩诘经》十卷。右后秦罗什译，什又与其高弟生肇、道融注解之。淳化中，张齐贤刻之板。

后者，是北宋早期较明确的私宅刊书的重要记录。

综上太宗时期，诸经正义、字书、史书、医方和较大卷帙的类书、小说、文章总集以及御制文、法帖等，都开始第一次镂板摹印。由于雕版数量激增，杭州开始承担国子监新刊史书的镂板任务。五千余卷《释藏》官板反映了印经院的刷印工作量，有时还要超过国子监。《太平圣惠方》插图，开始在书册中出现了版画。《淳化法帖》的雕镂更需要高水平的技艺。北宋初期，官府雕版印刷发展之迅速，出乎意料。全国一统，急待文治，太宗"讲学以求多闻……哀矜恻怛，勤以自励"（《宋史·太宗纪二》），其留心刊印，显然是顺应了形势的需要。

三、真宗时期的雕版印刷

真宗右文重儒，自居藩邸即令刊刻经史未有印板者，《玉海》卷二六景德龙图阁阅太宗御书条：

> 景德二年（1005年）四月戊戌，幸龙图阁……上曰……朕自居藩邸以至临御，凡亡缺之书，搜求备至，每于藏书之家借其本，必令置籍出纳，国学馆阁经史未有板者悉令刊。

即位之初，校刊诸经正义和释文，《玉海》多记其事：

> 咸平元年（998年）正月丁丑，（蔡州学究）刘可名上言，诸经板本多误。上令（崔）颐正详校可名奏诸书正义差误事。二

月庚戌,(孙)奭等改正……二年(999年),命祭酒邢昺代领其事……《五经正义》始毕。国子监刻诸经正义板。(卷四三端拱校五经正义条)

咸平二年(999年)十月乙丑,孙奭请摹印《古文尚书音义》,与新定释文并行。从之。(卷三七咸平古文音义条)

咸平三年(1000年)三月癸巳,命祭酒邢昺代领其事……凡贾公彦《周礼》《仪礼》疏各五十卷、《公羊疏》三十卷、杨士勋《穀梁疏》十二卷,皆校旧本而成之。《孝经》取元行冲疏,《论语》取梁皇侃疏,《尔雅》取孙炎、高琏疏,约而修之,又二十三卷。四年(1001年)九月丁亥以献,赐宴国子监,进秩有差。十月九日命杭州刻板。(卷四一咸平孝经论语正义条)[17]

咸平五年(1002年)镂板《三国志》《晋书》,《辑稿》册五五《崇儒四》勘书条:

咸平三年十月,诏选官详校《三国志》《晋书》《唐书》……五年校毕,送国子监镂板……惟《唐书》以浅谬疏略,且将命官别修,不令刊板。[18]

景德元年(1004年)赐辅臣、宗室《晋书》新本,《长编》卷五六:

(景德元年七月)诏以崇文院所校《晋书》新本,分赐辅臣、宗室。[19]

知《晋书》印就在景德元年。其间又刊《道德经》,《辑稿》册五五《崇儒四》勘书条:

咸平六年(1003年)四月,诏选官校勘《道德经》,命崇文院检讨直秘阁杜镐、秘阁校理戚纶、直史馆刘锴同校勘。其年六月毕,并《释文》一卷送国子监刊板。

景德元年十二月，澶渊之盟后，真宗一再临国子监、崇文院，其中景德二年（1005年）五月戊申朔，临监询及雕版事宜，并命扩充书库，《辑稿》册七五《职官二八》国子监条记其事云：

> 真宗幸国子监，召从臣学官赐座。历览书库，观群书漆板及匠者模刻。问，祭酒邢昺曰：国初印板止及四千，今仅至十万，经史义疏悉备。曩时儒生中能具书疏者百无一二，纵得本而力不能缮写，今士庶家藏典籍者多矣，乃儒者逢时之幸也。真宗曰：虽国家崇尚儒术，然非四方无事，亦何以臻此。且以书库迫隘，与钱俶居第相接，因命易第中隙地十步以益之。

此后，国子监、崇文院[20]刊定书籍镂雕印本日臻兴盛，现汇有关资料列如表二：

表　二

景德二年（1005年）	"六月庚寅，国子监上新刻《公穀传》《周礼》《仪礼》正义印板。"（《玉海》卷四二咸平校定七经义疏条）
	"九月，又命侍讲学士邢昺两制详定《尚书》《论语》《孝经》《尔雅》错误文字，以杜镐、孙奭被诏详校，疏其谬误故也。"（《麟台故事》卷二校雠条）[21]
景德四年（1007年）	"八月丁巳，命直馆校理校勘《文苑英华》及《文选》，摹印颁行。"（《玉海》卷五四雍熙《文苑英华》条）
	"十一月戊寅，崇文院上校定《切韵》五卷，依《九经》例颁行。"（《玉海》卷四五景德校定《切韵》条）
	"十一月戊寅，诏颁行新定《韵略》，送胄监镂板。"（《玉海》卷四五景德新定《韵略》条）
大中祥符元年（1008年）	"准大中祥符元年六月五日敕……《集韵》成书抑已久矣。朕聿遵先志，导扬素风，设教崇文，悬科取士，考覈程准，兹实用焉。而旧本既讹，学者多误……爰择儒臣叶宣精力，校雠增损，质正刊修，综其纲条，灼然叙列，俾之摹刻，垂于将来。仍特换于新名，庶永昭于成绩，宜改为《大宋重修广韵》。牒至准敕故牒。"（泽存堂刻本《广韵》卷前附刊）
	"六月，崇文院检讨杜镐等校定《南华真经》，摹刻板本毕，赐辅臣人各一本。"（《麟台故事》卷二校雠条）

续表

大中祥符二年 （1009年）	"二月，诸王府侍讲兼国子监直讲孙奭言，《庄子》注本前后甚多，惟郭象所注特会庄生之旨，请依《道德经》例，差馆阁众官校定，与陆德明所撰《庄子释文》三卷雕印。诏奭与龙图阁待制杜镐同校定以闻。"（《麟台故事》卷二校雠条）
	"八月庚午，枢密使王钦若等上新编修君臣事迹一千卷，上亲制序，赐名《册府元龟》。"（《皇朝通鉴长编纪事本末》〔以下简作《本末》〕卷一六）
	"十一月丙午，复以《儒行篇》赐亲见厘务文臣其幕职州县官使臣，赐敕令崇文院摹印，送阁门，辞日给之。"（《玉海》卷五五淳化赐《儒行篇》条）
大中祥符三年 （1010年）	"六月丙辰，诏曰……儒臣上言，虑郡国未详俎豆之事……其《释奠元圣文宣王庙仪注》及《祭器图》，令崇文院摹印，下礼部颁诸路。"（《玉海》卷五六祥符释奠祭器图条）
大中祥符四年 （1011年）	"八月，诏三馆秘阁直馆校理分校《文苑英华》《李善文选》，摹印颁行……未几，宫城火，二书皆烬。"（《辑稿》册五五《崇儒四》勘书条）
	"又命李宗谔、杨亿、陈彭年雠校《庄子序》，摹印而行之。"（《麟台故事》卷二校雠条）
	"景德四年，诏以四方郡县所上图经，刊修校定为一千五百六十六卷，以大中祥符四年颁下，今皆散亡，馆中仅存九十八卷，余家所有惟苏、越、黄三州刻本耳。"（《直斋书录解题》卷八苏州图经条）[22]
大中祥符五年 （1012年）	"（大中祥符四年）三月，诏崇文院校勘《列子冲虚真经》。五年校毕，镂板颁行。"（《辑稿》册五五《崇儒四》勘书条）
	"十二月，《九天生神章》《玉京》《通神》《消灾》《救苦》《五星》《秘授》《延寿》《观内》《保命》《七斋》《十直》凡十二经，溥济于民，请摹印颁行。从之。"（《本末》卷一六）

大中祥符六年 （1013年）	"（刁衎）预修《册府元龟》……大中祥符六年书成，授兵部郎中。"（《宋史·文苑·刁衎传》）"（大中祥符）五年，（杨亿）以疾在告，遣中使致太医视之，亿拜章谢……尝作《君可思赋》以抒忠愤。《册府元龟》成，进秩秘书监。七年，病愈起，知汝州。"（《宋史·杨亿传》）
大中祥符七年 （1014年）	"四月己巳，宰臣文武百官诣国子监，观太宗御集、御书及新刻《圣制论辩》，遂宴近臣于监。"（《玉海》卷二七祥符国子监观论辩条） "（大中祥符五年）十月，校《孟子》。孙奭等言，《孟子》有张镒、丁公著二家撰录，今采众书之长，为《音义》二卷。是（次）年四月以进。七年正月，上新印《孟子》及《音义》。"（《玉海》卷四三景德校诸子条）[23] "九月，又并《易》《诗》重刻板本，仍命陈彭年、冯元校定。自后《九经》及《释文》有讹误者，皆重校刻板。"（《玉海》卷四三景德群经漆板刊正四经条）
大中祥符八年 （1015年）	"十一月乙丑，（王）钦若等上《册府元龟》板本，宴编修官，上作诗一章赐命属和。"（李嗣京《册府元龟考据》引《玉海》）
大中祥符九年 （1016年）	"三月戊申，校定《道藏经》，令著作佐郎张君彦（房）就杭州监写本……请摹印颁行。从之。"（《长编》卷八六）《云笈七籤》一百二十四卷，集贤校理张君房撰。凡经法符箓修养服食以及传记，无不毕录。祥符中，君房贬官，会推崇圣祖，朝廷以秘阁道书付杭州，俾戚伦等校正，王钦若荐君房专其事，铨次为此书。"（《直斋书录解题》卷一二）
天禧元年 （1017年）	"二月辛巳，上作《三惑论》、《三惑歌并注》，仍缋画刻板摹本以赐辅臣。"（《长编》卷四〇） "七月，赐中书枢密院两制以上新印《翊圣保德真君传》各一册。"（《辑稿》册四二《礼六二》赉赐条）[24]
天禧二年 （1018年）	"八月丁未，内出郑景岫《四时摄生论》、《陈尧叟所集方》一卷示辅臣，上作序纪其事，命有司刊板，赐广南官，仍分给天下。"（《玉海》卷六三皇祐简要济众方条） "十一月……先是，上令选藏教中精妙者凡五十八卷，雕校摹印，至是而毕。"（《长编》卷二九）

续表

天禧四年 （1020年）	"四月二十二日，利州转运使李防（昉）请雕印《四时纂要》《齐民要术》，付诸路劝农司以勉民务，使有所遵行。真宗善之，即诏雕印《四时纂要》《齐民要术》二书，至天禧四年七月刻板成。"（《辑稿》册五五《崇儒四》勘书条）
	"祥符六年九月，学士陈彭年、校理吴锐、直集贤院丘雍上准诏新定《玉篇》三十卷，请镂板。诏两制详定改更之字。天禧四年七月癸亥板成，赐雍金紫。"（《玉海》卷四五祥符新定《玉篇》条）〔25〕
	"十一月乙卯，上御龙图阁，召近臣观圣制文论歌诗……丁谓等言，圣制广大，宜有宣布，请镂板以传不朽。许之。庚申，内出圣制七百二十二卷示辅臣。壬戌，宰臣等言，圣制已约分部帙，望令雕板摹印，颁赐馆阁……诏可。……又言，陛下临御已来，功业隆盛，望令中书枢密院取《时政记》中盛美之事，别为《圣政录》。从之。"（《长编》卷九六）
天禧五年 （1021年）	"四月……（辅臣）又取至道元年四月迄大中祥符岁中书枢密院时政记、史馆日历、起居注善美之事，录为《圣政记》，凡一百五十卷并镂板……至是功毕焉。"（《辑稿》册六四《职官七》天章阁学士、直学士条）按此即上栏《长编》所记之《圣政录》，但内容较详，因并录之。
	"五月辛丑，令国子监重刻经书印板，以本监言其岁久刓弊故也。"（《长编》卷九七）
	"六月己未，国子监请以御制《至圣文宣王赞》及近臣所撰《十哲七十二贤赞》镂板。诏可。"（《长编》卷九七）
	"七月，内殿承制兼管勾国子监刘崇超言，本监管经书六十六件印板，内《孝经》《论语》《尔雅》《礼记》《春秋》《文选》《初学记》《六帖》《韵对》《尔雅释文》等十件，年深讹阙，字体不全，有妨印造。昨礼部贡院取到《孝经》《论语》《尔雅》《礼记》《春秋》皆李鹗所书旧本，乞差直讲官重看拓本雕造。内《文选》只是五臣注，窃见李善所注该博，乞令直讲官校本，别雕李善注本；其《初学记》《六帖》《韵对》《尔雅释文》等四件须重写雕印。并从之。"（《辑稿》册七五《职官二八》国子监条）

续表

乾兴元年 （1022年）	"《真宗御制碑颂石本目录》一卷，玉宸殿书数附，凡九十名件。乾兴所刊板。"（《直斋书录解题》卷八） "《龙图阁瑞物宝目》《六阁书籍图画目》共一卷，已上平江虎丘寺御书阁有原颁降印本。"（《直斋书录解题》卷八）按两目无刊年，以《解题》次于《真宗御制碑颂石本目录》之后，因附此。

真宗时，还多次刊印编敕，据下文所叙庆历八年（1048年）崇文院镂板编敕和元符三年（1100年）依旧令国子监印卖敕格式两事，可推知此类文书此时主要亦由国子监、崇文院雕印；另有数种雕印地点不明的文书，可能也出自国子监，现一并汇列如表三：

表 三

咸平元年 （988年）	"十二月二十三日，给事中柴成务上删定编敕、仪制、敕书德音十三卷，诏镂板颁行。"（《辑稿》册一六四《刑法一·格令一》）
景德二年 （1005年）	"九月十六日，三司上新编敕十五卷，请雕印颁行。从之。"（《辑稿》册一六四《刑法一·格令一》）
	"十月……成《景德农田敕》五卷，庚辰上之。令雕印颁行，民间咸以为便。"（《长编》卷六一）
景德三年 （1006年）	"五月丙辰，诏以《画龙祈雨法》付有司镂板颁下。"（《长编》卷六三）
大中祥符元年 （1008年）	"正月甲戌，群牧制置使……请刻印医马诸方并牧法，颁示坊监及诸军。从之。"（《长编》卷六八）
大中祥符九年 （1016年）	"九月二十一日，编敕所上删定编敕、仪制、敕书德音、目录四十三卷。诏镂板颁行。"（《辑稿》册一六四《刑法一·格令一》）
天禧元年 （1017年）	"七月壬寅，判寺李虚己请以新编敕镂板颁行。从之。"（《玉海》卷六六大中祥符编敕条）

大中祥符五年（1012年）开始摹印试进士题纸，《辑稿》册六七《职官一三》礼部条：

> 上亲试，礼部奏召进士于崇政殿……内出《铸鼎象物赋》《天险不可升诗》《以人占天论》题，摹印以赐。官给纸起草。印题给纸自此始也。

此种印题约亦出自国子监。此外，《辑稿》册五五《崇儒四》求书条还著录臣下进献印板事：

> （大中祥符八年）九月七日，以故国子祭酒知容州毋守素男克勤为奉职，克勤表进《文选》《六帖》《初学记》印板。枢密使王钦若闻其事故也。
>
> （天禧五年）六月，景德寺僧溥清献其祖库部员外郎陈鄂所撰《四库韵对》九十八卷印板。诏赐钱十万，度行者一人。

按此两项印板[26]，即上引天禧五年刘崇超所言"年深讹阙，字体不全，有妨印造"的《五臣注文选》《初学记》《六帖》《韵对》印板。因知当时进献之印板，一如太祖时例贮于国子监。国子监既集聚了大批书籍印板，而监本经书又早在太宗至道三年（997年）即有外州不许覆刻之命，但地方需求日益迫切，于是有大中祥符五年（1012年）九月十五日诏：

> 国学见印经书，降付诸路出卖，计纲读领，所有价钱于军资库送纳。（《辑稿》册七五《职官二八》国子监条）

诸路代售监本书籍从此开始。天禧五年（1021年）有增定国子监书价之议，《长编》卷九二：

> 九月癸亥，上封者言，国子监所鬻书，其直甚轻，望令增定。

　　上曰：此固非为利也，正欲文字流布耳。不许。

这应是国子监出卖印本数量激增后出现的情况。

　　真宗时期，官府雕印的地点，据文献记录尚有印经院、三司等处。

　　真宗重视道家，亦重佛教。即位后即诏译学僧校订全藏[27]。印经院除刷印《释藏》旧板外[28]，继续校刊新译和新编的佛教书籍，《景祐新修法宝录》卷一记：

　　　　真宗朝，所译大小乘经律论集总八十三部一百七十卷，已编入前录。

　　　　真宗朝，所译大小乘经律论集总一十二部七十六卷，未编入录。

现存《大中祥符法宝录》卷二〇和《景祐新修法宝录》卷一三还录有真宗时编联入藏的《东土圣贤著撰》九十八卷，即大中祥符四年（1011年）入藏的赞宁《僧史略》三卷、道原《景德传灯录》三十卷并目录一卷，七年入藏的《笺注御制序》三卷，八年准诏编修的《大宋祥符法宝录》二十一卷并总录一卷，同年诏可镂板的太宗《御制妙觉秘诠》二卷、真宗《御制法音前集指要》三卷，天禧三年（1019年）入藏的真宗《注四十二章经》一卷、《注遗教经》一卷、《百缘经序》一卷，五年镂板的真宗《注释释典文集》三十卷并总录一卷。真宗末年，又曾命传法院校勘《大藏》，《景祐新修法宝录》卷一六记其事云：

　　　　乾兴元年（1022年）春正月，诏梵学笔受澄珠、文一，缀文简长、行肇，证义重果、善慈，就本寺普贤阁同校《大藏经》。仍取天寿、皇建二院经本参对三藏，惟净管勾。会真宗升遐，罢其事。

　　三司承应祠部度牒，见《辑稿》册六七《职官一三》祠部条：

天禧五年（1021年）二月，尚书祠部言……今后并委三司承领应雕板祠部戒牒。

戒牒为出家僧尼所必持，在三司承应镂板之前两年，降给五台山一地的度牒，即近三千道，《辑稿》册六七《职官一三》祠部条记：

（天禧）四年八月，河东路劝农使王允明言，昨降五台山普度童行祠部牒二千九百七十七道。

可见当时雕印空白度牒的数量也相当可观。

真宗时期重刊经书，续刊正义、字书、史书和医方，新刊各种韵书、《孟子》《册府元龟》《李善注文选》和《释奠文宣王庙仪注》及《祭器图》等。真宗崇道，多刻道家书，并校定《道藏》，选刊其精要。又校刊佛书，勘定《释藏》。值得重视的是，刊印《齐民要术》《四时纂要》和颁行《景德农田敕》与《画龙祈雨法》，反映了当时农业生产的需要；刻印《医马诸方并牧法》，也有益于民间畜牧。此外，进士题纸开始摹印，三司度牒刷印增多。这些都表明了雕印范围日益扩大，官府雕印逐步进入繁荣阶段。

四、仁宗、英宗时期的雕版印刷

仁宗时代，国子监、崇文院继续雕印经史书籍和编敕律文，还大量雕印了各种医书和一部分其他子部书籍，《辑稿》册七五《职官二八》国子监条记天圣、庆历间重修国子监并增赐田园事：

（天圣）九年（1031年），诏重修国子监，命内侍张怀信、宋承斌典作。又以礼贤坊西北隅地并舍宇赐本监。

（康定）元年（1040年）正月七日，判国子监叶清臣言，乞于开封府管内标田五十顷充学粮，本监差官给纳。从之。

（庆历）三年（1043年）十月，诏以玉清昭应官田二十二顷

赐国子监。四年（1044年）二月七日，诏以上清宫田园邸店赐国
子监。

国子监在此时期有较大发展。英宗在位不足四年（1064—1067年），大
体沿仁宗之旧。现汇辑二代国子监、崇文院刊定镂板书籍的记录如下
（表四）：

表　四

天圣二年 （1024年）	"乾兴元年（1022年）……十一月，判国子监孙奭言，刘昭注补《后汉志》三十卷……于舆服、职官足以备前史之阙，乞令校勘雕印颁行。从之。命本监直讲马龟符……校勘，奭泊龙图阁直学士冯元详校。天圣二年送本监镂板。"（《辑稿》册五五《崇儒四》勘书条）
	"十月，判刑部燕肃言，每赦书德音即本部差书吏三百人誊写，多是差错，致外州错认刑名，失行恩赏，乞自今宣讫，勒楷书写本，详断官勘读，匠人镂板印造发递。从之。"（《辑稿》册六八《职官一五》祠部条）
天圣三年 （1025年）	"（天圣）二年……六月，诏直史馆张观……校勘《南北史》《隋书》，及令知制诰宋绶、龙图阁待制刘烨提举之。绶等请就崇文内院校勘成，复徙外院。又奏国子监直讲黄鉴预其事。《隋书》有诏刻板，内出板样示之。三年十月板成。"（《辑稿》册五五《崇儒四》勘书条）[29]
天圣四年 （1026年）	"五月戊戌，国子监请摹印（陆）德明《〈尔雅〉音义》二卷颁行。"（《玉海》卷四三开宝校释文条）
	"十二月，《南北史》校毕以献……又有《天和殿御览》四十卷，乾兴初（1022年），令侍读学士李维、晏殊取《册府元龟》撮善美之事为之。至是成，亦令刻板，命秘阁校理陈诂校勘。"（《辑稿》册五五《崇儒四》勘书条）
天圣五年 （1027年）	"（四年）十一月十二日，命集贤校理晁宗悫、王举正校正《黄帝内经素问》《难经》《巢氏病源候论》。五年四月乙未，命国子监摹印颁行。"（《玉海》卷六三天圣校定内经素问条）
	"十月乙酉，翰林侍讲学士孙奭言，见行丧服，外祖卑于舅姨，大功加于嫂叔，其礼颠倒，今录《开宝正礼五服年月》一卷，请下两制礼院详定……又节取假宁令附五服敕后，以便有司，而丧服亲疏隆杀之纪，始有定制。己丑，诏国子监摹印颁天下。"（《长编》卷一〇五）

续表

天圣五年 （1027年）	"十月壬辰，医官院上所铸俞穴铜人式二……先是，上以针砭之法传述不同，俞穴稍差或害人命，遂令医官王惟一考明堂气穴经络之会，铸铜人式；又纂集旧闻，订正讹谬，为《铜人针灸图经》，至是上之。因命翰林学士夏竦撰序，摹印颁行。"（《长编》卷一○五）
天圣七年 （1029年）	"天圣中，监三馆书籍刘崇超上言，《李善文选》援引赅赡，典故分明，欲集国子监官校定净本，送三馆雕印。从之。天圣七年十一月板成，又命直讲黄鉴、公孙觉校对焉。"（《辑稿》册五五《崇儒四》勘书条）
	"（四年）十一月，翰林侍读学士判国子监孙奭言，诸科举人惟明法一科《律文》及疏未有印本……乞令校定镂板颁行。从之。……七年五月，孙奭言，准诏校定《律文》及疏。缘《律疏》与《刑统》不同，盖本疏依律生文，《刑统》参用后敕，虽尽引《（唐律）疏义》，颇有增损，今既校为定本，须依元疏为正，其《刑统》内衍文者减省，阙文者添益，要以遵用旧书与《刑统》兼行。又旧本多用俗字，浸为讹谬，亦已详改。至于前代国讳并复旧字，圣朝庙讳则空缺如式。又虑字从正体，读者未详，乃作《律文音义》一卷，其文义不同即加训解，乞下崇文院雕印，与《律文》并行之。"（《辑稿》册五五《崇儒四》勘书条）[30]
天圣八年 （1030年）	"九月十二日，重刊《诗书释文》。"（《玉海》卷四三刊正四经条）
	"九月十二日，雕《新定（尚书）释文》。"（《毛海》卷三七咸平古文音义条）
天圣十年 （1032年）	"三月十六日，诏以《天圣编敕》三十卷、赦书德音十二卷，令文三十卷，付崇文院镂板施行。"（《辑稿》册一六四《刑法一·格令一》）[31]
天圣中	"此书（《齐民要术》）乃天圣中崇文院校本，非朝廷要人不可得。"（绍兴十四年〔1144年〕左朝散郎权发遣无为军主管学事兼管内劝农营田事葛祐之《齐民要术后序》）按此校本，应即上述天禧四年（1020年）李昉请雕之本。
景祐元年 （1034年）	"十月十三日，知制诰丁度上《春牛经序》。诏编修院令司天监再看详，写录以闻。编修院言，与司天监王立等看详修定，乞改名《土牛经》，送崇文院镂板颁行。从之。"（《辑稿》册五六《崇儒五》献书升秩条）[32]
景祐二年 （1035年）	"九月壬辰，诏翰林学士张观等刊定《前汉书》《孟子》，下国子监颁行。"（《麟台故事》卷二校雠条）[33]

景祐三年 （1036年）	"先是，景祐二年秘丞余靖言，《前汉书》谬误，请刊正。诏靖及国子监直讲王洙校对。逾年乃上《汉书刊误》三十卷。九月壬辰，诏学士张观等刊定颁行。"（《玉海》卷四九嘉祐重校汉书条）
景祐四年 （1037年）	"六月丙申，以丁度所修《（礼部）韵略》五卷颁行。"（《玉海》卷四五景祐新修《韵略》条）[34]
	"十月十七日，翰林学士李淑言……经典子书之内，有《国语》《荀子》《文中子》，儒学所崇，与六经通贯，先朝以来，尝于此出题，只是国序未有印本，欲望取上件三书，差官校勘刻板，撰定音义，付国子监施行。诏可。"（《辑稿》册五五《崇儒四》勘书条）[35]
宝元二年 （1039年）	"十一月三日，令崇文院雕印颁行唐颜师古撰《匡谬正俗》八卷。"（《玉海》卷四三宝元《匡谬正俗》条）
康定元年 （1040年）	"十一月四日，仁宗亲制《风角集占》三卷，备古今之要，仍镂板印赐辅臣。"（《辑稿》册四二《礼六二》赍赐条）
庆历三年 （1043年）	"景祐元年……诏（宋）祁、（郑）戬与国子监直讲王洙同刊修《集韵》……至宝元二年九月书成上之。宝元二年九月二十一日延和殿进呈，奉圣旨镂板施行。""庆历三年八月十七日雕印成，延和殿进呈，奉圣旨国子监施行。"（日本宫内厅书陵部藏宋淳熙十二年〔1185年〕刻本《集韵》卷末附刊）[36]
	"中书门下牒崇文院……贾昌朝所撰《群经音辨》七卷……今写录到净本进呈，欲送中书看详施行取进止牒。""康定二年七月五日准中书札子，奉圣旨管勾雕造……庆历三年十月日雕造了毕进呈。"（《四部丛刊》影印宋抄本《群经音辨》卷前并卷末附刊）
庆历四年 （1044年）	"《三朝政要》二十卷，宰相河南富弼彦国撰。庆历三年，弼为枢副，上言，选官置局，以三朝典故分门类聚，编成一书，以为模范。命王洙、余靖、孙甫、欧阳修同共编纂。四年书成，名《太平故事》，凡九十六门，每事之后，各释其意，至绍兴八年（1138年）右朝议大夫吕源得旧印本……"（《直斋书录解题》卷五）
庆历八年 （1048年）	"《国史志》：《庆历善救方》一卷，八年二月癸酉颁行。"（《玉海》卷六三《庆历善救方》条）
	"四月二十八日，提举管勾编敕宰臣贾昌朝、枢密副使吴育上删定编敕、敕书德音附令敕、目录三十卷，诏崇文院镂板颁行。"（《辑稿》册一六四《刑法一·格令一》）

续表

皇祐三年 （1051年）	"《国史志》：……《皇祐简要济众方》五卷。皇祐中，仁宗谓辅臣曰，外无善医，其令太医简《圣惠方》之要者，颁下诸道，仍敕长吏拯济，令医官使周应编。三年颁行。"（《玉海》卷六三《皇祐简要济众方》条）[37]
皇祐五年 （1053年）	"《圣宋皇祐新乐图记》三卷，影宋钞本……上卷（图四）……中卷（图四）……下卷（图六）……（图后）皆为之说，每半页八行，行十五字，后有皇祐五年十月初三日奉圣旨开板印造二行。"（《铁琴铜剑楼藏书目录》卷六）[38]
嘉祐二年 （1057年）	"八月辛酉，置校正医书局于编修院……（韩）琦言，《灵枢（经）》《（黄帝内经）太素》《甲乙经》《广济千金》《备急千金要方》《千金翼方》《外台秘要方》之类多讹舛，本草编载尚有所亡，于是选官校正。"（《玉海》卷六三天圣校定《内经素问》条）
	"按《会要》，嘉祐二年置校正医书局于编修院……每（校）一书毕则奏上，（林）億等皆为之序，下国子监颁行。并补注本草，修图经、《千金翼方》《金匮要略》《伤寒论》悉从摹印。"（《直斋书录解题》卷一三《外台秘要方》条）
嘉祐五年 （1060年）	"七月戊戌，翰林学士欧阳修等上所修《唐书》二百五十卷。"（《长编》卷一九二）"《唐书》，十函一百册……是书之末，前载嘉祐五年六月二十四日进书衔名，提举为曾公亮……后载是月二十六日准中书札子奉旨下杭州镂板颁行，富弼、韩琦、曾公亮董其事……"（《天禄琳琅书目》卷二《宋板史部》）
嘉祐六年 （1061年）	"八月，《补注本草》成书……六年十二月，缮写成板样，依旧并目录二十一卷，仍赐名曰《嘉祐补注神农本草》。"（《四部丛刊》影印蒙古刻本《重修政和经史证类备用本草》卷末附刊《补注本草奏敕》）
嘉祐七年 （1062年）	"嘉祐三年十月，校正医书所奏……画成本草图并别撰《图经》，与今《本草经》并行……（六年）十月编撰成书，送本局修写，至七年十二月一日进呈，奉敕镂板施行。"（《重修政和经史证类备用本草》卷末附刊《图经本草奏敕》）
	"十二月，诏以《七史》校本四百六十四卷送国子监镂板颁行。"（《玉海》卷四三景德群书漆板条）[39]

续表

	"今先校定张仲景《伤寒论》十卷……请颁行"（孙奇等《伤寒论序》），"治平二年二月四日，进呈奉圣旨镂板施行"（明刻本《伤寒论》卷末附刊）。
治平二年 （1065年）	"崇文院嘉祐六年八月十一日敕节文，《宋书》《齐书》《梁书》《陈书》《后魏书》《北齐书》《后周书》见今国子监并未有印本，宜令三馆秘阁见编校书籍官员，精加校勘同与管勾使臣选择楷书如法书写板样如《唐书》例，遂旋封送杭州开板。治平二年六月日。"（《百衲本二十四史》影印宋刻本《南齐书》卷末附刊）
	"景祐四年，诏国子监校《法言》。嘉祐二年七月毕，上之。又诏吕夏卿校定，治平元年上之。又诏内外制看详，二年上之，令镂板。"（《玉海》卷五五《景祐注法言》条）[40]
治平三年 （1066年）	"治平三年正月二十五日进呈（《孙真人备急千金要方》）讫，至四月二十六日奉圣旨镂板施行。"（元刻本《孙真人备急千金要方》卷末附刊）

《辑稿》册一○八《选举三》科举条制条记庆历六年（1046年）礼部请印就试进士义题：

> 庆历六年正月二十二日，礼部贡院请自今进士并如请科例印所出义题。从之。

大约也由国子监雕印。

国子监之外，禁中和刑部、司天监、编敕所都另设有雕印机构。《图画见闻志》卷六记景祐初（1034年），敕令镂板印染《三朝训鉴图》：

> 景祐初元，上敕待诏高克明等图画三朝盛德之事，人物才及寸余，宫殿、山川、銮舆、仪卫咸备焉。命学士李淑等编次序赞之，凡一百事，为十卷，名《三朝训鉴图》。图成，复令传摹镂板印染，颁赐大臣及近上宗室。

《直斋书录解题》卷五亦记此图:

> 《三朝训鉴图》十卷,学士李淑、杨伟等修纂……皇祐元年(1049年)书成。顷在莆田有售此书者,亟求观之,则已为好事者所得。盖当时御府刻本也。卷为一册凡十事,事为一图,饰以青赤,亟命工传录,凡字大小、行广狭、设色规模,一切从其旧。敛衽铺观,如生庆历、皇祐之间,目睹圣作明述之盛也。

《挥麈后录》卷一章献太后命儒臣编书镂板禁中条亦记此事,并记有《观文览古》一书和《卤簿图》三十卷:

> 仁宗即位方十岁,章献明肃太后临朝。章献素多智谋,分命儒臣冯章靖元、孙宣公奭、宋宣献绶等采撷历代君臣事迹为《观文览古》一书;祖宗故事为《三朝宝训》十卷,每卷十事;又纂郊祀仪仗为《卤簿图》三十卷,诏翰林待诏高克明等绘画之。极为精妙,述事于左,令傅姆辈日夕侍上展玩之,解释诱进,镂板于禁中。

《图画见闻志》卷三另记仁宗绘龙树菩萨传模镂板:

> 仁宗皇帝天资颖悟,圣艺神奇,遇兴援毫,超逾庶品。伏闻齐国献穆大长公主薨明之始,上亲画龙树菩萨,命待诏传模镂板印施。

此亦当为禁中所印造。上述诸例可以表明当时禁中的雕印,不仅有一定的规模,且具有较高的技艺水平。

天圣二年(1024年)刑部开始摹印赦书,司天监日官亦请摹印历日,《长编》卷一〇二:

> 天圣二年冬十月辛巳,诏自今赦书令刑部摹印颁行。时判部

燕肃言，旧制集书吏分录，字多舛误，四方复奏或致稽违，因请
镂板宣布。或曰：板本一误则误益甚矣。王曾曰：勿使一字有误
可也。遂著于法。[41]（注：王子融云……因之曰官亦乞模印历日。
旧制岁募书写费三百千，今模印止三十千。）

嘉祐七年（1062年）又诏枢密院编修敕令所镂板编敕、赦书，《辑
稿》册一六四《刑法一·格令一》：

（嘉祐）七年四月九日，提笔管勾编敕宰臣韩琦、曾公亮上删
定编敕、赦书德音附令敕、总例目录二十卷，诏编敕所镂板颁行。

此外，印经院仍新刊佛教书籍，《景祐新修法宝录》卷一记：

今朝所译大小乘经律论集总九部、八十五卷，未编入录。

同书卷一三、一四和总录所录新校刊的东土圣贤著撰十余种，计有天
圣九年（1031年）请撰书成镂印的章献皇太后《注发愿文》三卷，明
道二年（1033年）镂板的仁宗《注三宝赞》三卷，景祐二年（1035
年）录入新录的真宗《法言后集》三卷，同年镂板的《正元录》，景祐
三年（1036年）所上的《景祐新修法宝录》二十卷并总录一卷和总录
著录的《新译经音义》《天圣释教总录》《大藏经名礼谶法》《景祐天竺
字源》《传灯玉英集》《天圣广灯录》等。《景祐新修法宝录》卷一七还
记天圣四年刊印天台智者科教经论和唐慈恩寺翻经法师窥基所撰经论
章疏事：

（天圣四年）四月，内出天台智者科教经论一百五十卷……编
录入藏，诏杭州搜访印板，并令附驿以进，有阙者付印经院刊镂。
五月，复出唐慈恩寺翻经法师窥基所著经论章疏四十三卷，令编
联入藏。[42]

《景祐新修法宝录》止于景祐三年（1036年），以后迄于英宗末年即治平四年（1067年），三十余年间，印经院仍有新雕经论[43]，以著录无存，其具体情况已不可详考。

仁、英两朝，汴梁民间雕印发展迅速。天圣三年（1025年）国子监明确规定不再雕印一般习用的类书，甚至包括《文选》在内的所谓抄集小说之书，《辑稿》册七五《职官二八》国子监条记：

> 天圣三年二月，国子监言，准中书札子，《文选》《初学记》《六帖》《韵对》《四时纂要》《齐民要术》等印板，令本监出卖。今详上件《文选》《初学记》《六帖》《韵对》并抄集小说，本监不合印卖。今旧板讹阙，欲更不雕造。从之。

这些不合国子监印卖的书籍，恐怕当时都成为民间雕印的主要门类。文献记载民间印本最为政府重视的是文集。远在真宗大中祥符二年（1009年）即有诏各路转运使加以限制，《宋大诏令集》卷一九一录是诏云：

> 大中祥符二年正月庚午，诫约属辞浮艳令，欲雕印文集转运使选文人看详诏：近代已来，属辞之弊侈靡滋甚……夫博闻强识，岂可读非圣之书……仍闻别集从弊，镂板已多，傥许攻乎异端，则亦误于后学……其古今文集可以垂范欲雕印者，委本路转运使选部内文士看选，可者即印本以闻。

仁宗时限制更严，《辑稿》册一六五《刑法二》刑法禁约条记：

> 天圣五年二月二日，中书门下言，北戎和好已来，岁遣人使不绝，及雄州榷场商旅往来，因兹将带皇朝臣僚著撰文集印本，流传往彼，其中多有论说朝廷防遏边鄙机宜事件，深不便稳。诏今后如合有雕印文集，仰于逐处投纳，附递闻奏，候差官看详，别无妨碍，许令开板，方得雕印。如敢违犯，必行朝典，仍候断

遣讫，收索印板，随处当官毁弃。

《长编》卷一〇五所录诏文，说明为了防止涉及政论和边事内容的外传，凡民间印本都要委官看详，然后决定能否印造：

> 天圣五年二月乙亥，诏民间摹印文字，并上有司，候委官看详，方定镂板。初，上封者言，契丹通和，河北缘边榷场商人往来，多以本朝臣僚文集传鬻境外，其间载朝廷得失或经制边事，深为未便，故禁止之。

此后，又禁刊编敕刑书，《长编》卷一一九：

> 景祐三年（1036年）秋七月丁亥，禁民间私写编敕刑书及毋得镂板。

再次禁刊边机文字，《辑稿》册一六五《刑法二》刑法禁约条：

> 康定元年（1040年）五月二日，诏访闻在京无图之辈及书肆之家，多将诸色人所进边机文字镂板鬻卖，流布于外，委开封府密切根捉，许人陈告，勘鞫奏闻。

《欧阳文忠公集·奏议》卷一二录至和二年（1055年）《论雕印文字札子》又一再上言严禁书铺雕印文集：

> 臣伏见朝廷累有指挥，禁止雕印文字非不严切，而道（近）日雕板尤多，盖为曾不条约书铺贩卖之人。臣窃见京城近有雕印文集二十卷，名为《宋文》者，多是当今论议时政之言，其首篇是富弼往年让官表。其间陈北虏事宜甚多，详其语言不可流布，而雕印之人不知事体，窃恐流布渐广，传入虏中，大于朝廷不便；及更有其余文字非后学所须，或不足为人师法者，并在编集，有

误学徒。臣今欲乞明降指挥。下开封府访求板本焚毁，及止绝书铺。今后如有不经官司评定，妄行雕印文集，并不得货卖。许书铺及诸色人陈告，支与赏钱贰佰贯文，以犯事人家财充。其雕板及货卖之人并行严断，所贵可以止绝者今取进止。

同年（1055年）禁模印御书字，《辑稿》册五六《崇儒六》御书条：

至和二年五月，诏开封府自今有模刻御书字鬻卖者，重坐之。

治平四年（1067年）禁印历日，《本末》卷五三：

治平四年二月癸酉，诏……历日民间无得私印。

这些禁令和札子，从另一面反映了民间雕印的繁荣。至和元年（1054年）甚至出现镂印政治性的传单事件，《长编》卷一七六：

（至和元年）九月丙寅……枢密副使王尧臣务裁抑侥幸，于是有镂匿名书布京城以摇军情者。帝不信，丁卯，诏开封府揭榜募告者，赏钱二千缗。[44]

景祐间，为了进士就试，民间雕印了试题解说，《辑稿》册一〇八《选举三》科举条制条：

景祐五年（1038年）正月八日，知制诰李淑言，窃见近日发解进士多取别书小说古人文集，或移合经注以为题目，竞务新奥……近日学者编经史文句，别为解题，民间雕印多已行用。

仁宗晚期和英宗时，民间还雕印了小字巾箱本《五经》和中字《五经》，后者读者竞买，风行一时。《长编》卷二六六引吕陶《记闻》记其事云：

景祐治平间（1056—1067年），鬻书者为监本字大难售，巾箱又字小有不便，遂别刻一本不大不小，谓之中书《五经》，读者竞买。其后王荆公用事，新义盛行，盖中书《五经》谶于先也。

小字、中字本《五经》也是便于应试者携带而雕印的。

民间雕印中的私家印板，此时期逐渐兴起，《曲洧旧闻》卷四记穆修镂《韩柳集》板，鬻印本于相国寺：

穆修伯长在本朝为初好学古文者。始得韩柳善本，大喜，自序云：天既餍我以韩，而又饫我以柳，谓天不予飨过矣。欲二家文集行于世，乃自镂板鬻于相国寺。[45]

《辑稿》册一六五《刑法二》刑法禁约条记驸马都尉柴宗庆刊印《登庸集》诏禁流传：

景祐二年（1035年）十月二十一日，臣像上言，驸马都尉柴宗庆印行《登庸集》，中词语僭越，乞毁印板，免致流传。诏付两制看详闻奏，翰林学士承旨章得象等看详，《登庸集》词语体例不合规宜，不应摹印传布。诏宗庆集收众本，不得流传。

《辑稿》册九七《职官六四·黜降官一》记庆历四年（1044年）卫尉寺丞邱濬以强卖所印书图利等事而黜降：

（庆历四年五月）十四日，卫尉寺丞邱濬降饶州军事推官监邵武军酒税。上封者言，濬……又印书令州县强卖，以图厚利……故有是命。

庆历五年前进士杨文昌广聚众本，校勘《论衡》，募工刊印。明嘉靖十四年（1545年）通津草堂刻本《论衡》前录杨文昌题序云：

余幼好聚书，于《论衡》尤多购获，自一纪中得俗本七，率二十七卷。其一程氏西斋所贮，盖今起居舍人彭公乘曾所对正者也。又得史馆本二，各三十卷，乃库部郎中李公秉前所校者也。余尝废寝食，讨寻众本……率以少错者为主，然后互质疑谬，沿造本源，伪者译之，散者聚之，亡者追之，俾断者仍续，阙者复补，惟古今字有通用，稍存之，又为改正涂注，凡一万一千二百五十九字……即募工刊印，庶传不泯……时圣宋庆历五年二月二十六日前进士杨文昌题序。

《铁琴铜剑楼藏书目录》卷二四著录京台岳氏《新雕诗品》：

《新雕诗品》三卷，影钞宋本。此本卷后有墨图记云：庆历六年（1046年）京台岳氏新雕。

私宅刊书精校古籍，后来为人们重视的家塾刻本，应即开端于此时。

仁宗、英宗时代，是汴梁官府刊书的盛世。《南北史》《隋书》和《七史》的大部分印板都完成于此时。新刊书籍众多，有《国语》和《荀子》《法言》《文中子》等子书，有《律文》《疏义》和《礼书》，还校刊了大批佛教书籍。雕印最多的是医书，北宋雕印医书，先本草，次传世医方，仁宗时才较系统地校刊了《内经素问》《灵枢》《难经》《伤寒论》《巢氏论》和《针灸图经》等古医书，新刊的《图经本草》为本草书籍开创了附图本。皇祐初（1049年），镂板印染高克明所绘一百幅长达十卷的《三朝训鉴图》，该图工致生动[46]，反映了北宋高度发展的版画工艺。民间雕印开始发达，多刊印一般实用书籍和为官府所不屑镂板的古今别集，廉价又便于携带的中小字经书和有政治内容的臣僚文章，尤为人们所竞购。后者虽因涉朝政边机屡遭严禁，但仍流传不断。民间雕印的发展，促成活字术的发明，《梦溪笔谈》卷一八记活字板云：

庆历中（1041—1048年），有布衣毕昇又为活板，其法用胶泥

刻字，薄如钱唇，每字为一印……若止印三二本未为简易，若印
数十百千本则极神速。

发明活字印刷，表明当时社会对印刷品要求之迫切。

五、神宗、哲宗时期的雕版印刷

神宗、哲宗时代，汴京附设雕版印刷部门的官府，据初步统计已
在十处以上。这时国子监似只有雕印书籍和刷印旧板的记录。《玉海》
卷二七景德国子监观群书漆板条记熙宁七年（1074年）时国子监书籍
的数字云：

熙宁七年，监书一百二十五部。

其详细内容已无法考索，现汇辑神、哲间雕印书籍的记录如下（表五）：

表　五

熙宁元年 （1068年）	"《脉经》一部，乃王叔和之所撰集也……臣等各殚所学，博求众本，据经为断……除去复重，补其脱漏……仍旧为一十卷……国子博士臣高保衡、尚书屯田郎中臣孙奇、光禄卿直秘阁臣林億谨上。"（《脉经序》）
	"熙宁元年七月十六日进呈，奉圣旨镂板。"（明刻本《脉经序》后附刊）
	"国子监准熙宁元年九月八日中书札子节文，校定荀、扬书所状，先准中书札子奉圣旨校定《荀子》《扬子》。内《扬子》一部先次校毕，已于治平二年十二月内申纳讫。今来再校《荀子》一部，计二十卷，装写已了，续次申纳者。申闻事右奉圣旨《荀子》送国子监开板，依《扬子》并音义例印造进呈及宣赐札付国子监准此。"（《四部丛刊》影印宋淳熙台州刻本《荀子》卷末附刊）[47]

熙宁二年 （1069年）	"晋皇甫谧……取《黄帝素问》《针经》《明堂》三部之书，撰为《针灸经》十二卷……国家诏儒臣校正……国子博士臣高保衡、尚书屯田郎中臣孙奇、光禄卿直秘阁臣林億等上。"（《黄帝三部针灸甲乙经序》）"熙宁二年四月二十三日进呈，奉圣旨镂板施行。"（《皕宋楼藏书志》卷四三著录明蓝格抄本《黄帝三部针灸甲乙经》序后附记）
	"令秘阁简《外台秘要》三两本送国子监见校勘书官仔细校勘，至（治平）四年（1067年）三月进呈讫。"（明刻本《外台秘要方》卷前附刊）"熙宁二年五月二日，奉中书札子奉圣旨镂板施行。"（明刻本《外台秘要方》卷末附刊）[48]
	"八月六日庚子，参政赵抃进新校《汉书》印本五十册及陈绎所著是正文字七卷。"（《玉海》卷四九嘉祐重校《汉书》条）
	"在昔黄帝之御极也……乃与岐伯上穷天纪，下极地理，远取诸物，近取诸身，更相问难，垂法以福万世，于是雷公之伦授业传之，而《内经》作矣……厥后，越人得其一二，演而述《难经》……顷在嘉祐中，仁宗念圣祖之遗事将坠于地，乃诏通知其学者俾之是正，臣等承乏典校……恭惟皇帝抚大同之运，拥无疆之休，述先志以奉成……国子博士臣高保衡、光禄卿直秘阁臣林億等谨上。"（《重广补注黄帝内经素问序》）按序无年月，以序末所题衔名与上述《脉经序》《黄帝三部针灸甲乙经序》中所记的衔名相同，因附于此。
熙宁四年 （1071年）	"（司天少监杨）惟德泊（冬官丞张）逊斟酌新历……别为三十卷，赐名《地理新书》，复诏钩覈重覆，至皇祐三年（1051年）集贤校理曾公定领其事……诏臣判国子监提举（王）洙置局删修……自有诏校正距今二十一年，臣洙等以庸浅……旷日弥月，然后能就，著乃成而名之皆陛下也。"（元刻本《地理新书》王洙序）按此书未记刊年，据序云"距今二十一年"推之，即熙宁四年书始成。因附此。
熙宁五年 （1072年）	"八月十一日，诏颍州，令欧阳修家上修所撰《五代史》。"（《辑稿》册五六《崇儒五》献书升秩条）"《五代史记》七十五卷，右皇朝欧阳修永叔……修定，藏于家。永叔没后，朝廷闻之，取以付国子监刊行。"（《郡斋读书志》卷二上）

熙宁八年 （1075年）	"《周礼新义》二十二卷，王安石撰……熙宁八年，诏颁之国子监，且置之义解之首。"（《直斋书录解题》卷二）
	"《书义》十三卷，侍读临川王雱元泽撰，其父安石序之……（熙宁）八年，下其说太学颁焉。"（《直斋书录解题》卷二）
	"十二月辛亥，王安石再撰《诗关雎义解》，诏并前改定诸诗序解，付国子监镂板施行。"（《长编》卷二七一）
元丰三年 （1080年）	"四月一日，诏校定《孙子》《吴子》《六韬》《司马法》《三略》《尉缭子》《李靖问对》等书，镂板行之。"（《辑稿》册五五《崇儒四》勘书条）
元丰六年 （1083年）	"元丰三年闰九月，延和殿进呈《九域志》。六年闰三月，诏镂。八月颁行。十卷。"（《玉海》卷一五熙宁《九域志》条引《会要》）
元丰七年 （1084年）	"元丰七年九月二十八日，进呈《夏侯阳算经》，奉御宝批，宜依已校定镂板。"（影宋本《夏侯阳算经》卷末附刊）[49]
	"元丰七年九月日，校定。降授宣德郎秘书省校书郎臣叶祖洽上进。"（影宋本《夏侯阳算经》《五曹算经》《孙子算经》卷末附刊）按影宋本算书尚有《周髀算经》《九章算术》《数术记遗》《海岛算经》《张丘建算经》《五经算术》《缉古算经》七种，板式行款均与《夏侯阳算经》等三书相同，知其所从出的宋刻本亦皆元丰七年所刊印者。[50]
元丰中	"《太医局方》十卷。右元丰中，诏天下高手医各以得效秘方进，下太医局验试，依方制药鬻之，仍模传于世。"（《郡斋读书志》卷三下）
元祐元年 （1086年）	"《资治通鉴》……绍兴二至三年（1132—1133年）两浙东路茶盐司刊本卷末有……元丰八年（1085年）重校，元祐元年下杭州镂板牒文及校对官张末等衔名十三行。"（《藏园群书经眼录》卷三）[51]
元祐三年 （1088年）	"续准礼部符，元祐三年九月二十日准都省送下当月十七日敕，中书省、尚书省送到国子监状，据书库状，准朝旨雕印小字《伤寒论》等医书出卖。"（明刻本《伤寒论》序后附刊）

续表

元祐四年（1089年）	“冬十月戊申，翰林学士苏辙奏，《神宗皇帝御制集》凡著录九百三十五篇，为九十卷，目录五卷。内四十卷皆赐中书枢密院……臣窃见祖宗御集皆于西清建重屋号龙图天章宝文阁以藏其书，为不朽之训。又别刻板模印，遍赐贵近。欲允降付三省，依故事施行。”（《长编》卷四三四）
元祐七年（1092年）	“元祐七年，刻《资治通鉴》板书成，又诏书赐其家，诸儒以为宠。”（《豫章黄先生文集》卷二三《刘道原〔恕〕墓志铭》）
绍圣二年（1095年）	“正月十七日，国子司业龚原等言，故相王安石在先朝尝进《尚书洪范传》，解释九畴之义，本末详备，乞雕印颁行，以便学者。从之。”（《辑稿》册五六《崇儒五》献书升秩条）
	“三月九日，龚原言，赠太傅王安石在先朝尝进其子雱所撰《论语孟子义》，（乞）取所进本雕印颁行。诏令国子监录本进纳。”（《辑稿》册五六《崇儒五》献书升秩条）
	“十一月八日，龚原请下王安石家，取所进《字说》雕印，以便学者传习。从之。”（《辑稿》册五六《崇儒五》献书升秩条）
绍圣三年（1096年）	“国子监准监关准尚书礼部符，准绍圣元年六月二十五日敕，中书省尚书省送到礼部状，据国子监状，据翰林医学本监三省看治任仲言状，伏睹本监先准朝旨开雕小字《圣惠方》等五部出卖，并每节镇各十部、余州各五部，本处出卖。今有《千金翼方》《金匮要略》《王氏脉经》《补注本草》《图经本草》等五件医书，日用而不可缺，本监虽见印卖，皆是大字，医人往往无钱请买，兼外州军尤不可得，欲乞开作小字，重行校对出卖及降外州军施行。本部看详，欲依国子监申请事理施行，伏候指挥。六月二十三日奉圣旨依。奉敕如右，牒到奉行。都省前批，六月二十六日未时，付礼部施行，仍关合属去处主者一依敕命指挥施行。绍圣三年六月日雕。”（明刻本《脉经》卷末附刊）
元符二年（1099年）	“三月壬戌，礼部言，尚药奉御判太医局孔元状，乞请《神医普救方》差官校正，付国子监镂板颁行。从之。”（《长编》卷五〇七）
哲宗时	“哲宗时，臣寮言，窃见高丽献到书内有《黄帝针经》九卷……此书久经兵火，亡失几尽，偶存于东夷，今此来献，篇帙具存，不可不宣布海内，使学者诵习。伏望朝廷详酌，下尚书工部雕刻印板，送国子监依例摹印颁行……有旨令秘书省选奏通晓医书官三两员校对，及令本省详定迄，依所申施行。”（《宋朝事实类苑》卷三一）[52]国子监印板由工部雕刻，此为仅见之例。

神哲间，国子监刷印旧板见于著录者有（表六）：

表　六

熙宁七年 （1074年）	"九月戊戌……岷州言，已立解额，乞赐国子监本，许建州学。从之。"（《长编》卷二五六）
熙宁八年 （1075年）	"三月丙辰，沅州奏……乞赐国子监书，庶变旧俗……从之。"（《长编》卷二六一）[53]
元祐元年 （1086年）	"夏四月己丑……秘书省言，三馆秘阁内有系国子监印本书籍，乞今后应有阙卷蠹坏并全不堪者，并令国子监补印……从之。"（《长编》卷三七四）
元祐六年 （1091年）	"冬十月庚申……国子监进古籍凡十七部轴，上命留《论语》《孟子》各一部。"（《长编》卷四六九）
元祐八年 （1093年）	"三月庚子，诏皇弟诸郡王公出就外学，各赐《九经》及《孟子》《荀》《扬》各一部，令国子监印给。"（《长编》卷四八二）

《长编》卷四八二记元祐八年苏轼所举的举人试题印纸，可能也出自国子监：

> 元祐八年五月癸卯，礼部尚书苏轼言……臣今相度欲乞诗赋题，许于《九经》《孝经》《论语》子史并《九经》《论语》注中杂出，更不避见试举人所治之经，但须于所给印纸题目下备录上下全文，并注疏不得漏落……

国子监以外，设置雕印机构的官府日益繁多。禁中镂板见《玉海》卷五一《唐六典》条：

> 熙宁十年（1077年）九月，命刘挚等校《六典》。元丰元年（1078年）正月成，上之。三年，禁中镂板，以摹本赐近臣及馆阁。[54]

《补笔谈》卷三所记的钟馗印板：

> 熙宁五年（1072年），上会画工摹拓（钟馗）镌板，印赐两府辅臣各一本。

大约也出自禁中。

编敕、赦书由编敕所雕印，《辑稿》册一六四《刑法一·格令一》：

> 熙宁六年八月七日，提举编敕宰臣王安石上删定编敕、赦书德音，附令敕申明目录，共二十六卷，诏编敕所镂板，自七年正月一日颁行。

元丰元祐间，雕印敕令格式，《辑稿》《长编》记有三例：

> 元丰四年（1081年）十二月九日，权三司使李承之札子奏：东南盐法条约……修成一百八十一条，分为敕令格共四卷，目录二卷，乞以《元丰江淮湖浙路盐敕令赏格》为名，如得允当，乞雕印颁行。从之。（《辑稿》册一三三《食货二四》盐法条）
>
> 元丰八年八月丙寅，刑部言，敕令格式有更造……准式雕印。（《长编》卷三五九）
>
> 元祐二年（1087年）十二月壬寅，诏颁《元祐详定编敕令式》……凡删修成敕二千四百四十条，共一十二卷，内有名件多者分为上下，计一十七卷，目录三卷，合一千二十条，共二十五卷。式一百二十七条，共六卷。令式目录三卷，由明一卷，余条准此例一卷。元丰七年以后赦书德音一卷。一总五十六卷合为一部，于是雕印行下。（《长编》卷四〇七）

雕印的地点，大约系由三司、刑部、编敕所承担。《辑稿》册一六四《刑法一·格令一》记条贯先由进奏院摹印，后统归刑部：

熙宁四年（1071年）五月十八日，诏自今朝省及都水监、司
农等处下条贯，并令进奏院摹印，颁降诸路，仍每年给钱一千贯，
充镂板纸墨之费。

熙宁九年十二月二十三日，中书门下言，刑房状，自来颁降
条贯或送刑部翻录，或只是直付进奏院遍牒，盖所总不一，关防
未备，致其间有不曾修润成文及不言所入门目者亦便行下，欲乞
今后应系条贯并付刑部翻录或雕印施行，其进奏院雕印条贯并令
住罢。从之。

哲宗时，刑部还雕印刑名断例，《长编》卷五〇八：

元符二年（1099年）夏四月辛巳，左司员外郎兼提举编修刑
房断例曾旼等奏，准尚书省札子，编修刑房断例取索到元丰四年
至八年（1081—1085年）、绍圣元年（1094年）、二年断草并刑部
举驳诸路所断差错刑名文字……编为刑名断例共一百四十一件，
颁之天下，刑部雕印颁行。

此外，历日由司天监印卖，《辑稿》册七〇《职官一八》太史局条：

熙宁四年二月二十三日，诏……令司天监选官官自印卖（历
日）。其所得之息，均给在监官属……[55]

盐钞印自三司，《辑稿》《长编》各记一例：

元丰五年（1082年）夏四月二十二日，三司言，朝旨给盐
钞二百万贯与泾原路陕西转运司勘会印钞纸见阙四十八万余张，
若伺候商虢等州科买起发，显见住滞，欲用杂物库裹州夹表纸印
造……[56]（《辑稿》册一三三《食货二四》盐法条）
元祐元年（1086年）十二月辛亥……户部言，蚕盐欲依
在京食盐并南京等处，依条额外印给盐钞，下陕西制置解盐

司……（《长编》卷三九三）

钞引，先由户部仓部，后归刑部比部和太府寺印发，《长编》记其事：

> 元祐元年（1086年）十月戊子……诏户部以减罢仓部郎中一
> 员，许复置专管勾核案，并印发诸色钞引。（卷三八九）
> 元祐三年夏四月戊寅……厘正仓部勾覆理欠凭由案及印发钞
> 引事归比部、太府寺。（卷四〇九）

雕印度牒仍由礼部祠部，其数量显著增多，仅就《长编》元丰元年
（1078年）十一月迄二年十一月的记录，因兴建而赐度牒的工程，即
有都城诸门、明州城、熙州外城、遂戎泸州城、登州城、广州城濠和
兖州孔子庙等七处之多，所赐的数字，少者一百，多者三千，总计近
五千道（卷二九四至三〇一）。《长编》卷四六六记元祐六年议论印造
揭露夏国王无厌犯顺的檄文：

> 元祐六年九月辛亥……鄜延路经略使范纯粹奉枢密院札子，
> 夏国既失恭顺……今朝廷既议贬绝，宜作边帅草檄，以浅近易晓
> 之言，具道叶普无厌犯顺之详，朝廷用兵出于不得已之意。令诸
> 路多作印本，以汉书、蕃书两两相副，散遣轻骑驰弃于贼疆百里
> 之外，一以传十，以十传百，则叶普奸谋众当共知……

可知其时官府已有雕印文告之事。

刷印佛教书籍的印经院，《辑稿》册七三《职官二五》鸿胪寺条
记，熙宁四年（1071年）废置，后经板付汴京显圣寺圣寿禅院：

> 神宗熙宁四年三月十九日，诏废印经院。其经板付杭州，令
> 僧了然主持。了然复固辞。明年八月，乃以付京显圣寺圣寿禅院，
> 令主僧怀谨认印造流行。

其实是移印经院属显圣寺，并仍与传法院有密切联系，故熙宁六年
（1073年）赐日本僧成寻佛经即由传法院转请显圣寺[57]，《参天台五台
山记》记其事云：

> 熙宁六年三月廿三日……传法院状，奉圣旨：令显圣寺印新
> 经赐与成寻。本院支钱。右请显圣寺印经院依圣旨指挥，仍先供
> 报乞使钱数。（卷七）
>
> 熙宁六年四月十三日……（印经院）文状云：显圣寺印经
> 院近准传法院印新经赐与日本国成寻，内除《法苑珠林》一百
> 卷，日本国僧称本国已有，更不消印造外，卖印造肆佰壹拾叁卷
> 册……于今月十三日并已依数印造。经里具如后：杜字号至毂
> 字号共叁拾字号，计二百七十八卷；《莲花心轮回文偈颂》一部
> 二十五卷；《秘藏诠》一部三十卷；《逍遥咏》一部一十一卷；《缘
> 识》一部五卷；《景德传灯录》一部三十三卷；《胎藏教》三册；
> 《天竺字源》七册；《天圣广灯录》三十卷。右具如前，其上件已
> 造了。（卷八）

成寻还另从显圣寺印经院屡次买取印本佛教书籍，最多的一次是熙宁
六年四月六日，《参天台五台山记》卷八：

> 印经院买取《千钵文殊经》一部十卷、《宝要义论》一部十
> 卷、《菩提离相论》一卷、《广释菩提心论》一部四卷、《圆集要
> 义论》四卷、《祥符法宝录》廿一卷、《正元录》二卷，与钱一贯
> 五百文了。院主智悟大师点茶药。

同书卷七熙宁六年三月廿四日下录显圣寺文状中记当时印经院所存新
旧译经经板的卷数和提辖管勾印经院事的僧人：

> 显圣寺印经院准传法院札子，日本国合使钱数者。右谨具
> 如前，本院勘会……切缘所管经板万数浩瀚……并新译成经共

五千四百二十五卷，并系一依自来旧印院条式内数目出卖……熙宁六年三月　日提辖管勾印经院事智悟大师赐紫怀谨。

此管勾印经院事的怀谨，即上引同书卷八所记招待成寻购经的智悟大师，其名又适见现存日本京都南禅寺的单本《佛本行集经》卷一九末附木记：

熙宁辛亥（四年）仲秋初十日，中书札子，奉圣旨：赐《大藏经》板于显圣寺圣寿禅院印造。提辖管勾印经院事智悟大师赐紫怀谨。[58]

据此可知，前引《辑稿》所记经板付显圣寺之年当有讹误[59]。

此外，汴京诸寺多藏有佛籍和佛画雕板，《参天台五台山记》卷六记：

熙宁六年正月廿五日……从当院（太平兴国寺传法院）仓借出五百罗汉模印，七人各一两本折取……四人料与好纸十六枚了，成寻与人人好纸并打纸了……廿八日，天晴，借出院仓达磨六祖模折取，照大帅志与原纸九张，宛（充）三铺料折了。三藏以十五张宛（充），小师等五人折取了……二月廿日……《四分注本疏》有印板，纳兴国寺戒藏，可令交易折本。

汴京书籍铺的开设始于何时虽不可考，但仁宗时已有书铺印卖文集的记录，至熙宁七年（1074年）馆阁访书，亦征求于街市，《辑稿》册七〇《职官一八》秘书省条：

熙宁七年，诏置补写所。六月二十二日，监三馆秘阁言，看详崇文院孔目官孟寿安所陈，诏书内求访到书籍只各一部，并未校正，乞行校正……乞应街市镂板文字供录一本看详，有可留者各印四本送逐馆……从之。

某些新法式样的传播，也借重于民间雕印，《辑稿》册六八《职官一五》法官条：

> （熙宁三年〔1070年〕）三月二十五日诏，诏用法官条贯，候法官皆是新法试到人，即依此施行。《立定试官案铺刑名及考试等第式样》一卷，颁付刑寺及开封府诸州，仍许私印出卖。

元丰初（1078年），以太学生钟世美上书称旨，因有雕鬻世美书者，《长编》卷二九四：

> （元丰元年）十一月乙酉……太学生钟世美……以内舍生上书称旨……或刻世美书印卖。上批世美所论有经制四夷事，徒播非便，令开封府禁之。

《邵氏闻见后录》卷一九所记京师印本《东坡集》：

> 苏仲虎言，有以澄心堂纸求东坡书者。令仲虎取京师印本《东坡集》诵其中诗，即书之，至：边城岁莫多风雪，强压香醪与君别。东坡阁笔怒目仲虎云，汝便道香醪。仲虎惊惧，久之，方觉印本误以春醪为香醪也。

亦应是开封书肆所雕印者。至迟于元祐初（1086年），京师市上又流行印卖版画，《长编》卷三八九：

> 元祐元年九月丙辰朔，正议大夫守尚书左仆射兼门下侍郎司马光卒……京师之民皆罢市往吊，画其像刻印鬻之，家置一本，饮食必祝焉。四方皆遣人求之京师。时画工有致富者。

汴梁民间雕印力量不断发展，甚至有能力摹印卷帙众多的《会要》《实录》，故元祐五年（1090年）有禁止之令，《辑稿》册一六五《刑法二》刑法禁约条：

> 元祐五年七月二十五日，礼部言……本朝《会要》《实录》不
> 得雕印，违者徒二年，告者赏缗钱十万。

民间镂板文字，仁宗时即明令一部分书籍事先须经看详然后雕印，元
祐五年进而扩及全部书籍，《辑稿》册一六五《刑法二》刑法禁约条：

> （元祐五年）七月二十五日，礼部言，凡议时政得失、边事军
> 机文字不得写录传布……《国史》《实录》仍不得传写。即其他书
> 籍欲雕印者选官详定，有益于学者方许镂板，候印讫送秘书省。
> 如详定不当，取勘施行。诸戏亵之文不得雕印，违者杖一百。委
> 州县监司、国子监觉察。从之。以翰林学士苏辙言，奉使北界，
> 见本朝民间印行文字多以流传在北，请立法故也。

书籍之外，熙宁二年（1069年）有令根捉雕卖矫撰敕文之人，《辑稿》
册一六五《刑法二》刑法禁约条：

> （熙宁二年）闰十一月二十五日，监察御史里行张戬言，窃闻
> 近日有奸妄小人肆毁时政，摇动众情，传惑天下，至有矫撰敕文
> 印卖都市，乞下开封府严行根捉造意雕卖之人行遣。从之。

此根捉雕卖矫撰敕文事，又见司马光熙宁二年闰十月乙卯《日录》
（《增广司马温公全集》卷一百三）：

> 或诈有诏：军人四十者皆放停。印卖于市道，监察御史张戬
> 缴奏之。诏开封府察捕以闻。

熙宁四年（1071年）又禁印历日，《辑稿》册七〇《职官一八》太史
局条：

（熙宁）四年二月二十三日，诏民间毋得私印造历日。

同书、册、条注引《司马光日记》云：

> 王安石为政，欲理财富国，人言财利者辄赏之……民侯氏世于司天监请历本印卖，民间或更印小历，每本直一二钱。至是尽禁小历，官自印卖大历，每本直钱数百，以收其利。

后者可以说明熙宁四年之前，历日可由民间印卖。前者亦暗示熙宁之初已可雕印敕文，其实熙宁二年之严禁，并未实施多久，所以《长编》卷三六六记：

> 元祐元年（1086年）二月丙子……范纯仁对曰：臣窃见……自陛下临御之初，圣政鼎新，凡有不便于民者悉为蠲除，每诏令一下，民间谨（欢）呼鼓舞，以至印卖传播，谓之快恬（活）条贯。

显然这是随着新法废除，民间又恢复了诏敕的印造。

私家刻书，这时见于著录的日益增多。熙宁时，有王雱策文和《道德经注》，《长编》卷二二六注引《林希野史·政府客篇》云：

> 安石子雱，上即位初，中第，调旌德尉。耻不赴，求侍养。及安石暴进执政，用诸少年，雱尤欲预选，与父谋，执政子弟不可预事，惟经筵可处。安石欲上知而自用，雱乃以所为策及《注道德经》镂板，鬻于市，遂得达于上。

元丰末（1085年），有吕惠卿刻《孙氏传家秘宝方》，《直斋书录解题》卷一三：

> 《孙氏传家秘宝方》三卷，尚药奉卿太医令孙用和集。其子殿

中丞兆，父子皆以医名……元丰八年，兆弟宰为河东漕属，吕惠卿帅并从宰得其书，序而刻之。

哲宗时，魏王赵颢刻佛道精要，《魏王墓志》：

（魏）王讳颢……喜浮屠老子之言，撮其精要，刻板流布。[60]

元祐四年（1089年）刘次庄刻《淳化法帖》，后二年又刻《法帖释文》，明刻《百川学海》本《法帖释文》卷末刊刘次庄题记云：

元祐四年，臣得本（《淳化法帖》）于前金部员外郎吕和卿，命工模刻之。后二年，复取帖中草书世所病读者为《释文》十卷，并行于时……元祐七年五月十有九日前承议郎臣刘次庄谨题。

绍圣中（1094—1097年），有《明道先生传》，《长编》卷四九四：

元符元年（1098年）春正月壬申……先是，曾布独奏事……布曰，近日程颐编管，（邢）恕以为谋出于（林）希，盖谓恕本颐门人，冀其求救，因以倾之。上曰，此是众论，非独出于希，然希亦曾云编管却不妨。布曰，恕乃颐门人，固不可掩，有程颐《明道先生传》，后题门人邢恕曰，门人朱光庭曰，有刊印文字……[61]

私家雕印种类繁多，有的且可通过出售，达于内廷，可见其时除民间书肆之外，私家刊书亦极兴盛。

神宗、哲宗时代，官私雕印又进一步发展。许多官府都附设雕印机构。国子监除刊印经史外，新刊的范围日益扩大：神宗时，雕印了一批配合施行新法的各种经义和字说，还开始雕印了地志和兵书、算书以及堪舆书等子部书，也雕印了不少从未刊印的医书；哲宗时，监本开始仿效民间小字开板，首先刊印了一大批小字医书，其中包括一百卷的《太平圣惠方》。值得注意的是，这时官府还大量印造历日、各色钞引、戒牒和文告等。民间雕印的发展更为迅速，其时汴京民间雕印不仅有刊印大部头书籍的实力，而且还发展出新颁诏令的快速摹印和应时肖像版画的印造。看来，无论官私雕印皆积极扩展印刷品的品类，应是神哲时期汴京雕印的重要特点。

六、徽宗时期的雕版印刷

徽宗时期，国子监修补旧板的工作量较大，新雕书板甚少。《辑稿》册七五《职官二八》国子监条记大观二年（1108年）国子监修补旧书板事：

> 大观二年八月二十七日，上批国子监印造监本书籍差舛颇多，兼板缺之处笔吏书填不成文理，颁行州县、锡赐外夷，讹谬何以垂示，仰大司成专一管勾，分委国子监、太学、辟雍官属、正录、博士、书库官分定工程，责以岁月，删改校正，疾速别补，内大段损缺者重别雕造，仍于每集板末注入今来校勘官职位姓名，候一切了毕，印造一监（？），令尚书礼部复行抽摘点检，具有无差舛，保明闻奏。

新雕监本，包括推测为国子监印本者，据著录统计总共不过十几种（表七）：

表　七

建中靖国元年（1101年）	"绍圣中（1094—1097年），诏再加编次（《神宗御集》），至元符二年（1099年）六月书成……二百卷。靖国元年，诏以文稿十卷，政事一百五十卷镂板颁赐。"（《玉海》卷二八元祐《神宗御集》条）
	"《无量度人经》二卷……建中靖国元年四月十三日奉圣旨镂板……朱文公云，此经乃杜光庭撰。"（《郡斋读书志》卷五上）

崇宁二年 （1103年）	"编修《营造法式》所准崇宁二年正月十九日敕，通直郎试将作少监提举修置外学等李诫札子奏：契勘熙宁中（1068—1077年）敕令将作监编修《营造法式》，至元祐六年（1091年）方成书，准绍圣四年（1097年）十一月二日敕……三省同奉圣旨著臣重别编修……元符三年（1100年）内成书，送所属看详，别无未尽未便，遂具进呈，奉圣旨依。续准都省指挥，只录送在京官司……臣今欲乞用小字镂板，依海行敕令颁降，取进止。正月十八日三省同奉圣旨，依奏。"（《营造法式》卷前附刊）
大观中[62]	"主上天纵深仁，考述前列，爰自崇宁增置七局，揭以和剂惠民之名……自创局以来……或取于鬻药之家，或得于陈献之士，未经参订，不无舛讹，虽当镂板颁行，未免传疑承误……顷因条具上达朝廷，继而被命遴选通医俾之刊正……未阅岁而书成，缮写甫毕谨献于朝……颁此成书惠及区宇。"（元刻本《太平惠民和剂局方》卷前陈师文等所上表）
政和三年 （1113年）	"政和元年（1111年）正月丙戌，诏议礼局进礼书……三月癸亥朔，御制御书《政和新修五礼序》……戊辰，仪礼局奏，续次编成《大观礼书》宾军等四礼四百九十七卷。诏依此修定《仪注》，进呈，镂板颁降……二年（1112年）四月庚戌，朝奉郎许尚志言，朝廷以新礼书颁降四方，乞各择官兼掌礼事……依尚志所奏，今仪礼局候《五礼新仪注》成，采酌条具取旨……三年春正月庚辰，诏仪礼局新修五礼仪注，宜以《政和五礼》为名……四月庚戌……编成《政和五礼新仪》并序例，总二百二十卷、目录六卷，共二百二十六卷……诏令颁降。"（《本末》卷一三三徽宗议礼局条）
政和六年 （1116年）	"六年……开封府尹王革奏，《五礼新仪》既已布之天下而颁之有司，乞下国子监，委自学官将《新仪》内冠婚丧祭民间所当通知者，别编类作一帙，镂板付之诸路学事司，务令通知礼仪节文之意。从之。"（《本末》卷一三三徽宗议礼局条） "臣（曹孝忠）因侍燕间，见奉玉音，以谓此书（《经史证类本草》）实可垂济，迺（乃）诏节使臣杨戬总工刊写，继命臣校正而润色之……凡六十余万言，请目以《政和经史证类备用本草》云。政和六年九月一日。"（《政和新修经史证类备用本草序》）

续表

政和七年 （1117年）	"八月一日，宣和殿大学士蔡攸言，庄、列、亢桑、文子皆著书以传后世，有唐号为经，并列藏室。本朝始加庄列南华冲虚之号，以其书入国子学，而《亢桑》《文子》未闻颁行，乞取其书于秘书省精加雠定，列于国子学之籍与庄列并行。从之。"（《辑稿》册五五《崇儒四》勘书条）
政和间	"朕悯……斯民之沈痼，庸医之妄作……万机之余，著书四十二章，发明内经之妙，曰圣济经……亦诏天下以方术来上，并御府所藏颁之，卷凡二百，方几二万，以病分门，门各有论，而叙统附焉……名之曰《政和圣济总录》。"（《圣济总录御制序》）[63]
重和元年 （1118年）	"十一月二十八日，提举成都府路学事翟栖筠言，窃惟字形书画，纤悉□曲，咸有不易之体，世之学者……从俗就简，转易偏旁，传习既殊，渐失本真……甚可叹也。臣窃见国子监有唐人张参、唐元度所撰《五经文字》及《九经字样》……愿诏儒臣重加修定，去其讹谬，存其至当，分次部类，号为《新定五经字样》，颁之庠序。从之。"（《辑稿》册五五《崇儒四》勘书条）
宣和五年 （1123年）	"十一月十四日，国子监祭酒蒋存诚等言，窃见《御注冲虚至德真经》《南华真经》未蒙颁降，见系学生诵习及学谕讲说，乞许行雕印，颁之学校。从之。"（《辑稿》册七五《职官二八》国子监条）
?	"《春秋加减》一卷……不著人名……此本作小褫册，才十余板，前有睿思殿书籍印，盖承平时禁中书也。"（《直斋书录解题》卷三）按此书无刊年，徽宗时睿思殿始为讲礼之所[64]，因附此。

徽宗初，国子监恢复了印卖敕令格式，《辑稿》册七五《职官二八》国子监条：

> 元符三年（1100年）九月二十三日，详定重修敕令所请依旧令国子监印卖编修敕格式。

故崇宁以降，国子监多次摹印这类文书，《辑稿》册七五《职官二八》国子监条记：

> 大观三年（1109年）闰五月十三日，吏部言，尝取元丰官制

敕令格式将加省察，而遗编断简，字划磨灭，秩序差互，殆不可考，诏《元丰敕令格式》令国子监雕印颁降。

政和二年（1112年）重修的敕令格式，大概也是国子监所摹印，《辑稿》册一六四《刑法一·格令二》：

政和二年十月二日，司空尚书左仆射兼门下侍郎何执中等上表，修成敕令格式等一百三十八卷，并看详四百一十卷，共五百四十八册，已经节次进呈，依御笔修定，乞降敕命雕印颁行，仍依已降御笔，冠以《政和重修敕令格式》为名。从之。

但《辑稿》册一六四《刑法一·格令二》所记政府许多部门当时仍都刊印法令，见下（表八）：

表　八

大观元年（1107年）	"七月二十八日，蔡京言，伏奉圣旨，令尚书省重修马递铺海行法，颁行诸路。臣奉承圣训，删饰旧文，编缵成书，共为一法，谨修成敕令格式，申明对修，总三十卷，并看详七十卷，共一百册，计六复，随状上进，如或可行，乞降伏三省镂板颁降施行，仍乞以《大观马递铺敕令格式》为名。从之。"
政和元年（1111年）	"十二月二十七日，评定一司敕令所奏，奉圣旨编修禄秩，以元丰大观式修定，今修成《禄令格》等，计三百二十一册，如得允当，乞冠以政和为名，雕印颁降，本所先次施行。"
政和五年（1115年）	"十一月十二日，尚书度支员外郎张勋奏……参照政和四年六月二十日以前所降《直达纲条敕》及申明指挥，修立成书并看详共成一百三十一册，总为一部，计一十复，并已经尚书看详讫……谨具进呈，如允所奏，先付本部镂板颁行……从之。"
政和六年（1116年）	"闰正月二十九日，详定一司敕令王韶奏，修到敕令格式共九百三卷，乞冠以政和为名，镂板颁行。从之。"
宣和元年（1119年）	"八月二十四日，详定一司敕令所奏，《新修明堂敕令格式》一千二百六册，乞下本所雕印颁降施行。从之。"

此外，进奏院还雕印制书、手诏等，《辑稿》册七五《职官二八》国子监条：

> 崇宁二年（1103年）二月二十九日，臣僚言，乞诏有司，每遇有制书、手诏、告词并同赏功罚罪事迹录付准（进）奏院，本院以印本送太学并诸州军，委博士教授揭示诸生。从之。

《宋史·徽宗纪二》所记崇宁五年模印御笔手诏：

> （崇宁五年二月）丁丑，以前后所降御笔手诏模印成册，班之中州，州县不遵奉者，监司按劾；监司推行不尽者，诸司互察之。

约亦出自进奏院。据《辑稿》记载，大观、宣和时御笔手诏又由刑部、礼制局编次雕印：

> 大观三年（1109年）四月二十五日，尚书户部侍郎蔡居厚等言，比从近臣之请，凡御笔手诏刊印成策，半岁一颁……欲乞命后六曹及诸处被受御笔手诏即时关刑部别策编次，专责官吏分上下半年雕印颁行。从之。（册五六《崇儒六》御书条）
>
> 宣和三年（1121年）八月十日，礼制局言，被旨雕印御笔手诏共五百本，诏赐宰臣执政侍从在京职官、外路监司守臣各一本。（册四二《礼六二》赏赐条）

《辑稿》册一六五《刑法二》刑法禁约条记有官员渎职科罚文字印本：

> 宣和三年九月二日，臣僚言……伏望特降诏旨，自今有敢蹈习抵犯，重立典刑，内令御史台，外委廉访使者觉察按治。诏被委及委之者并以枉法自盗论，御史台、廉访知而不按与同罪。仍镂板印给诸路监司。

此种印本，大约亦出于刑部。刑部还雕印罢免贡品的名单，《辑稿》册五七《崇儒七》罢贡条：

> 大观三年（1109年）十一月十日，中书尚书省言，奉诏比诸路州郡岁贡殿中省、六尚局供奉之物，多有不急，劳民搔下，罢四百四十余名，所存才什一二。乞下刑部镂板，遍牒施行。从之。

解盐钞、茶引统由太府寺印造[65]，《辑稿》记其事云：

> 崇宁元年（1102年）八月五日，户部言，太府寺申，自来解盐钞用商虢州、河中府等处一钞纸印造……今乞下商虢州、河中府……造一钞连毛头纸，依数起发前来，赴交引库交纳，印造交钞。（册一三三《食货二四》《盐法》条）
>
> 政和三年（1113年）九月二十八日，权分遣同管干成都府利州等路茶事李稷札子……一长短引令太府寺以厚纸立式印造书押……从之。（册一三六《食货三〇·茶法杂录上》）

度牒仍由祠部雕印，《辑稿》册六七《职官一三》祠部条：

> 建中靖国元年（1101年）十二月七日，诏祠部每年（度牒）额合给一万道。

度牒数量激增，反映祠部的雕印工作也日益扩大。《辑稿》册一一二《选举一二》八行科条还记有司每一年颁行八行贡士的模范事迹：

> 政和六年（1116年）二月七日，权发遣陕州吴羽言，乞今后每岁终，令有司悉聚八行已推恩人，各著事实雕印，颁之郡县……从之。

徽宗之初，曾印板放生文，《清波别志》云：

　　　　（祐陵）与辅臣语及放生，云天地大德曰生，后苑故事有钓鱼
　　　荷苞会，比令罢之。且云：平生未尝蛤蟹之属，且因书印板放生
　　　文，近士大夫渐知以杀生为戒，当嗣之初，崇俭好生见于日用者
　　　如此，尔后有以丰亨豫大之说蛊荡上意。

此放生文印板，或许摹雕于内府。

　　官板《释藏》仍在印造，国内外多藏有大观二年（1108年）印造
的零卷[66]。此种零卷卷末所附木记，其文云：

　　　　盖闻施经妙善，获三乘之惠因，赞诵真诠，超五趣之业果，
　　　然愿普穷法界，广及无边，水陆群生，同登觉岸。时皇宋大观二
　　　年岁次戊子十月日毕。庄主僧福清、管居养院僧福海、库头僧福
　　　深、供养主僧福住、都化缘报愿住持沙门鉴峦。[67]

木记文字与前述熙宁间奉圣旨印造印本的木记不同，可以说明此时刊
印《释藏》已无需官府认可。值得注意的是，美国哈佛大学福格博物
馆所藏大观二年印单行的《御制秘藏诠》卷一三残卷，卷内附有内容
繁缛、雕印精细的山水版画插图四幅[68]。北宋晚期，官板书籍插图工
致，如上述《营造法式》《政和证类备用本草》诸书。因此，《御制秘
藏诠》中出现高水平的插图并非偶然。又《赵城金藏》所收《法乘义
决定经》，系覆刻宋藏，该经卷末题记云：

　　　　相吉祥、律密、法称同译，白时中润文。

按宋制以宰辅任润文使，时中执政始于政和六年（1116年），迄于靖康
之初（1126年）[69]，因知徽宗后期犹有新译佛经并雕版刷印[70]。《释
藏》之外，徽宗崇道，又刊《道藏》，《太上助国救民总真秘要》卷前
附刊政和六年进书表云：

　　　　哀访仙经，补完遗阙，周于海寓，无不毕集，继用校雠秘藏，

将以刊镂，传诸无穷。

镂雕《道藏》任务，大约下达福州，故《淳熙三山志》卷三八记有《政和万寿道藏》经板进于京之事：

> 闽县报恩光孝观，崇宁三年（1104年）建。先是，二月十日诏天下建崇宁观。或谓州南东西两山左弱右强，乃建观九仙山之巅，号天宁万寿，楼阁岿然，遂与乌石相峙，为一州之胜……（观有）政和万寿道藏，政和四年（1114年）黄尚书裳奏请建飞天法藏，藏天下道书五百四十函，赐今名。以镂板进于京。[71]

此《道藏》经板，靖康二年（1127年）为金兵所掠，金大定二十八年（1188年）移贮中都天长观，《宫观碑记》所录《十方大天长观玄都宝藏碑铭》记载其事曰：

> 十方大天长观新作玄都宝藏……大定丙午（十三年，1186年），（孙）明道始奉诏提点观事……后二年，令有诏以南京《道藏》经板付观……明昌改元（1190年）之元旦……构屋列椟，以贮经板。仍置文臣二员，与明道经书参订，即补缀完成，印经一藏……明道奉诏，不遑居处，分遣黄冠访遗经于天下……凡得遗经千七十四卷，补板者二万一千八百册……勒成一藏，都卢六千四百五十卷，为帙六百有二，题曰《大金玄都宝藏》。

金中都天长观即今北京白云观，《道藏》经板北迁继续印造，其后经孙明道之补辑而成《大金玄都宝藏》。

徽宗时期，虽重申书铺雕印文字须先看验，如《辑稿》册一六五《刑法二》刑法禁约条所记：

> 大观二年（1108年）三月十三日，诏访闻房中多收蓄本期见行印卖文集书册之类，其间不无夹带论议边防兵机夷狄之事，深

属未便。其雕印书铺，昨降指挥，令所属看验，无违碍然后印行。

甚至有除国子监并诸路学事司外，禁止镂板的决定，《辑稿》册一六五《刑法二》刑法禁约条：

> 大观二年七月二十五日，新差权发遣提举淮南西路学事苏棫札子，诸子百家之学非无所长，但以不纯先王之道，故禁止之……傥有可传为学者式，愿降旨付国子监并诸路学事司镂板颁行，余悉断绝禁弃，不得擅自卖买收藏。从之。

但这类决定实际上并不能施行，所以上引大观二年三月十三日诏文后面又补充说：

> 仍修立不经看验校定文书，擅行印卖，告捕条禁颁降。

从以下所引大观二年以后的记录，可知这个补充也仅是具文。总之，上述诏令遏止不了民间雕印的进一步发展。徽宗时期汴京民间雕印进一步发展的事迹，约有以下五项：

第一，从《辑稿》册一六五《刑法二》刑法禁约条列举的禁令，可知书肆既刊布拥护新法的书籍，也雕印所谓元祐学术，说明民间雕印者已注意到关心国家大事的社会要求（表九）：

表　九

宣和四年 （1122年）	"十二月十二日，权知密州赵子昼奏，窃闻神宗皇帝正史多取故相王安石日录以为根柢，而其中兵谋政术往往具存，然则其书固亦应密。近者，卖书籍人乃有《舒王日录》出卖，臣愚窃以为非便，愿赐禁止，无使国之机事传播闾阎，或流入四夷，于体实大。从之。仍令开封府及诸路州军毁板禁止。如违，许诸色人告，赏钱一百贯。"
宣和五年 （1123年）	"七月十三日，中书省言，勘会福建等路近印苏轼、司马光文集者，诏今后举人传习元祐学术以违制论。印造及出卖者与同罪，著为令。见印卖文集在京令开封府……毁板。"

第二，从下列《辑稿》所举禁令，知道民间雕印者组织编辑了不少可备急用的所谓时文、程文之类的书籍印造出卖（表一〇）：

表　一〇

崇宁二年 （1103年）	"九月十日，臣僚言，窃谓使士知经……莫若取诸经时文印板一切焚毁……从之。"（册一〇八《选举四》考试条制条）
大观二年 （1108年）	"七月二十五日，新差权发遣提举淮南西路学事苏械札子……今之学者程文短暑之下，未容无怍，而鬻书之人急于椎刀之利，高立标目，镂板夸张，传之四方，往往晚进小生以为时之所尚，争售编诵，以备文场剽窃之用，不复深究义理之归，忘体尚华，去道逾远，欲乞今后一取圣裁……不得擅自卖买收藏。从之。"（册一六五《刑法二》刑法禁约条）
政和四年 （1114年）	"六月十九日，权发遣提举利州路学事黄潜善奏……比年以来，于时文中采摭陈言，区别事类，编次成集，便于剽窃，谓之《决科机要》。偷惰之士往往记诵，以欺有司……臣愚欲望圣断，特行禁毁，庶使人知自砺，以实学待选。诏立赏钱一百贯告捉，仍拘板毁弃，仰开封府限半月，外州县限一月。"（册一六五《刑法二》刑法禁约条）
	"六月二十七日，开封府奏，太学生张伯奋状奏，乞立法禁止《太平纯正典丽集》，其间甚有诈伪，可速行禁止，仍追取印板缴纳。诏已卖在诸处者，许限一月缴纳，所在官司缴申尚书省，如违杖一百，赏钱五十贯，许人告。"（册一六五《刑法二》刑法禁约条）
政和七年 （1117年）	"七月六日，臣僚言……书肆私购程文镂板市利，而法出奸生，旋立标目，或曰《编题》，或曰《类要》，曾不少禁，近又公然冒法如昔，官司全不检察，乞令有司常切检举缉捕禁绝。从之。"（册一六五《刑法二》刑法禁约条）

第三，便于携带的小字书籍的刊印，从《辑稿》册一〇八《选举四》考试条制条所录禁令，知其范围日益扩大。

政和二年（1112年）正月二十四日，臣僚言……鬻书者以《三经新义》并《庄老子说》等作小册刊印，可置掌握，人竞求买，以备场屋检阅之用……印行小字《三经义》亦乞严降睿旨，禁止施行。从之。

第四，《辑稿》册一六五《刑法二》刑法禁约条记民间雕印者公开印卖早已严禁誊录的有关军事的文字：

> 政和三年（1113年）八月十五日，臣僚言，军马敕《诸教象法》誊录传播者杖一百。访闻比年以来，市民将《教法》并《象法》公然镂板印卖，伏望下开封府禁止。诏印板并令禁毁，仍令刑部立法申枢密院。

第五，雕印大批民间用品，如《东京梦华录》所记：

> 七月十五日中元节……印卖《尊胜目连经》。（卷八）
> 十二月……近岁节市并皆印卖门神、钟馗、桃枝、桃符及财门钝驴、回头鹿马，天行帖子。（卷十）

此外，私家刊书著录日多，大观四年（1110年）秘府征书，已开始取索印造学者自著之书和臣僚私家文集，《辑稿》册七〇《职官一八》秘书省条：

> 大观四年五月七日，秘书监何志同奏……庆历距今未远也，试按籍（《崇文总目》）而求之，十才六七，号为全备者不过二万余卷，而脱简断编已散阙逸之数浸多，谓宜及今有所搜采……此外更有诸处印本及学者自著之书、臣僚私家文集，愿得藏之秘府者，皆许本省移文所属印造取索。从之。

大观二年，集贤孙公刻《经史证类备急本草》三十二卷，《经史证类大观本草后序》：

> （唐）慎微因其见闻之所迨，博采而备载之，于本草图经之

外，又得药数百种，益以诸家方书与夫经子传记佛书道藏，凡该明乎物品者，各附于本药之左，其为书三十有一卷，目录一卷，六十余万言，名曰《经史证类备急本草》……集贤孙公得其本而善之，邦计之暇，命官校正，摹工镂板，以广其传……大观二年十月朔，通化郎行杭州仁和县尉管勾学事艾晟序。

宣和元年（1119年）添差充收买药材所辨验药材寇宗奭刊自著《本草衍义》二十卷，元刻本《本草衍义》目录前附刊记：

　　宣和元年囗月本宅镂板印造。

宣和五年诏禁元祐学术板，国子监簿王庭珪谓是时有贵戚刻印苏轼、黄庭坚书，杨万里《诚斋集》卷八三《杉溪集后序》记其事云：

　　沪溪又云：是时，书肆畏罪，坡、谷二书皆毁其印，独一贵戚家刻印印之，率黄金斤易坡文十，盖其禁愈急，其文愈贵也。

其时，还有纂集辞场新范之类的书籍出售，《辑稿》册一六五《刑法二》刑法禁约条：

　　宣和四年（1122年）十二月二十四日，臣僚言，林虑编进《神宗皇帝政绩故实》，其序称先臣希尝直史馆，因得其绪，纂集此书，鬻于书肆，立名非一，所谓辞场新范之类是也。乞禁止。从之。

可知私家刊书情况日趋复杂，有的已与书肆无别。

　　徽宗时期，官府新刊内容主要是礼书和法令。前者既刊《大观礼书仪注》，又刊《政和五礼新仪》，再别刻《新仪》内冠婚丧祭宜用于民间者。后者除国子监、敕令所刊印外，尚书各部也刊印各种专门法令。礼书、法令印本泛滥，反映出北宋末年社会的不稳定。同样反映这种情况的，还有宗教书籍的扩大刊布：《释藏》仍在雕印；国子监又多刊道家书，福建更赍《道藏》经板入汴。此外，徽宗继续了校刊医书的工作，当时刊行的《太平惠民和剂局方》《经史证类备急本草》和《圣济总录》，都是很重要的医书，其中都二百卷的《圣济总录》，可惜由于战乱没有得到广泛传播的机会。民间雕印在这阶段繁荣昌盛，举凡当时可以销售的印刷品似乎都在刊印，甚至对禁印文字也公然冒法，这种情况尽管出现在北宋末叶，但表明了民间雕印实力的不断增长。其时，汴梁大相国寺东书铺林立，《东京梦华录》卷三记：

> （相国寺）东门大街皆是……书籍铺席。

靖康元年（1126年），金兵围汴梁索取书籍，题太学生丁特起撰《靖康孤臣泣血录》记开封府即购之于诸书籍铺：

> 靖康元年十二月二十五日……金人索监书、藏经……皆指名取索，仍移文开封府，令见钱支出收买。开封府直取于书籍诸铺。

可见当年作为汴梁民间雕印代表的书籍铺所聚书籍种类的齐备。

北宋一代，汴梁官私雕印发达之迹，略如上述。迨金兵南下，东京一百六十余年之蓄积一空，高度发展的雕印手工业亦随之毁灭，其遭遇之悲惨，见录于《三朝北盟会编》（以下简作《会编》）：

> 靖康元年十二月二十三日甲申，金人索监书、藏经、苏黄文及古文书、《资治通鉴》诸书……二十六日丁亥……金人入国子监取书。（卷七三）
> 靖康二年正月二十五日乙卯……金人求索诸色人……雕刻图画工匠三百余家……令开封府押赴军前……二十六日丙辰……金人来索什物仪仗等。《宣和录》曰：自帝蒙尘，金人馆于斋宫……日遣萧庆须索城中物，胁帝传旨取之。从正月初十日以

后，节次取……秘阁三馆书籍、监本印板……宋人文集、阴阳医
之书……搬赴南熏门、朝天门交割，不得住滞……鸿胪卿康执权、
少卿元当可、寺丞邓肃押道、释经印板，校书郎刘才邵、傅宿、
国子监主簿叶将、博士熊彦诗、上官悟等五人，押监书印板并馆
中图籍往营中交割。（卷七七）

夏少曾《朝野佥言》曰：城陷自罢守御，每日津搬……秘阁
书籍，国子监经史道释藏印板，未尝休息，自旦至暮，疲敝困弱，
有搬至军前屡有换易，往来力乏，或愤而掷于地。（卷九七）

赵鸿胪子砥《燕云录》曰：靖康丙午（元年）冬，金人既破京
城，当时下鸿胪寺取经板一千七百片[72]。时子砥实为寺丞，兼是宗室，
使之管押随从北行。丁未（靖康二年）五月至燕山府。（卷九八）

《会编》卷九七引《宣和录》又略记图书毁弃情况：

（靖康二年）四月一日，金人去尽，营中遗物甚多，秘阁图书
狼藉泥土中。

至若数量浩大的书板，除上述道藏经板、鸿胪寺经板和前面推测的
《圣济总录》板运抵燕京外，其余均不见著录。汴梁国子监系统的雕印
印刷经此浩劫，破坏殆尽。其他官府和民间雕印似未被完全摧毁[73]，
靖康二年三月张邦昌僭立，京城尚有印卖伪诏赦文者，《会编》卷八九
引《靖康遗录》云：

大元帅得黄潜善所遣李宗报到京城事札下河南北府郡山寨措
置指挥。先是，大元帅驻济州多日，寂不闻京城事。黄潜善在曹
州募人能入围城者有重赏，南华小吏李宗自云能往……遣之……
为逻者所得，以见权领三省王时雍，宗乃言潜善遣来状时，雍告
以金人拥立张邦昌事……宗至曹州见潜善，并出京城印卖《推戴
权立邦昌文字》一纸、《金人伪诏》一纸、《邦昌榜示赦文》一纸、
《邦昌迎立孟太后书》一纸[74]。潜善趋帅府呈王，王读之洒泪涕。

建炎二年（1128年）四月，开封尹东京留守宗泽亦曾雕印策动契丹和被掠良民举事的文榜公据，《建炎以来系年要录》（以下简作《要录》）卷一五：

> 建炎二年夏四月己未……时契丹九州人日有归中国者，间有捕获金众，（宗）泽迁契丹汉儿引近坐侧，推诚与语，谕以期奋忠义，共灭金人，以刷君父之耻，即给资粮遣之，且赐以公凭，俟官军渡河以为信验，人令持数百本去。又为榜文，散示陷没州县，及为公据付中国被掠在北之人。（原注引《宗忠简公文集·给契丹汉儿并掠人公据疏》："臣契勘金人一族，本大辽之臣，曩因群臣奸谋，苟以目前之利，相结坏乱，耶律天祚使金人假大辽之众侵犯中国，窃缘契丹汉儿自与我宋盟约几百年，实齿唇之邦，兄弟之国，偶被金人杀掠忿怨不已，止缘一时之势，未由报冤，今若复盟会，但得回戈共力破敌，一举便可灭亡。臣已措置雕印文榜公据，令生获汉儿赍往传报，自相激发，设契丹汉儿未知所措，金人知之，必相疑贰，即契丹汉儿互相并力，自分敌势。所有本朝被掠良民，臣亦依此措置晓谕外，今檄连榜文公据共三本在前者。"）

《要录》卷一二记是年正月，高宗在扬州，兵部镂印《劝勇文》散发诸路：

> 建炎二年春正月己丑，直秘阁谢覿提点京西北路兼南路刑狱公事，专切总领招捉贼盗。先是，有撰《劝勇文》者，揭于关羽庙中，论敌兵有五事易杀……各宜齐心协力，共保今岁无虞。覿得而上之。诏兵部镂板散示诸路。

其镂印之工匠疑由汴京所携来[75]。建炎二年七月宗泽卒，续任留守杜充无意恢复，建炎三年"六月戊申朔，以东京留守杜充引兵行在……乙亥诏……应中原官吏士民家属南去者有司毋禁"[76]（《宋史·高宗纪二》)。同年七月，"副留守郭仲苟以敌逼京畿，粮储告竭，遂率余兵赴行在"（《要录》卷二五），"都人从之来者以万数"（《要录》卷二六）。东京居民包括民间雕印者乃大批南迁[77]。辽宁图书馆藏绍兴二十二年（1152年）临安荣六郎印输经史书籍铺刊《抱朴子内篇》卷末刊记云：

> 旧日东京大相国寺东荣六郎家，见寄居临安府中瓦南街东关，印输经史书籍铺今将京师旧本《抱朴子内篇》校正刊行。[78]

此临安荣六郎家，即汴梁书籍铺南迁之一例。

附　现存释典以外的北宋刊印书籍的考察

靖康之乱，汴京文物荡然。官私印板大部弃毁，所积印本亦一时零散，散存各地的印本，由于战乱频仍，逐渐稀少，作为北宋雕版印刷代表的汴梁雕印遗物，今天确实稀如星凤[79]。汴梁雕版即毁于北宋末，因此考察其印本必须于北宋刊且为北宋印的书籍中求之。北宋雕印的书籍，除释书外，就浅闻所知残存于国内外者计有六批，共十三种。

第一批　明清内阁大库旧藏《李善注文选》一种。该书于本世纪初流散民间，天津周叔弢藏卷一七至一九、三〇至三一、三六至三八、四六至四七、四九至五八、六〇，共二十一卷。宝应刘翰臣藏卷一残页十四纸又半纸[80]，江安傅增湘亦收得数纸[81]。周氏所藏，解放后移赠北京图书馆[82]。该书板式左右双栏，每板20行，行17至18字，不记刊工，通字缺末笔。【图版16】

第二批　王氏高丽、李氏朝鲜王室递藏五种[83]。明嘉靖二十迄二十五年（1592—1598年），日本侵犯朝鲜，宇喜多秀家自朝鲜掠归。每种都有朝鲜王室"经筵""高丽国十四叶辛巳岁藏书、大宋建中靖国元年、大辽乾统元年（1101年）"两印。这批书现分藏四处，简况如表一一：

表　一一

书名	现存卷、册数	板式	刊工情况	讳字情况	现藏地	其他
《通典》[图版17]	存180卷，44册。缺卷四二，一一一至一二〇，一七一至一九六至二〇〇	左右双栏，每板30行，行26至27字	少数书页雕有刊工，大部刊一单姓，少数刊姓名两字	最后讳至仁宗，贞、徵、惩缺末笔	宫内厅书陵部	有1981年日本东京汲古书院影印本[84]
《中说注》	10卷，2册。全	左右双栏，每板28行，行25至27字	刊工皆一单姓	敬、儆、朗、玄缺末笔	宫内厅书陵部	有日本文政十年（1827年）影印本[85]
《重广会史》[图版21]	100卷，20册。全	左右双栏，每板30行，行16至26字	少数书页雕有刊工，多刊一字，少数刊两字	讳至英宗，署字缺末笔	前田氏尊经阁	1928年前田氏影印入《尊经阁丛刊》中。《中土佚书》[86]
《姓解》[图版14]	3卷，3册。全	左右双栏，每板30行，行17字	无刊工	最后讳至真宗，佰字缺末笔	国会图书馆	光绪十年（1884年）遵义黎氏据影写本摹刻入《古逸丛书》。中土佚书
《新雕入篆说文正字》[图版20]	1卷，1册。全	左右双栏，每板22行，行小字24字	?	?	御茶水图书馆	《成篑堂善本书目》有最后一页的书影[87]

第三批　日本京都真福寺宝生院藏，传日本镰仓末期该寺开山和尚能信所搜集[88]，共四种（表一二）：

表　一二

书　名	现存卷、册数	板　式	刊工情况	讳字情况	其　他
《广韵》	存上声，一册	左右双栏，每板26行	刊工皆一单姓	泫字缺末笔	
《礼部韵略》	存平、上、入声，3册	左右双栏，每板22行	刊工多单姓，偶有两字者	绚、擎、泓缺末笔	入声卷末附《贡院条制名讳》《景祐四年（1037年）礼部条制》《元祐庚午（1090年）礼部续降韵略条制》
《新雕中字双金》	1册	四周双栏，每板22行			卷前有熙宁二年（1069年）张家刊记
《绍圣新添周易神煞历》	1册	左右双栏，每板28行		正、玄、将、坤缺末笔	后改作卷子装

第四批　日本高山寺旧藏《齐民要术》一种。现存五、八两卷及卷一残页两纸，曾寄存京都国立博物馆。书板左右双栏，每板16行，行17字，不记刊工，卷八页六通字缺末笔。1914年，罗振玉影印，后收入《吉石庵丛书》[89]。【图版18】

第五批　《唐玄宗御注孝经》一种。旧藏地不详，日本文政九年（1826年）曾入藏于狩谷望之求古楼。后归宫内厅书陵部。书板左右双栏，每板30行，行23至25字，不记刊工，通字缺末笔。1933年，日本书志学会有影印本[90]。【图版19】

第六批　1902年，德人勒柯克（Le Coq）自新疆吐鲁番掠去韵书残纸若干块，经拼对知原属去声四纸。藏柏林普鲁士学士院。编号为qⅡD/a，b，c，d。书板四周双栏，每板18行。其中一残页存板心部分，板心上部刊书名《切韵》，下部有刊工姓名。1937年，向达先生曾亲睹原件，并摄影摹写以归。【图版15】1983年，中华书局出版的《唐五代韵书集存》下册，收有此残纸图版和周祖谟先生的重摹本[91]。

以上六批北宋刊印书籍的本身，虽都没有雕印地点的文字记录，但结合有关文献和其他因素，试作如下七项推论：

第一，第一批的《李善注文选》和第四批的《齐民要术》，通字皆缺末笔，傅增湘、刘文兴皆认为前者"确为北宋天圣明道本"[92]，后者日人涩江全善、森立之和罗振玉亦认为"天圣官刊"[93]、"确为明道刻本"[94]。《辑稿》册七五记天禧五年（1021年）校刊《李善注文选》：

> 天禧五年七月，内殿承制兼管勾国子监刘崇超言，本监管理经书六十六件印板内……《文选》只是五臣注本，窃见李善所注赅博，乞令直讲官校本别雕李善注本……并从之。

《辑稿》册五五记，天禧四年校刊《齐民要术》：

> 天禧四年四月，利州转运史李昉请雕印《四时纂要》及《齐民要术》，付诸道劝农司提举劝课，诏令馆阁校勘镂板颁行。

按天禧四年诏令镂板《齐民要术》和天禧五年决定别雕《李善注文选》后，尚需馆阁校勘，然后才能摹印。天禧五年之次年即乾兴元年（1022年），《宋史·仁宗纪一》记其事：

> 二月戊午，真宗崩。遗诏太子（仁宗）即皇帝位，尊皇后为皇太后，权处分军国事……（冬十月）己酉，葬真宗皇帝于永安陵。诏中外避皇太后父（刘通）讳。

次年改元天圣（1023年）。由此可知《辑稿》所记《李善注文选》《齐民要术》两书的雕版时间，与现存印本的刊刻年代相符合。因此，傅、刘、罗三氏的推断可以置信。从《辑稿》的记录，还可估计现存两书有可能即是汴梁国子监刊印的遗物。

第二，第二批中的《通典》讳字迄仁宗。《长编》卷一二三记：

> 宝元二年（1039年）春正月丙午……召司天监定合禁书名揭
> 示之，复诏学士院详定，请除《孙子》《吴子》、历代史与律历五
> 行志并《通典》所引诸家兵法外，余悉为禁书。奏可。

据此，似可推知宝元二年以前已有刊本《通典》行世。宝元是仁宗
第四个纪元，现存讳字迄于仁宗的印本《通典》，即有可能是该刊本
的遗物[95]；再进一步考察，当时民间尚无刊刻史书的著录和民间刊
本一般不记刊工等因素，则又不排除现在印本《通典》为官刊书籍
之可能。

第三，第二批中的《通典》如是官刻，与《通典》同属高丽肃宗
遗物，且与《通典》又有相同刊工的《中说注》《重广会史》两书（参
看下项附表），也有可能是官刊书籍。《通典》板框高24.2厘米、宽16
厘米，每板30行，行26—29字[96]。《中说注》板框高5.4寸、宽3.65
寸，每板28行，行25—27字[97]。《重广会史》板框高4.9寸、宽3.9
寸，每板30行，行16—26字。皆属小字本，后者更因板框小，傅增
湘列为巾箱本[98]。以上三书如是官刊，则仁宗以来，官刊小字书籍
不仅限于医书矣。又按自天圣九年（1031年）起，《宋史·外国传
三》记：

> （高丽）绝不通中国者四十三年。

熙宁复通之后[99]，特许其使人购国子监本，《长编》卷二五五：

> 熙宁七年（1074年）二月庚子，诏国子监许卖《九经》、子
> 史诸书与高丽国使人。

哲宗时，其使人又一再乞赐、购求书籍：

元祐元年（1087年）二月辛酉，馆伴高丽使言，高丽人乞《开宝通礼》《文苑英华》《太平御览》。诏许赐《文苑英华》[100]。（《长编》卷三六五）

元祐四年十一月甲午……（高丽）使臣所至……购买书籍。（《长编》卷四三五）

（元祐）七年，（高丽）遣黄宗悫来……请市书甚众……卒市《册府元龟》以归。（《宋史·外国传三》）

元祐八年二月辛亥，礼部尚书苏轼言，高丽人使乞买书籍，其《册府元龟》、历代史、太学敕式，本部未敢卖……诏：高丽买书自有体例，编敕乃禁民间。令依前降指挥。（《长编》卷四八一）

元符二年（1099年）春正月甲子……高丽国进奉使尹瓘等言，乞赐《太平御览》等书。诏所乞《太平御览》并《神医普救方》见校定，俟后次使人到阙给赐。（《长编》卷五〇五）

元符二年二月，礼部言，高丽人使乞收买《册府元龟》《资治通鉴》，看详《册府元龟》元祐年曾卖外，其《资治通鉴》难令收买。从之。（《长编》卷五〇六）

徽宗即位，高丽使臣更乞得《太平御览》和《神医普救方》，《高丽史》卷一一：

（肃宗六年〔建中靖国元年，1101年〕）五月甲申，任懿、白可臣等还自宋，帝赐《神医补（普）救方》……六月丙申，王嘏、吴延宠还自宋，帝赐《太平御览》一千卷。

可见当时高丽使人求得官书甚多，因此，第二批书中多有汴京官板，是不难理解之事。

第四，第三批中的《广韵》《礼部韵略》板式既同于汴京官板，刊工又多同于《通典》[101]（表一三），所以也都有可能是汴京官板。

表　一三

刊工 书名	安	许	张	陈	华	胡	徐	屠	洪	奉	姜	郎	赵	严
《通典》	√	√	√	√	√	√	√			√	√	√	√	√
《广韵》	√						√	√	√					
《礼部韵略》	√	√	√	√	√				√	√				
《中说注》										√	√	√	√	√
《重广会史》										√	√			

　　第五，第五批原流传于日本民间的《御注孝经》，刻风亦似《通典》，有可能亦是官刻。该书系巾箱小字本[102]，且通字缺笔，如是官本，当为现存官刻小字最早之例。

　　第六，第六批即吐鲁番所出的《切韵》残纸，该书镂雕工致，远非吐鲁番和敦煌藏经洞所出五代刻韵书所能及[103]。其刻风近似上述《通典》，仅存之刊工姓名"邓遂"，疑即《通典》刊工中之"胡遂"或"郑遂"。按真宗景德四年（1007年）曾颁行《切韵》，《玉海》卷四三景德校定《切韵》条：

> （景德四年）十一月戊寅，崇文院上校定《切韵》五卷，依九经例颁行。

或即此本。又该书四周双栏与官板左右双栏者不同，而与第三批中熙宁二年（1069年）张家所刊《新雕中字双金》板式接近。

　　第七，第三批的《新雕中字双金》《绍圣新添周易神煞历》，都是当时民间印本，据日人尾崎康比较[104]，知《双金》刻风近《通典》，《神煞历》刻风近《重广会史》和《通典》的补板。按北宋国子监雕版系招募工匠为之，故官板书籍与民间刻本每多相似。因此，此两民间印本亦有出自汴京的可能。《双金》书名之前，特标"中字"，可证当时民间雕印流行字体不大不小的中书本，如前引《吕陶纪闻》所记。

又《双金》卷前所附的刊记，极具宣传广告性质，其文云：

> 此书曾因检阅舛错稍多，盖是自来递相模搭，刊亥为豕，刻马成乌，误后学之搜寻，失先贤之本意，爰将经史逐一详证，近五百余事件化（讹）误，今重新书写，召工雕刻，仍将一色纯皮好纸装印，贵得悠□□□书，君子详识此本，乃是张家真本矣。时圣宋己酉熙宁二年（1069年）孟冬十月望日白。

由此可知，民间曾多次摹印《双金》，张家以"爰将经史逐一详证""重新书写""一色纯皮好纸装印"等作号召；并谓此是"张家真本"，似乎张家在当时民间雕印者中有一定声誉。刊记还要求购书者"详识此本"，其实此本刊记中，"讹误"刻成"化误"，可见"张家真本"亦有"刊亥为豕"之例，所云"爰将经史逐一详证"殊堪怀疑，但此刊记却为说明熙宁初民间雕印者间已出现较激烈的竞争情况的最好证据。

综上所述，如无大误，则北宋汴京官私雕版印刷的面目可以仿佛；即使臆断有失，作为汴梁雕印同时期的遗物，也可资参考，因草此附录，赘于考略之末。

1986年6月抄讫于北京大学朗润园

本文初稿承邓恭三先生指正多处，谨致谢忱。

本文原刊北京大学考古系《考古学研究（一）》第328—380页（文物出版社，1992年）。此次重排除校正讹误外，表一增《宋史·李至传》一条，第46页增注〔54〕。

注释

〔1〕　《五代两宋监本考》，刊《海宁王国维先生遗书》第33册。

〔2〕　1957年，中华书局又据北平图书馆影印本复制重印。

〔3〕　《宋史·方技·刘翰传》："开宝四年（971年），太宗在藩邸，有疾，命（刘）翰与马志视之，及愈……尝被诏详定《唐本草》……既成，诏翰林学士中书舍人李昉、户部员外郎知制诰王祐、左司员外郎知制诰扈蒙详覆，毕上之。昉等序曰……下采众议，定为印板，乃以白字为神农所说，墨字为名医所传……今以新旧药合九百八十三种，并目录二十一卷，广颁天下，传而行焉。"

〔4〕　《爱日斋丛钞》卷一引《柳玭家训序》："中和三年癸丑（883年）……阅书于（蜀）重城之东南，其书多阴阳杂说、占梦相宅、九宫五纬之流，又有字书小学。"

〔5〕　《遂初堂书目·小说类》著录之"京本《太平广记》"疑即此本。

〔6〕　《宋史·李昉子宗讷传》："太平兴国初，诏贾黄中集《神医普救方》，宗讷暨刘锡、吴淑、吕文仲、杜镐、舒雅皆预焉。"

〔7〕　《直斋书录解题》卷一三："《太平圣惠方》一百卷……太平兴国七年（982年），诏医官使尚药奉御王怀隐等编集，御制序文，淳化三年（992年）书成。"《宋史·方技·王怀隐传》："初，太宗在藩邸，暇日多留意医术，藏名方千余首，皆尝有验者。至是诏翰林医官院各具家传经验方以献，又万余首，命怀隐与副使王祐、郑奇、医官陈昭遇参对编类，每部以随太医令巢元方《病源候论》冠其首，而方药次之，成一百卷，太宗御制序，赐名曰《太平圣惠方》，仍令镂板，颁行天下，诸州各置医博士掌之。"

〔8〕　北京大学图书馆藏日本影宋抄本卷九九《针经》内有影摹人形插图十二幅。按此影宋抄本页26行，行25字，当系影摹自哲宗时所刊的小字本。小字本自淳化本出，因可推知淳化本亦应附有人形插图。又本文所引古刻旧抄书籍，凡未记出处者，皆据北京大学图书馆藏本。

〔9〕　参看《五代两宋监本考》卷上。

〔10〕　《宋史·王著传》："太平兴国三年（978年），转运使侯陟以著名闻，改卫寺丞史馆祗候，委以详定《篇韵》。"

〔11〕　《四部丛刊》所收影印宋本《说文解字》卷末附刊雍熙三年（986年）《国子监雕印徐铉新校定说文解字牒》。《遂初堂书目·小学类》著录之"旧监本《许氏说文》"疑即此本。

〔12〕　《玉海》卷四三端拱校五经正义条又记："《易》则（孔）维等四人校勘，李说等六人详勘又再校，（端拱元年〔988年〕）十月板成以献。《书》亦如之，二年十月以献。《春秋》则维等二人校，王炳等三人详校，邵世隆再校，淳化元年（990年）十月板成。《诗》则李觉五人再校，毕道果等五人详勘，孔维等五人校勘，淳化三年壬辰四月以献。《礼记》则胡迪等五人校勘，纪自成等七人再校，李至等详定，淳化五年五月以献。是年判监李至言，义疏、释文尚有讹舛，宜更加刊定。杜镐、孙奭、崔颐正苦学强记，请命之覆校，至道二年（996年）至请命礼部侍郎李沆校理，杜镐、吴淑、直讲崔偓佺、孙奭、崔颐正

校定。"因知端拱元年系开始刊刻之年，全部完成当在至道二年。

〔13〕《铁琴铜剑楼藏书目录》卷八："《后汉书》一百十五卷，宋刊本。书末题右奉淳化五年（994年）七月二十五日敕重校正刊正，下题（衔名二行）。"

〔14〕益州所雕《大藏经》或称《开宝藏》，现仅有少量单本传世。据近期统计，国内外藏有十三卷（包括残卷），其中存有开宝、太平兴国间雕印尾题者计九卷：（1）《妙法莲华经》卷七，开宝四年（971年）雕，山西高平文化馆藏；（2）《大般若波罗蜜多经》卷五八一，开宝五年雕，山西孝义兴福寺藏；（3）《大般若波罗蜜多经》卷二〇六，开宝五年雕，山西省博物馆藏；（4）《佛说阿惟越致遮经》卷上，开宝六年雕，北京图书馆藏；（5）《大云经请雨品经》卷六四，开宝六年雕，山西高平文化馆藏；（6）《中论》卷二，开宝七年雕，大观二年（1108年）印，上海图书馆藏；（7）《十诵尼律》卷四六，开宝七年雕，日本中村不折藏；（8）《佛本行集经》卷一九，开宝七年雕，日本南禅寺藏；（9）《大方广佛华严经》卷一，开宝九年雕，太平兴国八年（983年）印，日本大德寺旧藏。另上海图书馆所藏《大方等大集经》卷四三和北京图书馆所藏《杂阿含经》卷三〇、卷三九尾俱残，雕印题记佚。又美国哈佛大学福格博物馆藏《御制秘藏诠》卷一三残卷。

〔15〕太宗朝所译诸经律论集，据《大中祥符法宝录》知俱"诏以其经入藏颁行"，但现存《大中祥符法宝录》记录太宗时译经部分有缺佚，已不能据其统计当时译经的总部数与总卷数。

〔16〕太宗时刷印的释藏，见于著录的有以下三事：（1）《宋史·外国传七》："雍熙元年（984年），日本国僧奝然……求印本《大藏经》，诏亦给之。"《参天台五台山记》卷七录熙宁六年（1073年）三月传法院状记此事云："雍熙元年，日本僧奝然来朝，蒙太宗皇帝……赐《大藏经》一藏及新译经二百八十六卷，见在日本法成寺藏内。"（2）《宋史·外国传三》："淳化三年（992年），（高丽）遣使韩彦恭来贡……求印佛经，诏以《藏经》……赐之。"（《高丽史》卷三录此事云："成宗十年……夏四月庚寅，韩彦恭还自宋，献《大藏经》，王迎入内殿，邀僧开读，下教赦。"成宗十年即淳化二年，较《宋史》所记早一年）（3）《宋史·王宾传》："（宾）在黎阳日，按见古寺基，即以奉钱修之……诏名寺为淳化，赐新印经一藏。"

〔17〕《麟台故事》卷二校雠条记此事云："（咸平）四年（1001年）九月，翰林侍读学士国子监祭酒邢昺……表上重校定《周礼》《仪礼》《公羊》《穀梁》《孝经》《论语》《尔雅》七经疏义，凡一百六十五卷，命模印颁行。赐宴于国子监。"

〔18〕《玉海》卷五五咸平赐《三国志》条："（咸平）五年（1002年）四月乙亥，直秘阁黄夷简等上新印《三国志》……分赐亲王辅臣。"《皕宋楼藏书志》卷一八所录附刊咸平六年中书门下牒的单刊《吴书》，疑即此本的南宋覆刻本。

〔19〕《玉海》卷五五景德赐经史条："景德元年（1004年）七月丙午，崇文院上新印《晋书》百三十卷，赐校勘官。"

〔20〕《辑稿》册五五《崇儒四》求书条记崇文院秘阁于皇城外建外院："大中祥符八

年（1015年）四月，荣王宫火，延燔崇文院秘阁。于皇城外别建外院，重写书籍，令翰林学士陈彭年提举管勾。"此别建的外院，《辑稿》册七〇《职官一八》崇文院条记："大中祥符八年五月，翰林学士陈彭年言……直馆、校理、宿直校勘抄书籍，雕造印板，盖就外院。其外院于左右掖门外，就近修盖……从之。"因知崇文院秘阁不仅校勘书籍，也附有雕造印板的工作。

〔21〕《玉海》卷二七景德国子监观群书漆板条："景德二年（1005年）九月，国子监言，《尚书》《孝经》《论语》《尔雅》四经字体讹缺，请以李鹗本别雕。命杜镐、孙奭校勘。"

〔22〕《遂初堂书目·地理类》所录"旧本《郑州图经》、旧本《杭州图经》、旧本《越州图经》"，疑亦大中祥符四年颁下刻本图经之零种。

〔23〕《长编》卷八二："（大中祥符）七年（1014年）正月庚子，赐辅臣新印《孟子》。"

〔24〕《宋史·王钦若传》："（钦若）所荐书有……《翊圣真君传》……"

〔25〕《四部丛刊》所收元刻本《大广益会玉篇》卷首附刊大中祥符六年（1013年）《校勘玉篇牒》。

〔26〕《宋史·西蜀世家》："毋守素……父昭裔，伪蜀宰相，太子太师致仕……性好藏书，在成都，令门人勾中正、孙逢吉书《文选》《初学记》《白氏六帖》镂板。守素赍至中朝，行于世。大中祥符九年（1016年），子克勤上其板，补三班奉职。"陈鄂，开宝五年（972年），以朝官判监事，见前引《玉海》卷四三开宝校释文条和同书卷一一二建隆增修国子监条。太平兴国"八年三月，命判国子监陈鄂权（司）天台事"，见《辑稿》册七五《职官三一》司天监条。知陈鄂任官始于入宋之前，因疑其孙僧溥清所进书板亦北宋建国前所刊刻。五代私家刊书，多出官宦之家，此制宋初犹存，故如上述北宋最早记录私家刊书的是徐铉和张齐贤。

〔27〕校订全藏的主要译学僧为沙门云胜，著有《大藏经随函索隐》六百余卷。参看吕澂《宋藏蜀版异本考》，刊《图书月刊》二卷八期（1943年2月）。

〔28〕真宗时所印《释藏》，见于著录的有《辑稿》册四二《礼六二》赍赐条："（景德四年〔1007年〕八月）赐交州黎龙廷佛经一藏，从其请也。"高丽蔡忠顺《大慈恩玄化寺碑阴记》："昨（天禧四年〔1020年〕）令差使将纸墨价资去入中华，奏告事由，欲求《大藏经》，特蒙许送金文一藏，却不收纳所将去价资物色。"（《辽文存》卷四）此事《宋史·外国传三》系于天禧三年十一月："（高丽进奉使礼宾卿崔）元信等入见……求佛经一藏，诏赐经。"又《高丽史》卷四记："（显宗十三年）五月丙子，韩祚还自宋，帝赐《圣惠方》《阴阳二宅书》《乾兴历》《释典》一藏。"显宗十三年即乾兴元年（1022年）。此外，《佛祖统纪》卷四还记："（天禧三年）十一月，东女真国入贡，乞赐《大藏经》，诏给与之。"

〔29〕《百衲本二十四史》影印元大德瑞州路学刻本《隋书》卷末附刊文字云："天圣二年（1024年）五月十一日，上御药供奉蓝元用奉传圣旨赍禁中《隋书》一部付崇文院，至六月五日敕差官校勘，仍内出板式雕造。"

〔30〕《铁琴铜剑楼藏书目录》卷一三:"《律》十二卷、《音义》一卷,影抄宋本。卷末题杨中和、宋祁、公孙觉、杨安国、冯元、孙奭衔名……衔名末又有天圣七年(1029年)四月日准敕送崇文院雕造一行。"参看《五代两宋监本考》卷中。

〔31〕《玉海》卷六六天圣附令敕条记此事云:"(天圣)七年,令成颁之。是岁编敕成,合《农田敕》为一书,视《祥符敕》损者百有余条,诏下诸路阅视言其未便者。又诏须一年无改易,然后镂板。明道元年(1032年)乃颁焉。"

〔32〕《玉海》卷一七八明道《土牛经》条:"《实录》:景祐三年(1036年)十月己巳,颁诸州军《土牛经》。"

〔33〕《百衲本二十四史》影印宋刻本《汉书》卷末附刊文字云:"景祐元年(1034年)九月,秘书丞余靖上言,国子监所印《两汉书》文字舛讹……望行刊正。诏送翰林学士张观等评定闻奏。又命国子监直讲王洙与靖偕赴崇文院雠对……二年九月校书毕。"《遂初堂书目·经总类》著录之"旧监本《孟子》"疑即此本。

〔34〕《礼部韵略》卷末附刊:"中书门下牒刊修《广韵》所,翰林学士兼侍读学士尚书刑部郎中知制诰丁度札子奏,昨奉敕详定刊修《广韵》《韵略》……上件《礼部韵略》并删定《附韵条制》,谨先写录进呈,如可施行,欲望却降付刊修所镂板讫,送国子监印造颁行,取进止。景祐四年(1037年)六月日牒。"参看《五代两宋监本考》卷中。

〔35〕《遂初堂书目·经总类》著录之"旧监本《国语》"疑即此本。

〔36〕参看《藏园群书经眼录》卷二(1983年)。

〔37〕《东坡先生全集》卷六六《书济众方后》:"先朝……优下民之疾疹,无良剂以全济,于是诏太医集名方曰《简要济众》,凡五卷三册,镂板模印,以赐郡县。"

〔38〕《直斋书录解题》卷一四:"《皇祐新乐图记》三卷,屯田员外郎阮逸、光禄寺丞胡瑗撰……其末志颁降岁月,实皇祐五年(1053年)十二月二十一日。"又,此处所录插图号,均见原书。

〔39〕《辑稿》册五五《崇儒四》勘书条又记:"嘉祐七年(1062年)十二月……诏《七史》板本四百六十四卷送国子监,以校勘功毕。"此两记载疑均有误。按《玉海》同卷嘉祐校《七史》条:"嘉祐六年八月庚申,诏三馆秘阁校理宋、齐、梁、陈、后魏、周、北齐七史书,有不全者访求之。"知校刊《七史》过程复杂。《郡斋读书志》卷二上所记经过似较符合实际,其文云:"嘉祐中,以宋、齐、梁、陈、魏、北齐、周书舛谬亡缺,始命馆职雠校,曾巩等以秘阁所藏多误,不足凭以是正,请诏天下藏书之家,悉上异本,久之始集。治平中,巩校定南齐、梁、陈三书上之,刘恕等上《后魏书》,王安国上《周书》。政和中,始皆毕,颁之学官。"参看本表治平二年(1065年)条。

〔40〕明刻本《纂图互注扬子法言》卷前刊元丰四年(1081年)司马光《集注序》云:"景祐四年(1037年),诏国子监校《扬子法言》。嘉祐二年(1057年)七月始校毕,上之。又诏直秘阁吕夏卿校定,治平元年(1064年)上之。又诏内外制看详,二年上之。然后命国子监镂板印行。"

〔41〕《长编》卷一〇二天圣二年(1024年)冬十月辛巳条注,记摹印敕书之议出自

寇准："王子融云，寇莱公尝议模印敕书，以颁四方。众不可而止。其后，王沂公（曾）始用寇议，令刑部锁宿雕字入模印宣布。"

〔42〕　仁宗时期印造的《大藏经》，文献著录有以下三事：（1）"庆历五年（1045年）闰五月甲辰……夏国王曩霄……遣僧吉外、吉法正谢赐《藏经》"（《长编》卷一五六）；（2）"至和二年（1055年）夏四月庚子，赐夏国《大藏经》"（《长编》卷一七九）；（3）"龟兹回鹘自天圣至景祐四年（1037年）入贡者五，最后赐以《佛经》一藏"（《宋史·外国传六》）。

〔43〕　《参天台五台山记》卷七记赐日本僧成寻印本佛经中，有"并天圣五年（1027年）以后，治平四年（1067年）以前印板经"。因知印经院迄治平四年以前，仍雕印新经不辍。

〔44〕　《宋史·王尧臣传》记此事云："侬智高反，（尧臣）请析广西宜、容、邕州为三路……迁蛮入寇，三路会支，郡兵掩击，令经略安抚使守桂州以统制焉；益募澄海、忠敢土军分屯，运全、永、道三州米以饷之；罢遣北兵远戍。时狄青经制岭南，诏青审议，以为便。（尧臣）居枢密三年，务裁抑侥幸，于是有镂匿名书以布京城，然仁宗不以为疑也。"

〔45〕　《宋史·文苑传四》有《穆修传》，记修"明道中（1032—1033年）卒"，知修镂板《韩柳集》应在明道之前。

〔46〕　此事《玉海》卷五六庆历《三朝训鉴图》条记述较详："庆历八年（1048年）八月庚辰，知制诰杨偟被旨检讨三朝事迹，乞与内翰李淑同编纂，凡得祖宗故实事大体重者百条为十通，命待制高克明等设色其上。十月庚辰，御制序赐名。其序略曰：太祖以神武肇基。太宗以英文绍复。思皇真考，对越灵期，莫不竞业以临朝机，忧勤而靖王略，总御臣之威柄，谨制世之令谟。朕明发眷慕，夕惕严祗，申昭信史，论次旧闻，得祖宗之故实事大体重者百条，绘采缀语，厘为十通，设色在上，各载纲源，执简嗣书，兼资义解，几杖勒铭，□图取正，酌古垂范，保邦守成，然而稽之先民，孰若稽之往训。皇祐元年（1049年）二月，纂成进呈。十一月庚寅朔，御崇政殿召近臣及台谏馆阁宗室观之。又镂板印染，赐大臣宗室。其图始于亲征，下泽潞，平惟扬，终于真宗禁中观稼、飞山观炮凡百条。"

〔47〕　《直斋书录解题》卷九《荀子注》二十卷下记"淳熙中（1174—1189年），钱佃耕道用元丰监本参考刊之"的"元丰监本"，疑即此本。

〔48〕　《皕宋楼藏书志》卷四四："《外台秘要方》四十卷，北宋刊印本。"自序后有"皇祐三年（1051年）五月二十六日内降札子，臣僚上言……熙宁二年（1070年）五月二日准中书省札子奉圣旨镂板施行……臣高保衡（等衔名）"。陆氏书后归日本静嘉堂文库，傅增湘曾往参观并记录上项附刊，见《藏园群书经眼录》卷七。

〔49〕　《直斋书录解题》卷一四："《算经》三卷，夏侯阳撰……元丰京监本。"

〔50〕　参看《五代两宋监本考》卷中。

〔51〕　按傅氏双鉴楼所藏《百衲本通鉴》中的最早刊本部分附此牒文。同一刊本，

常熟瞿氏曾藏有完帙。《铁琴铜剑楼藏书目录》卷九记此书云："《资治通鉴》二百九十四卷，宋刊本。目后有元丰七年（1084年）十一月温公进书表……表后有奖谕诏书。又元丰八年九月十七日准尚省省札子奉圣旨重行校定，元祐元年（1086年）四月奉圣旨下杭州镂板。校对者为张耒、晁补之……校定者为张舜民、孔武仲、黄庭坚、刘安世、司马康、范祖禹，主校者为吕大防、李清臣、吕公著，俱署衔，以左为上。又绍兴二年（1132年）七月初一日，两浙东路提举茶盐司公使库下绍兴府余姚县刊板，绍兴三年十二月二十日毕工，印造进入……此本似即绍兴时所刻，然书中慎、敦、郭字皆阙笔，疑出宁宗时修板印行也。"

〔52〕《辑稿》册五六《崇儒五》献书升秩条记此事云："元祐八年（1093年）五月二十二日，工部侍郎权秘书监王钦臣言，高丽献到书内有《黄帝针经》，篇帙俱存，不可宣布海内，使学者诵习。依所请。"《宋史·哲宗纪一》记："（元祐）八年春正月……庚子，诏颁高丽所献《黄帝针经》于天下。"

〔53〕其时国子监书价甚高，非边远的内地州学也难购置，《后山先生集》卷一四《论国子卖书状》云："臣惟诸州学所卖监书，系用官钱买充官物，价之高下何所损益，而外学常苦无钱而书价贵，以是在所不能具有国子之书，而学者闻见亦寡。今乞止计工纸别为之价，所冀学者益广见闻，以称朝廷教养之意，及乞依公使库例，量差吏士般取。"

〔54〕此事又见曾巩《南丰先生元丰类稿》卷三四《乞赐唐六典状》："右臣伏见圣恩，以新雕印《唐六典》颁赐近臣以及馆阁……臣备数内阁，以文学为职，宜略知典故……故敢昧冒以请，伏望圣慈依例赐臣一部……"按曾巩元丰四年（1081年）任史馆修撰管勾编修院，见《元丰类稿》续附《曾巩墓志》。

〔55〕《辑稿》册七五《职官三一》司天监条引《神宗正史职官志》又记神宗时，设有印历所。惟建置之年不详，疑当在熙宁四年（1071年）之后。

〔56〕当时襄纸贮存甚多，《后山先生集》卷一四《论国子卖书状》记国子监印本亦用襄纸云："右臣伏见国子监所卖书，向用越纸而价少，今用襄纸而价高。"

〔57〕神哲时期，文献多次记录诏赐《大藏经》事，除赐成寻外，有"熙宁五年（1072年）十二月，（夏主）遣使进马赎《大藏经》。诏赐之而还其马"（《宋史·外国传二》）；"元丰五年（1082年）八月，诏赐交趾郡王李乾德《释典》一大藏"（《辑稿》册一九七《蕃夷四》交趾条，此事亦见《辑稿》册四二《礼六二》赍赐条，但系于熙宁五年八月）；"（高丽文宗三十七年〔元丰六年〕）三月己丑，命太子迎宋朝《大藏经》，置于开国寺"（《高丽史》卷九）；"元符二年（1099年）五月戊辰，交州南平王李乾德乞《释典》一大藏，诏令印经院印造入内，内侍省差使臣取赐"（《长编》卷五一〇）。

〔58〕北京图书馆藏单本《佛说阿惟越致遮经》卷上末附木记："熙宁辛亥仲秋初十日，中书札子，奉圣旨：赐《大藏经》板于显圣寺圣寿禅院印造。提辖管勾印经院事演梵大师慧敏等。"知当时提辖管勾印经院事不只怀谨一人。参看林虑山《北宋开宝藏大般若经初印本的发现》，刊《现代佛学》1961年2期。

〔59〕 《辑稿》与现存《大藏》单本所附木记，皆记板存显圣寺圣寿禅院。按北宋新
　　　译经论，多因祝祷圣寿进奉，因疑隶于显圣寺的印经院或又下属显圣寺的圣寿
　　　禅院。

〔60〕 周到《宋魏王赵頵夫妻合葬墓》，《考古》1964年7期。

〔61〕 《宋史·哲宗纪二》记："（绍圣四年〔1097年〕十一月）丁丑……程颐涪州编
　　　管。"刊印《明道先生传》应在编管之前。

〔62〕 《郡斋读书志后志》卷二："《和剂局方》十卷。右大观中（1107—1110年），诏
　　　通医刊正药局方书，阅岁书成，校正七百八字，增损七十余方。"

〔63〕 日人丹波元胤《医籍考》卷四六："是书（《圣济总录》）之作，在徽宗之季年
　　　《至济和剂局方》之后……考之《宋史》，则靖康二年（1127年）……金人尽索
　　　国子监书板……意者如此书镂板才成，亦在其中。尔后南北殊域，彼此不通，
　　　故南宋之士不得观之，遂至并其目而无知者。及金世宗大定中（1161—1189
　　　年），取所获于汴都重刊颁行。"丹波所云大定重刊见元大德四年（1300年）刻
　　　《圣济总录》焦养直序。焦序云："（是书）始成于政和，重刊于大定……今主上
　　　神极御天，修饰制度，遂诏江浙行省刊于有司。"

〔64〕 睿思殿位大内饮明殿之西，《辑稿》册一八七《方域一》东京杂录条："是年
　　　（熙宁八年〔1075年〕），造睿思殿……哲宗以睿思殿先帝所建，不敢燕处……及
　　　徽宗亲政……又以睿思时为讲礼进膳之所。"《东京梦华录》卷一大内条："内书
　　　阁曰睿思殿。"因知睿思藏书当在徽宗之世。

〔65〕 《辑稿》册一三七《食货三二·茶盐杂录》记："高宗建炎元年（1127年）五月十八
　　　日，发运使梁杨祖言，茶盐旧钞太府寺都茶榷货务印造钞引，给卖以赡中都。"

〔66〕 现存大观二年印造的零卷，计有《佛说阿惟越致遮经》卷上、《中论》卷二、
　　　《十诵尼律》卷四六、《大方等大集经》卷四三。参看注〔14〕。

〔67〕 参看叶恭绰《历代藏经考略》图版一，刊《张菊生先生七十生日纪念论文集》
　　　（1937年）。

〔68〕 参看Max Loehr: *Chinese Landscape Woodcuts from an Imperial Commentary to
　　　the Tenth-century Printed Edition of the Buddhist Canon*（1968年），及拙著《北
　　　宋的版画》，刊《荣宝斋三十五周年纪念册》（1985年）。《北宋的版画》，已收
　　　入本集。

〔69〕 《宋史·白时中传》："政和六年拜尚书右丞、中书门下侍郎。"同书《钦宗纪》：
　　　"靖康元年春正月辛未……太宰兼门下侍郎白时中罢。"参看同书《宰辅表三》。
　　　宋制以宰辅充译经润文使事，参看《景祐新修法宝录》。

〔70〕 参看吕澂《宋藏蜀版异本考》，刊《图书月刊》二卷八期（1943年2月）。

〔71〕 参看陈国符《道藏源流考》政和刊《万寿道藏》条（1949年）。黄裳奉道，道
　　　号紫元，建炎三年（1129年）卒。绍兴十六年（1146年）延平宰胡铨塑其像于
　　　桐江大明洞，并传裳本紫微天官九真人之一，因误校籍坠人间，见《演山先生
　　　文集》卷末附录《紫元翁塑像记》。

〔72〕 此经板应即《会编》卷七七引《宣和录》所记的鸿胪卿等人押运的释经板。

片数疑有误。

〔73〕《会编》卷一一三录建炎元年（1127年）八月东京留守宗泽奏札云："本朝提封汴京号为腹心，祖宗都此垂二百年，宗庙社稷所在，而人民依之以居者无虑万万计……今东京市井如旧，上下安帖如此。"由此推知金兵北去之初，汴京居民情况变化不大，民间雕印未被完全摧毁。参看《建炎以来系年要录》卷七、九、一〇所录宗泽诸表。

〔74〕《建炎以来系年要录》卷三建炎元年三月丁巳条注云："《钦宗实录》云，（李）宗得《邦昌伪号文》《金人伪诏》《邦昌伪赦文》及《迎立太后书》各一纸。按宗以三月丁巳至济州，而邦昌四月丁亥始册太后，宗又出京至兴仁府，又自兴仁府禀命而后来济州，必经涉旬余，则其离京师，必在三月半间，安得有此书也。盖汪伯彦、耿延禧误记，而史官又因之。"

〔75〕文献记载靖康、建炎间，官府雕印文告揭贴之例甚多，如《会编》卷七七："靖康二年（1127年）正月二十三日……集英殿修撰陕西五路经略使知永兴军范致虚……撰《散金歌》，效子房《散楚歌》，使人刊板，于金人寨旁及张挂州县。"又如《要录》卷七："建炎元年（1127年）秋七月丙申……直龙图阁江淮发运副使向子諲言，去岁闰月，刘顺赉到渊圣皇帝蜡诏，令监司帅守募兵勤王，臣即时镂板，遍檄所部。"《要录》卷八又记有汪藻之议："建炎元年八月己巳……权中书舍人汪藻言，自崇、观以来，兼官据势者，无非赏结权伟与开边误国奴事阉宦之人，今当尽行削夺，何足一一烦朝廷词命……并乞明降指挥，孰为当能，指定姓名，镂板施行。奏可。然未克行。"可证北宋末利用雕版印刷作为宣传手段，在中原地区已较普遍。

〔76〕《辑稿》册一七八《方域二》行在所条记，建炎元年九月，高宗南驻淮甸，曾有禁止行在（时行在设南京应天府）、东京百司擅离任所之诏："二十七日，都省言，车驾巡幸进发日已定，窃虑行在及东京百司官如擅离职守。诏见今行在及东京百司官如擅离任所并追官勒停根捉，就本处付狱根勘，令刑部疾速施行。"

〔77〕《要录》卷三一："建炎四年（1130年）二月丁亥，金人陷京师……（京师）粮储乏绝，四面不通，民多饥死……城中乱，（京城留守上官）悟及副留守赵伦出奔……金人得京师，以前都水使者王燮为留守，时在京强壮不满万人。"

〔78〕参看北京图书馆《中国版刻图录》图版一二，文物出版社，1961年。

〔79〕可以完全确定为北宋汴梁刊印的书籍，存世只有太宗以来续入《大藏》并经雕版的官板（释藏）零种的单印本残本，如上述美福格博物馆所藏至道元或二年（995或996年）印经院雕版、大观二年（1108年）造印的《秘藏诠》卷一三残本。《释藏》以外如下文所述诸书，都是根据某些情况推定的。

〔80〕参看刘文兴《北宋本李善注文选校记》，刊《北平图书馆馆刊》五卷五号（1931年）。

〔81〕参看《藏园群书经眼录》卷一七。

〔82〕见《北京图书馆善本书目》卷八（1959年）。

〔83〕此五种书有王氏高丽肃宗辛巳（1101年）藏书印，其雕印时间皆在是年之前本

无可疑，唯日人岛田翰撰《古文旧书考》，于该书卷四《通典》条，极赞小岛学古云为高丽覆刻之说（按小岛说见《经籍访古志》卷二《新雕入篆说文正字》条），但经近年考鉴知小岛、岛田二人图逞异议不足为据。参看《藏园群书经眼录》卷七《中说注》条。

〔84〕参看日人尾崎康《通典北宋版および諸版本について》，刊影印本《通典》卷八别卷（1981年）。

〔85〕尾崎康谓《中说注》无印记，盖误。参看《藏园群书经眼录》卷七《中说注》条。傅氏记此书"桓缺末笔"，不知确否？

〔86〕参见日本尊经阁影印本所附《解题》。

〔87〕参看日本苏峰先生古稀祝贺纪念刊行会《成簣堂善本書目》（1932年）。

〔88〕参看日人黑板胜美《真福寺善本目録》（1935年）。

〔89〕参看罗振玉《影印齐民要术跋》，罗文附影印本后。

〔90〕参看日本书志学会影印本所附《解说》。《经籍访古志》卷二《新雕入篆说文正字》条引小岛学古云："此书及《御注孝经》……并有'经筵'、'高丽国十四叶'两印。"尾崎康信此说，并疑两印之佚由于重装。按印文皆在宋本书叶之上，似无佚落之可能。小岛之说或以《御注孝经》板式与《说文正字》等书相近而误记。

〔91〕参看《唐五代韵书集存》下册《考释》七《五代本韵书》7.6《刻本〈切韵〉残叶》。

〔92〕参看刘文兴《北宋本李善注文选校记》，刊《北平图书馆馆刊》五卷五号（1931年）。

〔93〕见《经籍访古志》卷四《齐民要术》零本三卷条。

〔94〕参看注〔89〕。

〔95〕如从《通典》不讳通字考察，可知其镂板时间应在明道二年（1033年）八月"甲辰，诏中外毋避庄献明肃太后父讳"（《宋史·仁宗纪二》）之后，即在1033—1039年之间。

〔96〕同注〔84〕。

〔97〕参看《藏园群书经眼录》卷七《中说注》条。

〔98〕参看《藏园群书经眼录》卷一〇《重广会史》条。《重广会史》多引《新唐书》，知其编纂和雕版之年，应俱在嘉祐五年（1060年）诏镂《新唐书》之后。

〔99〕《高丽史》卷八记高丽恢复贡使在文宗二十五年，即熙宁四年（1071年）："（文宗二十五年）三月庚寅，遣民官侍郎金悌奉表礼物如宋……至是，遣悌由登州入贡。"

〔100〕《高丽史》卷一〇："（宣宗七年〔元祐五年，1090年〕）十二月，宋赐《文苑英华集》。"

〔101〕参看注〔84〕、注〔89〕。

〔102〕《藏园群书经眼录》卷二著录此书为小字：《孝经注》一卷，北宋刊本，小字，版匡高六寸八分，宽五寸……卷中敬、匡、胤、恒、竟、炫、通皆为字不成

　　……是此为天圣明道间（1023—1033年）刊本矣……日本帝室图书寮藏书，己巳（1929年）十一月十一日观。"

〔103〕参看《唐五代韵书集存》下册《考释》七《五代本韵书》7.5《刻本韵书残叶》和7.3《五代本〈切韵〉》条。

〔104〕参看注〔84〕。

北宋的版画

我国雕印版画，始于唐代佛画。佛画雕印入宋渐盛。北宋中叶——其题材扩大到世俗人物，中叶以后更出现山水内容。就版画的类别言，最初多佛经扉图和单叶佛画，继而出现大幅挂轴和长卷，然后又出现扇面、屏风、贴壁印纸和祛邪印纸、神祃以及篇幅较多的经卷插图。雕印版画风行北宋一代，其盛况实出人意外。现主要根据有纪年的实物和可以考定年代的文献记录，简述其大略，借以祝贺以版印图画闻名的北京荣宝斋新记三十五周年。

一

唐五代佛画，有纪年可考的，以英人斯坦因劫自敦煌莫高窟藏经洞的唐咸通九年（868年）《金刚般若波罗蜜经》【图版1】前祇树给孤独园释迦说法扉画为最早[1]。其次有后晋开运四年（947年）归义军节度使曹元忠雕印的单叶《大慈大悲救苦观世音菩萨像》【图版8】、《大圣毗沙门天王像》【图版9】和大约同时雕印的《四十八愿阿弥陀佛》《圣观自在菩萨像》《大圣文殊师利菩萨像》《大圣普贤菩萨像》《地藏菩萨像》【图版11】。这类单叶佛画，也都出自敦煌藏经洞。敦煌藏经洞还出有也是五代雕印的中心为无量寿佛像的单叶梵文《无量寿陀罗尼经咒》和中心为观音像的梵文《圣观自在菩萨转灭罪陀罗尼经咒》。这种附有雕像的单叶《陀罗尼咒经》，四川成都【图版7c】[2]、陕西西安【图版7a、7b、7d】[3]、安徽无为[4]、江苏镇江[5]等地的晚唐墓葬中，都曾发现。镇江发现的《陀罗尼咒经》雕像生动，并着彩色，有可能是吴越地区的产品。五代雕印版画最盛的地点是吴越，吴越王钱弘俶时期（947—978年）曾大量雕印佛画，据现知资料已有：

1. 浙江吴兴、安徽无为等地曾发现后周显德三年（956年）钱弘俶印造前附释迦在摩伽陀国无垢园扉画的《一切如来心秘密全身舍利宝箧印陀罗尼经》，据经前刊记，知当时"印宝箧印经八万四千卷"。[6]

2. 浙江绍兴出土吴越金涂塔内，发现乙丑岁（宋乾德三年，965年）钱俶印造前附扉画的《一切如来心秘密全身舍利宝箧印陀罗尼经》，据所附刊记，知当时"敬造宝箧印经八万四千卷"。[7]

3. 浙江杭州雷峰塔塔砖中，发现己亥岁（宋开宝八年，975年）钱俶印造前附扉画的《一切如来心秘密全身舍利宝箧印陀罗尼经》，该经刊记亦云："钱俶造此经八万四千卷。"[8]

4. 雷峰塔塔砖中，还发现丙子岁（宋太平兴国元年，976年）王承益印造的宝塔图卷。[9]

5. 据北京图书馆藏宋绍兴刻本《心赋注》，知杭州灵隐寺僧延寿于甲戌岁（宋开宝七年，974年）用绢素印造二十四应观音像二万本。又该僧于975年以前，还曾亲手刷印弥陀塔图十四万本。[10]

从以上资料，可知唐五代和吴越雕印的版画有与经文相应的扉画、各种单叶附有雕像的陀罗尼和佛像（包括菩萨、天王），还有塔图。总之，其内容皆是佛画；而大量雕印这类佛画的地点，五代以来即以吴越最为突出。所以，宋太平兴国三年（978年）钱俶归宋之后，越、杭二州即成为北宋初期雕印版画的重要地区。

二

自北宋太祖迄真宗时期（960—1022年），除上述吴越归宋前的版画资料外，现知较重要的有纪年的版画，有以下四事：

1. 日本京都清凉寺藏日僧奝然于雍熙三年（986年）自宋携归的栴檀佛像，该像腹内装藏品中有单叶印本佛画四件【图版23、24、25、26】，其中以《弥勒菩萨像》一纸最为珍贵[11]。画像外缘绕五股一匝；中央为弥勒菩萨坐于上置莲台的束腰高座上；像上方设宝盖，其两侧有升降飞天；像下方正中置山石奉轮宝，两侧各立一执拂子的盛装女供养人；最下有流云一列；像右侧刊沙门仲休赞语；像左侧有刊记云："甲申岁十月丁丑朔十五日辛卯雕印普施，永充供养。"此甲申岁，即雍熙元年（984年）；像右上隅刊"待诏高文进画"，高文进善绘慈氏[12]，太宗朝"号为兼备曹吴采墨，是名小高待诏"，其笔意，神宗时尚"为翰林画工之宗"（黄庭坚《豫章黄先生文集》卷三七《书土星画》）；像左上隅刊"越州僧知礼雕"，知镂板者，系吴越旧僧。

2、3. 江苏苏州瑞光寺塔第三层发现真珠舍利宝幢一座，幢内藏有咸平四年（1001年）刊《大随求陀罗尼经咒》【图版27】和景德二年（1005年）刊梵文《大随求陀罗尼经咒》【图版28】各一纸。前者中心雕随求菩萨坐莲座上，绕像列汉文经咒作轮状，四隅置四天王像，左右缘各刊雕印人题名一行。后者，梵文经咒中间雕炽盛光佛和九曜星神与十二宫星座，左右缘雕二十八宿和二护法力士，上缘雕五股和缠枝花一列。两纸刊记皆置于咒文下方。咸平四年经咒的刊记末云："杭州赵宗霸开。"知此经咒亦雕印于旧吴越地区。[13]

4. 敦煌藏经洞亦出有雕印的单叶《陀罗尼经咒》多种，最精致的一件，是斯坦因劫去的有太平兴国五年（980年）刊记和"王文沼雕板"字样的梵文《大随求陀罗尼经咒》【图版29】。该印本分内院与外郭两部分。内院中心为随求菩萨变相坐像，绕像环列梵文经咒作轮状，其下承以莲座，莲座两侧各一护持龙王像，再下为刊记。轮状经咒四隅雕嬉、鬘、歌、舞四供养菩萨种子。外郭线雕香、华、灯、涂四供养菩萨种子和金、宝、法、业四波罗蜜菩萨种子以及四天王像，各种子间、种子与天王间，皆界以五股。此件虽属敦煌同类印本中的上乘，内容亦较复杂，但雕绘古拙，远不如上述雍熙、咸平版画生动流畅。

据现存资料，可以推测10世纪后半迄11世纪初，北宋雕印版画的主要题材，仍是佛画，但其内容与技艺都较五代有较大的提高。当时著名画家绘制版画底本，应是一重要事例，因为这种精致的、"永充供养"的单叶佛画，很容易，也很可能发展成被人们悬挂的供品。《陀罗尼经咒》印本复杂化，有的版心竟高达44.5厘米，如咸平四年刊《大随求陀罗尼经咒》，说明这类单叶佛画比以前受到更多的重视。北宋初期佛教密宗还有不小的影响，版画资料也可提供一定的物证。

<h1 style="text-align:center">三</h1>

仁宗迄哲宗时期（1023—1100年）是北宋版画大发展的阶段。

佛经扉画不仅刊印俱精，内容也日趋繁缛。山东莘县宋塔出有一批庆历二年（1042年）迄熙宁元年（1068年）【图版31】、二年【图版32】杭州晏家和杭州钱家雕印的《妙法莲华经》。经前扉画不仅与经文内容密切配合，并明确标出与该经卷数相应的"变相第×"，如"大宋嘉祐五年（1060年）庚子正月杭州钱家……雕印"的《妙法莲华经》卷四，经文前的扉画榜题即刊有"妙法莲华经变相卷第四"字样【图版30】。扉画与经文配合，还出现了将画面界成若干小幅，分别雕出与经文相应的新形式。如"大宋庆历二年壬午岁正月杭州晏家"雕印的《妙法莲华经》卷六扉画，该画各个小幅的榜题中，刊出简单的内容说明，如"歌呗赞叹""布漆功德""画地作佛""聚沙为塔""彩画佛像"等。〔14〕

单叶佛画题材增多。熙宁中（1068—1077年）郭若虚撰《图画见闻志》卷三记仁宗绘天台宗尊为高祖的龙树菩萨并镂板印施事："仁宗皇帝天资颖悟，圣艺神奇，遇兴援毫，超逾庶品。伏闻齐国献穆大长公主丧明之始，上亲画龙树菩萨，命待诏传模镂板印施。"按《续资治通鉴长编》卷一七〇记："皇祐三年（1051年），春正月乙丑，（仁宗）幸魏国大长公主第，问疾……（三月丙子）魏国大长公主薨……初以暴疾闻，帝趣驾往，及道，奏不起，乃即主堂易服，坐俟小敛讫，再拜奠哭，辍视朝五日。追封齐国大长公主，谥献穆。"因知仁宗作画与命镂板印施，应俱在皇祐三年三月以前。这种皇帝所绘镂板印施的单叶佛画，估计被装裱成挂轴的可能性更大。事实上，元丰中（1078—1085年）释文莹撰《玉壶清话》即有明确记录长沙佛寺悬挂印本观音像轴事："长沙北禅（寺）经堂中，悬观音印像一轴。下有文，乃故待制王元泽撰。镂板者，乃郡倅关蔚宗。"（江少虞《皇朝事实类苑》卷四五引）受业于曾巩、黄庭坚的陈师道曾撰文赞李公麟观音像印本，

《后山先生集》卷一七《观音菩萨画赞》："龙眠居士李公麟画观音像，跏趺合爪，而具自在之相，曰：世以跌坐为自在，自在在心不在相也，大通禅师刻版以施学者。"长沙并非版画发达的地点，已可印造挂轴，而且悬挂于佛寺；佛寺僧人也可印造观音施奉学人，这些事例皆可说明，这时的版画工艺在推广流传方面有了新的发展。

　　自仁宗中期起，版画的更大发展是盛行刊刻世俗的内容。《图画见闻志》卷六记："景祐初元（1034年），上敕待诏高克明等图画三朝盛德之事，人物才及寸余，宫殿山川銮舆仪卫咸备焉，命学士李淑等编次序赞之，凡一百事，为十卷，名《三朝训鉴图》。图成，复令传摹镂板印染，颁赐大臣及近上宗室。"〔15〕王明清绍熙甲寅（五年，1194年）所撰《挥麈后录》，其卷一章献太后命儒臣编书镂板禁中条亦记此事，并谓哲宗登极时（1086年）曾重印此图："仁宗即位方十岁，章献明肃太后临朝。章献素多智谋，分命儒臣冯章靖元、孙宣公奭、宋宣献绶等采摭历代君臣事迹为《观文览古》一书；祖宗故事为《三朝宝训》十卷，每卷十事；又纂郊祀仪仗为《卤簿图》三十卷。诏翰林待诏高克明等绘画之，极为精妙，述事于左，令傅姆辈日夕侍上展玩之，解释诱进，镂板于禁中。元丰末，哲宗以九岁登极，或有以其事启于宣仁圣烈皇后者，亦命取板摹印，仿此为帝学之权舆，分赐近臣及馆殿。时大父亦预其赐，明清家因有之。"《三朝宝训》"凡一百事，为十卷"和《卤簿图》三十卷，均属巨制；"人物才及寸余，宫殿山川銮舆仪卫咸备"，可见布局之巧密〔16〕；"镂板印染"即着彩版画。布局巧密且又填色的十卷人物长卷和三十卷的郊祀仪仗，都是我国版画史上的空前杰作。至于"镂板禁中"的具体地点，不论是翰林院的书艺、图书局，或是少府监属下的文思院，都是专为皇室服务的机构，因而才有条件产生这样的突出作品；由于皇室掌握一批镂板印染的能工巧匠，所以才出现一再颁赐臣下以旧板新印或另雕新板的版画的事迹，沈括《补笔谈》卷三即有记神宗印赐钟馗像一例云："禁中旧有吴道子画钟馗……熙宁五年（1072年），上令画工摹拓镂板，印赐两府辅臣各一本。"11世纪后期，出现民间刊印人物版画的记录，《宋名臣言行录》载："司马温公殁（按卒于元祐元年〔1086年〕九月），京师民画其像，刻印而鬻之，家置一本，饮食必祝焉。四方皆遣人购之京师，时画工有致富者。"（《永乐大典》卷一八二二二引）刻印司马光像出售，"有致富者"，可见人物版画的盛行，至少在当时的汴京如此。

民间雕印版画不仅刊造佛画、世俗人物画，而且更创新意，雕印山水扇面和《列女图》屏风，《图画见闻志》卷二记："僧楚安，蜀人，善画山水，点缀甚细，每画一扇，上安姑苏台或滕王阁，千山万水，尽在目前。今蜀扇面印板，是其遗范。"米芾《画史》记："今士人家收得唐摹顾（恺之）笔《列女图》，至刻板作扇，皆三寸余人物，与刘氏《女史箴》一同。"[17] 大约出现屏风版画的同时，也出现了"印板水纸"。苏轼曾盛赞蒲永升画水，因附记当时有印板水纸事。《经进东坡文集事略》卷六〇《书蒲永升画后》："古今画水多作平远细皱，其善者不过能为波头起伏，使人至以手扪之，谓有洼隆，以为至妙矣。然其品格特与印板水纸争工拙于毫厘间耳。"此种印板水纸，约作贴壁厌火用，明末清初人周亮工《因树屋书影》卷四考其事云："相传人家粘画水多能厌火，故古刹壁上多画水，常州太平寺佛殿后壁上有徐友画水……赵州柏林寺有吴道子画水，在殿壁后，至今犹存。吾梁（按亮工祥符人）人家无贵贱好粘赵州印板水，照墙上无一家不画水者。"[18]

四

徽宗时期（1101—1125年）民间雕印版画日益发展。大观二年（1108年）被水湮没的钜鹿城址，曾出土不少版画雕版。已发表的有罗汉像雕版，冯志青鉴定的"免三灾真言雕版"[19]，仕女立像雕版和蚕姑像雕版[20]。罗汉像雕版线条粗细兼用，造型生动。"免三灾真言雕版"，既雕佛像，又雕道家符箓，其印本可能是随身携带的祛邪物。仕女立像雕版原画内容不详，从残版的尺寸——长59.1厘米、宽15.3厘米估计，其完整印本应是贴挂的立幅。蚕姑像雕版长26.4厘米、宽13.8厘米，版上部雕帷幔，帷幔下并坐三女神像，像左侧榜题内刊"三姑置蚕大吉"，右侧榜题内刊"收千斤百两大吉"，知是蚕姑神祃雕版。北宋邢州钜鹿郡贡绢[21]，其地蚕丝业盛，因而出现业丝者供奉的蚕姑印纸。民间雕印版画在当时并不繁盛的钜鹿县城，竟出现如此众多的内容，可以推测北宋晚期版画工艺已达到较为普遍发展的程度。

美国哈佛大学福格艺术博物馆藏和北宋《开宝藏》版面相似的宋太宗《御制秘藏诠》卷一三残卷，残卷中插有四幅山水版画【图版34、35、36、37】。残卷卷末有补印的"邵明印"三字、"皇宋大观二年岁次戊子十月日毕庄主僧福滋……"等施经木记【图版33】，可知此宋刻《御制秘藏诠》卷一三，系大观二年据以前旧版刷印。问题是四幅山水版画的雕造，与《御制秘藏诠》文字版面为同时，抑是以后所补入？反复细审，四幅插图版与《御制秘藏诠》的文字版不同：（1）插图版版心低于文字版版心，且上下有界格，文字版无界格；（2）插图版刻线整齐清晰，接近初印，文字版刊风古拙，且多断笔处，显系印自旧版[22]。因此，似可作如下推断：哈佛所藏《御制秘藏诠》卷一三的文字版为太宗晚期所雕造，而其中的四幅版画插图很可能是或接近于大观二年僧福滋等施经刷印旧版时所新增。四幅版画插图皆以大面积山水为背景，其间各于不甚显著的位置安排高仅寸许左右的人物活动，其内容皆以一位高僧为主体，或在庐中【图版34】，或坐荫下【图版35】，或处水畔【图版36】，或居山间【图版37】，以接受来谒僧俗的问讯，并为之作讲解的图像。其取意大约是突出对太宗御撰《秘藏诠》的诠释，以和《御制秘藏诠》正文之下附有大量的双行笺注相应。插图虽与《御制秘藏诠》的文字内容联系不多，却和广为传播《御制秘藏诠》一事大有关系，故作为该书插图，分别布置于正文之内。附载于佛书的版画，从扉画进而演化出书中插图，其内容从以佛和菩萨的形象为主，发展到突出世间僧俗和山水，这是传统悠久的版印佛画的重大变化。

北宋晚期版印插图也逐渐出现于需要附图的印本书籍之中。崇宁二年（1103年）乞令镂板的《营造法式》和政和六年（1116年）刊正的《政和新修经史证类备用本草》等书的插图，大约都已改绘图为版画。关于北宋印本书籍附有版画问题，别详拙稿《北宋时期的雕印手工业》（未刊），此不多赘。

附　读李铸晋《评罗越：中国 10 世纪所刻
〈御制秘藏诠〉之木刻山水画》
(Max Loehr: Chinese Landscape Woodcuts from an Imperial
Commentary to the Tenth-Century Printed Edition of the Buddhist Canon)

1982 年 12 月，应美国堪萨斯大学美术史系李铸晋教授之约，去该大学参观，承李教授赠《评罗越：中国 10 世纪所刻〈御制秘藏诠〉之木刻山水画》大作抽印本（原刊香港中文大学《中国文化研究所学报》第六卷第一期，1973 年）并罗氏书中插图二十七幅的复印件。因据以撰上文《秘藏诠》山水插图一节。哈佛大学福格美术馆所藏北宋刊印《御制秘藏诠》卷一三残卷所附的四幅插图，是近年我国版画的重要发现之一。关于这一重要发现的罗氏论述和李氏的评介，都有补充说明的必要，因拟此附录，一并求教于高明。

60 年代初，罗越教授为福格美术馆购得《御制秘藏诠》卷一三残卷后，即进行研究，1968 年发表《中国 10 世纪所刻〈御制秘藏诠〉之木刻山水画》专著，主张此《御制秘藏诠》第一三卷实为北宋所刻大藏经之一部，系用 984 至 985 年与 990 至 991 年间所刻之雕版于 1108 年或其后数年间印行者，并认为"此四页木刻山水，应为宋太宗时所刻，即在《御制秘藏诠》初次刊印之时也"（引文皆据李氏评文摘译）。1973 年李氏撰书评，提出不同看法："木刻经细审之后，有数点可以注意。四件木刻之现况，可谓完美无瑕，线条清晰可观，毫无损坏之处；然接连于两旁之经文则全异，线条残缺之处甚多，而刻工又较差，其雕版显已残旧。此当与著者所得结论相违。倘此四纸雕版果刻于北宋初年而印于北宋末，相隔共百廿年左右，其印刷时之状况，亦较所见者为差。以山水图版与经文相较，则似经文系印自旧雕版，而山水插图来自新雕版者也。然经文中附有跋文，指明系大观二年戊子（1108 年）所印。如此，则此四纸山水插图系何时所雕印，更有问题。至少，二者相较之结果，可谓经文与插图并非同时所制者也。"

按宋太宗撰写《御制秘藏诠》的时间和《秘藏诠》的注释、入藏、开版摹印，主要见录于以下诸书：

1. 宋释志磐咸淳间（1265—1274年）撰《佛祖统纪》，该书卷四三《法运通塞志》一〇记："（太平兴国八年，983年）诏以御制《莲华心回文偈》《秘藏诠》《逍遥咏》宣示近臣……（至道）二年（996年），诏以所制《秘藏诠》三十卷、《缘识》五卷、《逍遥咏》十卷，命两街笺注，入大藏颁行。"

2. 与志磐同时的释觉岸撰《释氏稽古录》，该书卷四引《大藏目录》："乙未至道元年、辽统和十三年（995年），御制《秘藏诠》二十卷、《缘识》五卷、《逍遥咏》十卷，命两街僧笺注，入释氏大藏颁行。"

3.《宋会要辑稿》册五六御书条："（真宗大中祥符）五年（1012年）十一月内出太宗御集……内中御制御书《逍遥咏》十一卷、《缘识》五卷、《秘阁（藏）诠》三十卷、《秘藏诠禅枢要》三卷……已上并印本，随大藏经颁行；副本百三十三部……"

4. 大中祥符六年赵安仁、杨亿等奉敕撰《大中祥符法宝录》[23]，卷一八《东土圣贤著撰一》："《秘藏诠》二十卷，第一至第二十卷，共五言一千首。《秘藏诠佛赋诗行》共一卷。右诠赋等，端拱元年（988年）十二月，上遣中使卫绍钦谕旨僧录司，选京城义学文章僧惠温……等五十六人，同为注解。书成上进，各赐袭衣器币，诏以其文编联入藏。……《缘识》五卷，第一卷五言颂四韵五十首……右颂，至道元年（995年）三月中，诏下印经院，开板模印，编联入藏。"

5. 天圣间（1023—1031年）沙门清外等奉敕撰《天圣释教总录》[24]，其下册《皇朝新翻藏乘统收录》下录："太宗皇帝御制《莲华轮回文偈颂》一部二十五卷……横字号。《秘藏诠》一部，总三十卷：《秘藏诠》二十卷，《秘藏诠佛赋歌行》一卷，《秘藏诠幽隐律诗》四卷，《秘藏诠怀感诗》四卷，《秘藏诠怀感回文诗》一卷。上一十卷一帙，假字号。中一十卷一帙，途字号。下一十卷一帙，灭字号。《逍遥咏》一部一十一卷，《缘识》一部五卷，上二部一十六卷，同帙，虢字号。"

根据以上著录，知太宗《御制秘藏诠》于983年撰就，宣示近臣。

命僧录司选京城两街义学文章僧惠温等注释，988年或989年完成。995年或996年诏下印经院，开板模印，编联入大藏。入藏所排的千字文编号是假、途、灭三字。

《御制秘藏诠》等书除入藏雕印外，尚有副本单行，太宗曾颁赐近臣。其例如王禹偁《小畜集》卷二一《谢赐御制逍遥咏、秘藏诠表》所记："臣等言伏蒙圣慈赐臣等《御制秘藏诠》《逍遥咏》共四十一卷者。伏以竺乾之教所以祛色相而示真如；老子之书所以去滋章而务清净，大不过四句偈，多不出五千言。始则殊途而同归，终则枝分而派别。洎乎演三乘之贝叶，文字渐多；编三洞于瑶函，筌蹄逾远……伏惟尊号皇帝陛下……念释老之多歧，于是诠注微言，咏歌至道，撮其枢要……"太宗，至道三年（997年）三月癸巳卒，赐王禹偁《秘藏诠》等书事，当在其卒前，是单行的《秘藏诠》等书的雕印与入藏雕印时间，极为相近；此外，也有另一个可能，即单行的《秘藏诠》等书，系利用大藏雕版，隐去大藏编号而单独印造者。

大藏自抄写转入雕印，向无附图之例，元初管主八续雕《碛砂藏》似始著扉画，现存《赵城金藏》印本前所附扉画，系元时该印本转归赵城县广胜寺后重新装帧时所补入，故995年或996年入藏雕印的《御制秘藏诠》应无插图，渊源于北宋大藏的现存13世纪雕造的《高丽藏》再雕版[25]即无插图，可以为证[26]。又，从上引王黄州的《谢赐御制逍遥咏、秘藏诠表》中，也看不出附有图画的迹象，因疑最初单行的《御制秘藏诠》也无插图。

根据以上分析，再进而考虑哈佛所藏《御制秘藏诠》卷一三残卷的所属。从残卷所存的文字部分，知其每行字数14、15字，字体样式和上下无界格的版式以及卷末的大观二年木记等，皆与现存大观二年印造的《开宝藏》零卷相同或近似[27]。但也有显著的差异处，即每叶边缘无大藏编号。因此，我们怀疑哈佛藏本与太宗颁赐王禹偁的《秘藏诠》同为用大藏雕版单印的另行之本。唯王禹偁所得应是初印，而哈佛所藏已较王本晚印百余年。至于哈佛藏本所附四幅版画，应如前引李铸晋教授书评中的议论，文字雕版与版画雕版时间不同，"经文系印自旧雕版，而山水插图来自新雕版"。此山水插图的新雕版的具体年代，李氏慎重未作决定，我们根据现存资料，考虑北宋山水版画发展情况，认为有可能是或接近于大观二年重印《御制秘藏诠》时所补入。

最后，对罗越教授文章中涉及的另一本附有插图的《御制秘藏诠》卷一三问题，试作初步讨论。该卷系日本京都南禅寺所藏高丽版《大藏经》中的驾字号，经与13世纪刊雕《高丽藏》再雕本的影印本的同卷对勘，知两本行款、编号虽同，但前者刻工较后者为古拙，日人小野玄妙曾考定南禅寺所藏高丽版《大藏经》，为现存11世纪所刻高丽甲版（按即《高丽藏》初雕本）及13世纪高丽乙版（按即《高丽藏》再雕本）间之另一版[28]。小野之说值得重视。现就南禅寺本所附插图言，其布置于正文间的位置与哈佛藏本相同，但版画本身并不相同，李铸晋教授指出："高丽木刻构图较复杂，所叙事实较琐碎，全图挤塞过密，缺乏空阔空间。"可是每一主要图面仍有一被礼讯或作讲解状的高僧这一重要之点，却与哈佛本无殊。因此，估计它所根据的宋本的雕印时代，亦应与哈佛本相近；至若雕印草率，图像不甚清晰，应是高丽覆刊和刷印工艺水平以及旧版后印的缘故。以上推测如果不误，南禅寺所藏的《高丽藏》即应予以详细调查；它是否全藏各卷都有附图（包括扉画）？抑是只有《御制秘藏诠》附图？如果是后者，似乎也可考虑插图是否也有后来补入的可能，即如哈佛藏本之例。

此文抄竟，接苏哲同学自奈良寄来《日本雕刻史基础资料集成·平安时代造像铭记篇》第一卷（中央公论美术出版，1966年），得知京都清凉寺所藏装藏于奝然携归的游檀佛像腹内的版画详况。现将可增订校正拙文处，补述如下：

1. 佛像装藏的版画共五件：单叶印本佛画四件，《金刚般若波罗蜜经》扉画一件【图版22】。后者有"高邮军弟子吴守真舍净财开此版印施……雍熙二年（985年）六月记"刊记。这是有明确北宋纪年的佛经扉画中之最早者。扉画内容是祇树给孤独园释迦说法。画中除说法场面外，尚有舍卫城图像；人物众多并附有榜题。构图繁缛和多标榜题的做法，应是北宋初佛经扉画的新发展。

2. 单叶印本佛画中，以《灵山变相》一纸尺寸最大，高77.9厘米、宽42.1厘米。该画上部绘释迦灵山说法，下部画释迦多宝塔，画面满布佛菩萨形象，雕印极精细。最下方刊有"弟子某甲一心顶礼妙法莲华经释迦多宝如来全身舍利宝塔"牌记一方【图版23】。游檀佛像腹内所出雍熙二年（985年）八月十八日《入瑞像五藏具记舍物账》记此画云："日本国僧嘉因舍……灵山变相一幀。"幀，《龙龛手鉴》卷一释云："开张画缯也。"知此《灵山变相》原系张挂的礼拜物。看来张挂印本佛画，早在10世纪晚期即已出现，且为来华的日本僧人所重视，并奉之为佛像的装藏品。

3."待诏高文进画"《弥勒菩萨像》单叶印本【图版24】，高53.6厘米、宽38.3厘米。是五件版画中的最精者。弥勒着宝冠，左手执麈尾。弥勒持麈尾的形象，似无前例，有可能是高文进所创的新样。

4.单叶印本佛画的另两纸，是《文殊菩萨像》和《普贤菩萨像》【图版25、26】。前者高57.4厘米、宽27.7厘米。后者高56.9厘米、宽30厘米。文殊持如意骑狮，左有信女，右有控狮胡，下方刊有文殊真言。普贤持莲花骑六牙象，右立信女，左有控象奴，下方刊普贤真言。此两单叶佛画，雕镂之工虽不如弥勒和灵山变相，但造型严谨，线条遒劲，且初印清晰，亦是北宋初期版画的佳作。

本文原刊《荣宝斋三十五周年纪念册》（1985年），此次重刊除校正讹误外，增米芾《画史》一条和注〔17〕。

注释

〔1〕 敦煌莫高窟藏经洞（即今编号第17窟）所出版画资料，以郑振铎《中国版画史图录·唐宋元版画集》所收较为完备。本文所引用有关各项，皆可参看此书。

〔2〕 参看冯汉骥《记唐印本陀罗尼经咒的发现》，《文物参考资料》1957年5期。

〔3〕 参看《唐五代时期雕版印刷手工业的发展》，《文物》1981年5期。已收入本集。

〔4〕 安徽无为唐墓所出经咒，现藏合肥安徽省博物馆。

〔5〕 江苏镇江唐墓所出经咒，现藏镇江博物馆。1985年5月曾在北京中国历史博物馆展出。

〔6〕 参看张秀民《中国印刷术的发明及其影响》（1958年）图一五。

〔7〕　参看张秀民《五代吴越国的印刷》,《文物》1978 年 12 期。

〔8〕　同注〔7〕。

〔9〕　同注〔7〕。

〔10〕　同注〔7〕。

〔11〕　参看叔英《北宋刊印的一幅木刻画》,《文物》1962 年 1 期。

〔12〕　《图画见闻志》卷六记高文进所绘慈氏像云:"景祐中(1034—1037 年),有画僧曾于市中见旧功德一幅。看之,乃是慈氏菩萨像,左边一人执手炉,裹幞头,衣中央服;右边一妇人捧花盘,顶翠凤宝冠,衣珠络泥金广袖。画僧默识其立意非俗,而画法精高,遂以半千售之。乃重加装背,持献入内阁都知。阁一见且惊曰:执香炉者,实章圣御像也;捧花盘者,章宪明肃皇太后真容也。此功德乃高文进所画。"此画布局与雍熙元年印本,极为近似。

〔13〕　参看苏州市文管会、苏州博物馆《苏州市瑞光寺塔发现一批五代北宋文物》,《文物》1979 年 11 期。

〔14〕　此批印本《妙法莲华经》,现藏济南山东省博物馆。参看崔巍《山东省莘县宋塔出土北宋佛经》,《文物》1982 年 12 期。

〔15〕　此事亦见王辟之《渑水燕谈录》卷七,但记为皇祐中(1049—1053 年)事,误。

〔16〕　《图画见闻志》卷四:"高克明,京师人,仁宗朝为翰林待诏……尤长小景,但矜其巧密,殊之飘逸之妙。"

〔17〕　"刻板作扇",此"扇"多指屏风扇(《历代名画记》卷九记盛唐初画家薛稷故事云:"屏风六扇鹤样,自稷始也。")。按屏风著列女,由来已久,有绘画者,如《太平御览》卷七〇一引《东观汉记》云:"宋弘尝燕见御座新施屏风,图画列女。"有录传文者,如《旧唐书·虞世南传》云:"太宗尝命(世南)写《列女传》以装屏风。"

〔18〕　参看《白沙宋墓》注 58,文物出版社,1957 年。

〔19〕　以上两雕,见《中国版画史图录·唐宋元版画集》。

〔20〕　参看石志廉《北宋人像雕版二例》,《文物》1981 年 3 期。

〔21〕　《元丰九域志》卷二:"上。邢州钜鹿郡……土贡绢一十匹……"

〔22〕　参看本文附录引李铸晋文。

〔23〕　现存的赵城金藏中存《大中祥符法宝录》《天圣释教总录》残卷,抗战前,三时学会影印于《宋藏遗珍》中。

〔24〕　同注〔23〕。

〔25〕　《高丽藏》再雕版尚存大韩民国庆尚南道陕川郡海印寺中。1976 年,大韩民国东国大学校曾据印本影印,其后台湾新文丰出版公司又据影印本复印。

〔26〕　1974 年于山西应县佛宫寺释迦塔第四层释迦塑像腹中发现的装藏佛经中,有《契丹藏》十二卷,其中四卷有扉画。有扉画的四卷,二卷经背有"神坡云泉院藏经纪"木记,一卷有"宝严"木记,因疑此四卷《契丹藏》所附扉画,亦系后装者。后装的时间,不会晚于金初的装藏。然则大藏补装扉画,有早于元初者;但是否全部大藏都补入扉画,尚属疑问。此事容另文讨论。参看国家文

　　　物局文物保护科学技术研究所等《山西应县佛宫寺木塔内发现辽代珍贵文物》，《文物》1982年6期。

〔27〕　如叶恭绰旧藏《中论》卷二残叶，参看叶恭绰《历代藏经考略》，《张菊生先生七十生日纪念论文集》，1937年。

〔28〕　据李铸晋评罗越文转引。

南宋的雕版印刷

　　本文所依据的材料，主要以现在存有印本者为准。又本文原为1960年北京大学历史系考古专业编写的《宋元考古学·南宋手工业》中的一章，因限于该书体例，既不能全面论述南宋的雕版印刷业，又不便过分罗列材料。因此，本文仅是选择部分例证对南宋的雕版印刷的地方特征和刊工的活动等作一初步探索。

　　文中所举例证，大部为北京图书馆善本部所藏；版本雕刊地点的确定和所附图版，也多根据50年代迄60年代初北京图书馆赵斐云先生编辑的《中国版刻图录》（文物出版社1961年3月增订本），谨向该馆和赵先生致谢。

　　从现存大量的南宋刻本书籍和版画中，可以看出雕版印刷业在南宋是一个全面发展的时期。中央和地方官府、学宫、寺院、私家和书坊都从事雕版印刷，雕版数量多，技艺高，印本流传范围广，不仅是空前的，甚至有些方面明清两代也很难与之相比。一些雕版印刷业较发达的地区（参看《南宋主要雕印地点分布示意图》），由于长期从事雕印，出现了大批熟练的技术工人，主要是刊工；在字体刻风上，大约自南宋初至中期也都逐渐形成了各自的风格。这些地区大都是当时经济繁荣、文化发达和盛产纸张的地点，如以行在所临安附近为中心的两浙、福建地区和四川成都附近。其他发展较迟的江淮、湖广，从刊工的统计和刻风上观察，都清楚地表现了它们受到上述三个先进地点的影响[1]。

南宋主要雕印地点分布示意图（以谭其骧主编《中国历史地图集·宋辽金时期》中
"金 南宋时期〔一〕"为底图绘制，李清淼绘）

金

宋

淮　南　东　路
高邮军
泰州
扬州
镇江府
江阴军
庐州 (今合肥)
建康府 (今南京)
常州
平江府
光州
舒城
太平州
宁国府
吴江
两　浙
嘉兴府
西　路
无为军
淮　南
西　路
广德军
临安府 (今杭州)
罗田
安庆府
池州
庆元府
蕲州
江　南
东　路
徽州
严州
桐庐
绍兴府
两
鄂州
浙
兴国军
东
江州
饶州
衢州
婺州
台州
南康军
德兴
处州
括苍
筠州
隆兴府
信州
温州
袁州
抚州
萍乡
临江军
建昌军
贵阳
吉州
邵武军
江　南
西　路
宁化
南剑州
建宁府
建安
福州
赣州
汀州
福　建　路
兴化军
漳州
泉州
潮州
南　东　路
广州
博罗
惠州

东

海

流

求

澎湖屿

南　　海

图　例

◎　行在
◉　路驻地
⦿　府州军驻地
○　县驻地
―・―　路级政区界

0　　　200　　　400　　　600

一、两浙地区

字体方整，刀法圆润，用纸坚韧耐久和校勘比较仔细，是两浙地区雕版印刷的一般特征。

杭州——南宋行在所临安，自北宋以来即是两浙地区的雕印中心[2]。北宋亡，都城汴梁的一部分雕印手工业也迁来临安[3]，临安遂成为当时全国雕印手工业最发达的地点。

临安的北邻湖州（今吴兴）和南邻绍兴，与临安关系最为密切。北宋宣和中（1119—1125年），密州观察使王永从一家即开始在湖州思溪圆觉禅院刊刻大藏[4]，这部五千四百卷以上的藏经印就于绍兴二年（1132年）四月【图版52】。[5]湖州在两宋之际能完成这样的大工程，说明那里集聚了大批刊工。[6]我们以该藏和利用该藏余版所刻的《新唐书》[7]【图版53】与临安、绍兴诸官府所刻的书籍相对比，知道这批湖州刊工的一部分，当湖州工程完毕之后，他们参加了绍兴三年绍兴府余姚县雕造的《资治通鉴》[8]【图版58】和国子监、临安府、绍兴府等处较大规模的雕版工作。

南宋初年，在临安附近较长时期集中刊工最多的地点是临安官府。这从刊书使用刊工的数量可以推知。绍兴间（1131—1162年）国子监覆刊《汉书注》【图版38】使用了一百二十名以上的刊工[9]，大约在孝宗以后，即12世纪末叶临安府刊刻《仪礼疏》使用的刊工竟多达一百六十余人[10]，而大约同时绍兴府于绍兴十五年刊刻《尚书正义》【图版60】只用了二十三人[11]，绍兴九年刊刻分量较多的《毛诗正义》所用刊工也不过三十多人【图版62】[12]。湖州刊刻版数不比上述诗书少多少的《北山小集》只用刊工二十七人[13]；刊版数量比《仪礼疏》要多五倍的《新唐书》，刊工也仅一百二十余人[14]。临安官府既拥有大量刊工，而不少刊工又屡见于湖州、绍兴刻本（参看例表一、二），这固然可以理解他们在相互支援，但更多的可能，恐怕主要是湖州、绍兴依赖了临安官府。

临安附近——以临安为主，包括了湖州、绍兴的刊工，约自绍兴中叶以后，大量地支援了江浙其他地区，特别是各地的官府雕版。（参看例表三、四）绍兴二十八年（1158年）明州（今宁波）重修《文选注》【图版63】的熟练刊工，大部分来自这里[15]。《文选注》完工，他们中的一部分又南去台州（今临海）。此外，温州、婺州（今金华）、严州（今建德）、衢州和镇江、平江（今苏州）等地，也多有临安附近刊工的足迹。现选各地互见次数较多的刊工六十余人，如例表一至四所列，以窥临安附近刊工在两浙地区的流动情况。

当时各地的官私雕版大都间断进行或临时设局，所以往往要求迅速竣工，而雕版技术又比较容易掌握，因此许多雕版地点除了从雕版先进地区调雇一部分熟练刊工之外，也在本地训练出一批新刊工。不少雕版上出现了很多同姓刊工的现象，如湖州《新唐书》的刊工以李、王、周、章四姓为多；陈、方、余、刘、邓、蔡六姓，几乎占了明州《文选注》全部刊工的三分之一以上；临安《战国策注》二十五名刊工中，六人徐姓。这大约即是在募工较急的情况下，某地某些人家具有某些方便条件，家中的许多人都参加了工作。湖州《新唐书》《北山小集》中出现可能是兄弟行的董晖、董昕、董旸、董明和妇女刊工如李十娘、谢氏、徐氏等，更能突出地说明这一问题。预计的雕版工程完毕后，全部或绝大部分刊工即被解散，他们既可如上述湖州雕刊佛藏的刊工之入官府，也可由官府转入书铺，如先在监本《陈书》和明州《文选注》上出现的刘文，后来又见于陈宅经籍铺本的《碧云集》[16]【图版49】。至于书铺与私家刊工的互见，则更易于了解，如刊世彩堂廖氏《河东先生集》【图版45】的同甫[17]，又见于陈宅经籍铺本的《韦苏州集》[18]。由上可知，绝大多数的刊工，在当时是作为个体、分散的手工艺人而存在的。他们的生活并无保障，因此想象他们完全脱离了农业是困难的，恐怕绝大多数的刊工所从事的雕版手工业，不过是他们的副业而已。

临安专门从事雕版印刷的书坊，南宋初尚不甚盛，《文选五臣注》[19]【图版46】卷末附刊记云：

杭州猫儿桥河东岸开笺纸马铺钟家印行。

例表一　临安与附近地区（湖州、绍兴）刊工互见例（一）——南宋前、中期

地区	书籍 ＼ 刊工	王介	王正	王成	王震	牛实	毛昌
临安	（监本覆刊）汉书注【图版38】①				√	√	
临安	（绍兴九年）文粹【图版41】②			√	√		
临安	（绍兴九年）汉官仪【图版40】③						
临安	（绍兴十六年）战国策注④						
临安	礼记注⑤						
临安	周易正义【图版39】⑥						
临安	广韵⑦						
临安	经典释文⑧						
临安	说文解字⑨						
临安	国语解⑩	√					
临安	水经注⑪						
临安	管子注⑫					√	
临安	武经龟鉴⑬						
临安	白氏文集⑭					√	
临安	乐府诗集⑮						√
湖州	（宣和中—绍兴三年）思溪圆觉藏【图版52】						
湖州	（绍兴三年）新唐书【图版53】		√		√		
湖州	北山小集						
绍兴	（绍兴三年）资治通鉴【图版58】				√		
绍兴	（绍兴九年）毛诗正义【图版62】	√					
绍兴	（绍兴十五年）尚书正义【图版60】		√				
绍兴	（绍兴十六年）事类赋注⑯						
绍兴	周礼疏⑰						√
绍兴	周易注疏⑱						√
绍兴	唐书⑲		√	√	√		
绍兴	外台秘要方【图版59】⑳			√			
绍兴	论衡㉑						√

续表

地区	书籍	毛谅	孙勉	阮于	李宪	汤立	许亮
临安	乐府诗集⑮					√	
	白氏文集⑭						
	武经龟鉴⑬					√	
	管子注⑫						
	水经注⑪						
	国语解⑩						
	说文解字⑨				√		
	经典释文⑧		√	√			
	广韵⑦		√	√			
	周易正义【图版39】⑥						
	礼记注⑤		√	√			
	（绍兴十六年）战国策注④		√				
	（绍兴九年）汉官仪【图版40】③						
	（绍兴九年）文粹【图版41】②			√			
	（监本覆刊）汉书注【图版38】①					√	√
湖州	（宣和中—绍兴二年）思溪圆觉藏【图版52】					√	√
	（绍兴三年）新唐书【图版53】						
	北山小集	√					
绍兴	（绍兴三年）资治通鉴【图版58】						
	（绍兴九年）毛诗正义【图版62】	√	√	√			
	（绍兴十五年）尚书正义【图版60】						
	（绍兴十六年）事类赋注⑯	√	√	√			
	周礼疏⑰				√		
	周易注疏⑱						
	唐书⑲				√		
	外台秘要方【图版59】⑳				√		
	论衡㉑					√	

续表

书籍 \ 刊工	陈忠	陈彦	陈浩	陈锡	陈明仲	时明
临安　乐府诗集⑮						√
临安　白氏文集⑭						
临安　武经龟鉴⑬						
临安　管子注⑫						
临安　水经注⑪	√					
临安　国语解⑩						
临安　说文解字⑨						
临安　经典释文⑧		√		√	√	
临安　广韵⑦				√	√	
临安　周易正义【图版39】⑥						
临安　礼记注⑤				√		
临安　（绍兴十六年）战国策注④				√		
临安　（绍兴九年）汉官仪【图版40】③						
临安　（绍兴九年）文粹【图版41】②						
临安　（监本覆刊）汉书注【图版38】①	√	√	√			
湖州　（宣和中—绍兴二年）思溪圆藏【图版52】		√				
湖州　（绍兴三年）新唐书【图版53】						
湖州　北山小集						
绍兴　（绍兴三年）资治通鉴【图版58】						
绍兴　（绍兴九年）毛诗正义【图版62】	√	√		√	√	√
绍兴　（绍兴十五年）尚书正义【图版60】	√					
绍兴　（绍兴十六年）事类赋注⑯				√	√	
绍兴　周礼疏⑰				√		
绍兴　周易注疏⑱				√	√	
绍兴　唐书⑲				√		
绍兴　外台秘要方【图版59】⑳						
绍兴　论衡㉑						

续表

地区	书籍 ＼ 刊工	余永	余宋	集求	沈成	吴安
临安	乐府诗集⑮	∨				
临安	白氏文集⑭					
临安	武经龟鉴⑬					
临安	管子注⑫					
临安	水经注⑪					
临安	国语解⑩					
临安	说文解字⑨					
临安	经典释文⑧		∨			
临安	广韵⑦					
临安	周易正义【图版39】⑥					
临安	礼记注⑤					
临安	（绍兴十六年）战国策注④					
临安	（绍兴九年）汉官仪【图版40】③					
临安	（绍兴九年）文粹【图版41】②					
临安	（监本覆刊）汉书注【图版38】①	∨	∨	∨	∨	
湖州	（宣和中—绍兴二年）思溪圆觉藏【图版52】				∨	∨
湖州	（绍兴三年）新唐书【图版53】					
湖州	北山小集					
绍兴	（绍兴三年）资治通鉴【图版58】					
绍兴	（绍兴九年）毛诗正义【图版62】	∨	∨	∨		
绍兴	（绍兴十五年）尚书正义【图版60】					
绍兴	（绍兴十六年）事类赋注⑯					
绍兴	周礼疏⑰					
绍兴	周易注疏⑱					
绍兴	唐书⑲					
绍兴	外台秘要方【图版59】⑳					
绍兴	论衡㉑					

续表

书籍 ＼ 书籍 刊工	张宣	张清	张聚	张谨	徐容	徐茂
临安						
乐府诗集⑮						
白氏文集⑭						
武经龟鉴⑬						
管子注⑫						
水经注⑪						
国语解⑩						
说文解字⑨						
经典释文⑧		√		√		√
广韵⑦					√	√
周易正义【图版39】⑥						
礼记注⑤						
（绍兴十六年）战国策注④						
（绍兴九年）汉官仪【图版40】③						
（绍兴九年）文粹【图版41】②						
（监本覆刊）汉书注【图版38】①	√		√			
湖州						
（宣和中—绍兴二年）思溪圆觉藏【图版52】	√		√			
（绍兴三年）新唐书【图版53】						
北山小集				√		
绍兴						
（绍兴三年）资治通鉴【图版58】						
（绍兴九年）毛诗正义【图版62】		√		√		√
（绍兴十五年）尚书正义【图版60】						√
（绍兴十六年）事类赋注⑯						
周礼疏⑰						√
周易注疏⑱						
唐书⑲					√	
外台秘要方【图版59】⑳						
论衡㉑						

续表

书籍	徐政	徐高	徐雅	路宝	骆昇	童昕
临安						
乐府诗集⑮						
白氏文集⑭						
武经龟鉴⑬						
管子注⑫						
水经注⑪						
国语解⑩		∨				
说文解字⑨						
经典释文⑧	∨				∨	∨
广韵⑦	∨	∨				
周易正义【图版39】⑥		∨				
礼记注⑤		∨				
（绍兴十六年）战国策注④						
（绍兴九年）汉官仪【图版40】③						
（绍兴九年）文粹【图版41】②						
（监本覆刊）汉书注【图版38】①		∨	∨			
湖州						
（宣和中—绍兴二年）思溪圆觉藏【图版52】		∨				
（绍兴三年）新唐书【图版53】	∨					
北山小集						∨
绍兴						
（绍兴三年）资治通鉴【图版58】						
（绍兴九年）毛诗正义【图版62】	∨	∨		∨	∨	
（绍兴十五年）尚书正义【图版60】						
（绍兴十六年）事类赋注⑯	∨	∨				
周礼疏⑰						
周易注疏⑱						
唐书⑲		∨			∨	∨
外台秘要方【图版59】⑳	∨	∨				
论衡㉑						

续表

地区	书籍	董明	董晖	洪吉	赵昌	施泽	顾渊
临安	乐府诗集⑮						
	白氏文集⑭						
	武经龟鉴⑬						
	管子注⑫						
	水经注⑪						
	国语解⑩						
	说文解字⑨						
	经典释文⑧						√
	广韵⑦						
	周易正义【图版39】⑥						
	礼记注⑤						
	（绍兴十六年）战国策注④						
	（绍兴九年）汉官仪【图版40】③	√	√				
	（绍兴九年）文粹【图版41】②	√	√				
	（监本覆刊）汉书注【图版38】①	√		√	√		√

地区	书籍 刊工	董明	董晖	洪吉	赵昌	施泽	顾渊
湖州	（宣和中—绍兴三年）思溪圆觉藏【图版52】	√		√	√		
	（绍兴三年）新唐书【图版53】		√				
	北山小集	√	√			√	
绍兴	（绍兴三年）资治通鉴【图版58】	√					
	（绍兴九年）毛诗正义【图版62】						√
	（绍兴十五年）尚书正义【图版60】						
	（绍兴十六年）事类赋注⑯						
	周礼疏⑰						
	周易注疏⑱						
	唐书⑲	√				√	
	外台秘要方【图版59】⑳						
	论衡㉑						

续表

地点	书籍 刊工	章字	章彦	章咎	屠武	葛珍
临安	乐府诗集⑮					√
临安	白氏文集⑭					
临安	武经龟鉴⑬					
临安	管子注⑫					
临安	水经注⑪					
临安	国语解⑩					
临安	说文解字⑨					
临安	经典释文⑧					√
临安	广韵⑦					
临安	周易正义【图版39】⑥					
临安	礼记注⑤					
临安	（绍兴十六年）战国策注④					
临安	（绍兴九年）汉官仪【图版40】③					
临安	（绍兴九年）文粹【图版41】②					
临安	（监本覆刊）汉书注【图版38】①				√	
湖州	（宣和中—绍兴二年）思溪圆觉藏【图版52】					
湖州	（绍兴三年）新唐书【图版53】					
湖州	北山小集	√	√	√		
绍兴	（绍兴三年）资治通鉴【图版58】				√	
绍兴	（绍兴九年）毛诗正义【图版62】					
绍兴	（绍兴十五年）尚书正义【图版60】					√
绍兴	（绍兴十六年）事类赋注⑯					
绍兴	周礼疏⑰					
绍兴	周易注疏⑱					
绍兴	唐书⑲	√	√	√		
绍兴	外台秘要方【图版59】⑳					
绍兴	论衡㉑					

① 参看《中国版刻图录·目录》图版四说明和日人尾崎康《以正史为中心的宋元版本研究》（陈捷译，北京大学出版社，1993年）第一章：3。

② 《文粹》，北京图书馆藏书。参看《中国版刻图录·目录》，一〇说明。

③ 《汉官仪》，北京图书馆藏书。据《续古逸丛书》（上海商务印书馆，1934年）影印本。

④ 《战国策注》，北京图书馆藏书，参看《中国版刻图录·目录》图版二一说明。

⑤ 《礼记注》，北京图书馆藏书，参看《中国版刻图录·目录》图版二三说明。

⑥ 《周易正义》，北京图书馆藏书，参看《中国版刻图录·目录》图版二八说明。

⑦ 《广韵》，北京图书馆藏书，参看《中国版刻图录·目录》图版一五，一六说明和《宋元刊工名表初稿》。

⑧ 《经典释文》，北京图书馆藏书，参看《中国版刻图录·目录》图版二四说明。

⑨ 《说文解字》，北京图书馆藏书，参看《中国版刻图录·目录》图版二六说明。

⑩ 《国语解》，北京图书馆藏书，参看《中国版刻图录·目录》图版三一说明。

⑪ 《水经注》，北京图书馆藏书，参看《藏园群书题记初集》卷三《宋刊残本水经注书跋》《中国版刻图录·目录》图版二八说明。

⑫ 《管子注》，北京图书馆藏书。据《四部丛刊初编》影印本。参看《中国版刻图录·目录》图版三三说明。

⑬ 《武经龟鉴》，上海图书馆藏书。参看《中国版刻图录·目录》图版二五说明。

⑭ 《白氏文集》，北京图书馆藏书，参看《中国版刻图录·目录》图版一九说明。

⑮ 《乐府诗集》，北京图书馆藏书，参看《中国版刻图录·目录》图版二〇说明。

⑯ 《事类赋注》，北京图书馆藏书，参看《中国版刻图录·目录》图版七七说明。

⑰ 《周礼疏》，北京大学图书馆藏书。

⑱ 《周易注疏》，北京图书馆藏书，参看《中国版刻图录·目录》图版六八说明。

⑲ 《唐书》，北京图书馆藏书，参看《中国版刻图录·目录》图版七三说明。

⑳ 《外台秘要方》，北京图书馆藏书，参看《中国版刻图录·目录》图版七五说明。

㉑ 《论衡》据《宋元刊工名表初稿》。

例表二　临安与附近地区（湖州、绍兴）刊工互见例（二）——南宋中、晚期

刊工＼书籍	临安									湖州	绍兴		
	（嘉定十三年）渭南文集【图版42】①	仪礼疏	（第一次补板）说文解字②	说文解字系传③	（第一次补板）经典释文④	（第二次补板）国子监梁书⑤	（第一次补板）国语解⑥	（第二次补板）扬子法言注⑦	（第二次补板）冲虚至德真经⑧	（第二次补板）新唐书⑨	（庆元六年）春秋左传正义⑩	（第二次补板）周易注疏⑪	（第二次补板）周礼疏⑫
丁松年	√	√	√		√					√	√	√	
马祖	√	√									√	√	
方至		√	√		√						√	√	√
刘昭	√	√								√	√	√	√
宋琚													
许成之				√									
陈寿	√	√	√		√					√			
邵亨									√	√	√	√	

续表

地区	书籍 \ 刊工	庞知柔	金祖	金滋	郑楚	赵汪春	顾祐	徐因	詹世荣
临安	（第一次补板）冲虚至德真经⑧								√
	（第一次补板）扬子法言注⑦								√
	（第一次补板）国语解⑥		√						√
	（第一次补板）国子监粱书⑤	√							
	（第一次补板）经典译文④	√	√						
	说文解字系传③						√		
	（第一次补板）说文解字②								√
	仪礼疏	√		√	√	√			
	（嘉定十三年）渭南文集【图版42】①		√				√		√
湖州	（第一次补板）新唐书⑨		√	√			√	√	
绍兴	（庆元六年）春秋左传正义⑩		√	√	√	√	√		
	（第一次补板）周易注疏⑪	√							
	（第一次补板）周礼疏⑫								

① 《渭南文集》，北京图书馆藏书，参看《中国版刻图录·目录》图版三七说明。

② 《说文解字》，北京图书馆藏书，参看《中国版刻图录·目录》图版二六说明。

③ 《说文解字系传》，北京图书馆藏书，据《四部丛刊初编》影印本。

④ 《经典释文》，北京图书馆藏书，参看《中国版刻图录·目录》图版二四说明。

⑤ 《梁书》，北京图书馆藏书，参看赵万里《两宋诸史监本存佚考》，《庆祝蔡元培先生六十五岁纪念论文集》上册，1932年。

⑥ 《国语解》，北京图书馆藏书，参看《中国版刻图录·目录》图版三一说明。

⑦ 《扬子法言注》，北京图书馆藏书，参看《中国版刻图录·目录》图版三二说明。

⑧ 《冲虚至德真经》，北京图书馆藏书，据《四部丛刊初编》影印本。参看《中国版刻图录·目录》图版三三说明。

⑨ 湖州《新唐书》，据《百衲本二十四史》（上海商务印书馆，1918年）影印本。

⑩ 《春秋左传正义》，北京图书馆藏书，参看《中国版刻图录·目录》图版七九说明。

⑪ 《周易注疏》，北京图书馆藏书，参看《中国版刻图录·目录》图版六八说明。

⑫ 《周礼疏》，北京大学图书馆藏书。

例表三　临安附近和两浙其他地区刊工互见例（一）——南宋前、中期

地区	书籍	王荣	王震	王子正	牛实	方坚
临安及其附近						
绍兴	论衡					
	唐书		✓			
	周礼疏					
	周易注疏					
	（绍兴十六年）事类赋注					
	（绍兴十五年）尚书正义					
	（绍兴九年）毛诗正义					
	（绍兴三年）资治通鉴					✓
湖州	北山小集	✓				
	（绍兴三年）新唐书		✓			
	（宣和中—绍兴二年）思溪圆觉藏					
临安	三国志注②				✓	✓✓
	白氏文集				✓	✓
	管子注				✓	
	国语解					
	经典释文					
	广韵					✓
	（绍兴九年）汉官仪					
	（绍兴九年）文粹				✓	
	（监本）陈书①				✓	
	（监本覆刊）汉书注		✓		✓	
临安及其附近以外的两浙地区						
明州	（绍兴十九年）徐文公集③					
	（绍兴二十八年）文选注【图版63】④		✓			
	白氏六帖事类集⑤					
平江	（绍兴四年）吴郡图经续记⑥				✓✓	
	杜工部集⑦				✓	
镇江	说苑⑧					
台州	（淳熙八年）荀子⑨		✓			
	景德传灯录⑩					
黎州	周礼注【图版65】⑪					
婺州	圣宋文选⑫					
温州	大唐六典【图版68】⑬					✓
严州	（淳熙二年）通鉴纪事本末⑭					
	（淳熙十四年）剑南诗稿⑮					
	（淳熙十五年）世说新语⑯	✓		✓		
	艺文类聚⑰					
衢州	三国志注⑱					
	东家杂记⑲			✓✓		
	居士集⑳			✓✓		

续表

地区	州	书籍	毛昌	李忠②	陈才	陈元	陈显
临安及其附近	绍兴	论衡	∨				
		唐书					
		周礼疏	∨	∨			
		周易注疏	∨	∨			
		（绍兴十六年）事类赋注					
		（绍兴十五年）尚书正义					
		（绍兴九年）毛诗正义					
		（绍兴三年）资治通鉴					
	湖州	北山小集					
		（绍兴三年）新唐书					
		（宣和中—绍兴二年）思溪圆觉藏					
	临安	三国志注②		∨			
		白氏文集					
		管子注					
		国语解					
		经典释文					
		广韵					
		（绍兴九年）双官仪			∨		
		（绍兴九年）文粹					
		（监本）陈书①					
		（监本覆刊）汉书注					

地区	州	书籍	毛昌	李忠②	陈才	陈元	陈显
临安及其附近以外的两浙地区	明州	（绍兴十九年）徐文公集③					
		（绍兴二十八年）文选注【图版63】④	∨	∨	∨	∨	∨
		白氏六帖事类集⑤					
	平江	（绍兴四年）吴郡图经续记⑥					
		杜工部集⑦					
	镇江	说苑⑧				∨	
	台州	（淳熙八年）荀子⑨		∨			∨
		景德传灯录⑩	∨		∨	∨	
	婺州	周礼注【图版65】⑪					
		圣宋文选⑫					
	温州	大唐六典【图版68】⑬					
	严州	（淳熙二年）通鉴纪事本末⑭					
		（淳熙十四年）剑南诗稿⑮		∨			
		（淳熙十五年）世说新语⑯					
		艺文类聚⑰					
	衢州	三国志注⑱					
		东家杂记⑲					
		居士集⑳					

续表

地区		书籍 \ 刊工	杨昌	吴宗	余竑	俞忠	张圭
临安及其附近	绍兴	论衡	✓				
		唐书					
		周礼疏					
		周易注疏					
		(绍兴十六年)事类赋注			✓		
		(绍兴十五年)尚书正义					
		(绍兴九年)毛诗正义					
		(绍兴三年)资治通鉴					
	湖州	北山小集					
		(绍兴三年)新唐书					
		(宣和中—绍兴二年)思溪圆觉藏					
	临安	三国志注②					
		白氏文集			✓		
		管子注					
		国语解					
		经典释文					
		广韵		✓	✓		
		(绍兴九年)双官仪				✓	
		(绍兴九年)文粹					
		(监本)陈书①	✓				
		(监本覆刊)汉书注					✓
临安及其附近以外的两浙地区	明州	(绍兴十九年)徐文公集③					
		(绍兴二十八年)文选注【图版63】④	✓		✓		
		白氏六帖事类集⑤					
	平江	(绍兴四年)吴郡图经续记⑥					
	镇江	杜工部集⑦					
	台州	说苑⑧					
		(淳熙八年)荀子⑨					
		景德传灯录⑩		✓			
	婺州	周礼注【图版65】⑪			✓		
		圣宋文选⑫	✓				
	温州	大唐六典【图版68】⑬					
	严州	(淳熙二年)通鉴纪事本末⑭		✓			
		(淳熙十四年)剑南诗稿⑮					
		(淳熙十五年)世说新语⑯	✓				
		艺文类聚⑰					
	衢州	三国志注⑱					✓
		东家杂记⑲					
		居士集⑳					

续表

分区	地区	书籍	张明谨	张明	董昇	路昇	徐宗
临安及其附近	绍兴	论衡					
		唐书				√	√
		周礼疏					
		周易注疏					
		（绍兴十六年）事类赋注					
		（绍兴十五年）尚书正文					
		（绍兴九年）毛诗正义		√			√
		（绍兴三年）资治通鉴	√		√	√	
	湖州	北山小集			√	√	
		（绍兴三年）新唐书					
		（宣和中—绍兴二年）思溪圆觉藏			√		
		三国志注②					
	临安	白氏文集					
		管子注					
		国语解				√	√
		经典释文				√	√
		广韵					
		（绍兴九年）汉官仪				√	√
		（绍兴九年）文粹				√	√
		（监本）陈书①			√		
		（监本覆刊）汉书注					
临安及其附近以外的两浙地区	明州	（绍兴十九年）徐文公集③					
		（绍兴二十八年）文选注【图版63】④		√		√	
		白氏六帖事类集⑤					
	平江	（绍兴四年）吴郡图经续记⑥					
		杜工部集⑦		√		√	
	镇江	说苑⑧					
	台州	（淳熙八年）荀子⑨					
		景德传灯录⑩					
	婺州	周礼注【图版65】⑪					
		圣宋文选⑫					
	温州	大唐六典【图版68】⑬	√	√			
	严州	（淳熙二年）通鉴纪事本末⑭	√	√			√
		（淳熙十四年）剑南诗稿⑮	√	√			
		（淳熙十五年）世说新语⑯					√
		艺文类聚⑰					
	衢州	三国志注⑱					
		东家杂记⑲					
		居士集⑳					

续表

地区	州	书籍	徐逵	葛珍	蒋晖
临安及其附近	绍兴	论衡			
		唐书			
		周礼疏			
		周易注疏			
		（绍兴十六年）事类赋注			
		（绍兴十五年）尚书正义	√		
		（绍兴九年）毛诗正义			
		（绍兴三年）资治通鉴			
	湖州	北山小集			
		（绍兴三年）新唐书			
		（宣和中—绍兴二年）思溪圆觉藏			
	临安	三国志注②			
		白氏文集			
		管子注			
		国语解			
		经典释文			
		广韵			
		（绍兴九年）汉官仪			
		（绍兴九年）文粹			
		（监本）陈书①			
		（监本覆刊）汉书注			
临安及其附近以外的两浙近地区	明州	（绍兴十九年）徐文公集③			
		（绍兴二十八年）文选注【图版63】④	√		√
		白氏六帖事类集⑤		√	√
	平江	（绍兴四年）吴郡图经续记⑥			
		杜工部集⑦			
	镇江	说苑⑧			
	台州	（淳熙八年）荀子⑨	√		√
	婺州	景德传灯录⑩			
		周礼注【图版65】⑪			
		圣宋文选⑫			
	温州	大唐六典【图版68】⑬			
	严州	（淳熙二年）通鉴纪事本末⑭			
		（淳熙十四年）剑南诗稿⑮			
		（淳熙十五年）世说新语⑯		√	√
		艺文类聚⑰		√	√
	衢州	三国志注⑱			
		东家杂记⑲			
		居士集⑳			

① 《陈书》据《宋元刊工名表初稿》，参看《两宋诸史监本存佚考》。

② 《三国志注》，北京图书馆藏书，参看《中国版刻图录·目录》图版一七说明。

③ 《徐文公集》，参看王文进《文禄堂访书记》（北京文禄堂，1942年）卷四。

④ 明州《文选注》据《来元刊工名表初稿》。

⑤ 《白氏六帖事类集》据芥子园影印本（1933年）。

⑥ 《吴郡图经续记》据乌程蒋氏影印本（1924年）。

⑦ 《杜工部集》，上海图书馆藏书，参看《中国版刻图录·目录》图录一〇九说明。

⑧ 《说苑》，北京大学图书馆藏书。

⑨ 此台州刻本《荀子》的影写本，黎庶昌刊入《古逸丛书》。后商务印书馆又据《古逸》本影印辑入《四部丛刊初编》。

⑩ 《景德传灯录》，北京大学图书馆藏书。《四部丛刊三编》所收《景德传灯录》卷一〇至一二中的所谓北宋本即此本。

⑪ 《周礼注》，北京图书馆藏书，参看《中国版刻图录·目录》图版八八说明。

⑫ 《圣宋文选》，南京图书馆藏书，参看《中国版刻图录·目录》图版九二说明。

⑬ 《大唐六典》据《古逸丛书三编》（北京，中华书局，1984年）影印本。

⑭ 《通鉴纪事本末》，北京图书馆藏书，参看《中国版刻图录·目录》图版一〇〇说明。

⑮ 《剑南诗稿》，北京图书馆藏书，参看《中国版刻图录·目录》图版一〇一说明。

⑯ 《世说新语》据日本育德财团影印本（东京，1929年）。

⑰ 《艺文类聚》，上海图书馆藏书，参看《中国版刻图录·目录》图版九九说明。

⑱ 《三国志注》，北京大学图书馆藏书，参看《文禄堂访书记》卷二。

⑲ 《东家杂记》，北京图书馆藏书，参看《中国版刻图录·目录》图版九七说明。

⑳ 《居士集》，北京图书馆藏书，参看《中国版刻图录·目录》图版九八说明。

㉑ 《荀子》刊工李忠，前附地名作"双溪李忠"，双溪即双溪，位临安、湖州之间。

例表四　临安附近和两浙其他地区刊工互见例（二）——南宋中、晚期

刊工 \ 书籍	临安及其附近以外的两浙地区					临安及其附近											
	明州	平江	平江	平江	严州	临安								湖州	湖州	绍兴	绍兴
	攻媿先生文集【图版64】①	（绍定四年—）碛砂藏【图版57】②	（绍定间）吴郡志③	营造法式【图版56】④	（淳熙十四年）剑南诗稿【图版55】	（嘉定十三年）渭南文集	仪礼疏	（第一次补板）说文解字	（第一次补板）经典释文	（第一次补板）国子监梁书	（第一次补板）国语解	（第一次补板）扬子法言注	（第一次补板）冲虚至德真经	（第一次补板）新唐书	（庆元六年）春秋左传正文	（第一次补板）周易注疏	（第一次补板）周礼疏
丁松年	✓					✓	✓	✓	✓					✓		✓	
马祖	✓	✓				✓	✓	✓	✓				✓			✓	
马良臣	✓	✓	✓	✓													
王寿	✓											✓					
方至	✓								✓								
宋琚	✓		✓		✓	✓	✓							✓	✓	✓	✓
陈彬	✓		✓			✓	✓	✓		✓	✓		✓		✓		✓

续表

地区		书籍 刊工 书籍	金荣	金滋	董澄	徐珙	夏义	蒋荣祖	詹世荣	庞知柔
临安及其附近以外的两浙地区	严州	（淳熙十四年）剑南诗稿【图版55】								
	平江	营造法式【图版56】④	√					√		
		（绍定间）吴郡志③	√			√		√		
	明州	（绍定四年—）碛砂藏【图版57】②					√			
		攻媿先生文集【图版64】①		√	√	√	√	√		
临安及其附近	临安	（嘉定十三年）渭南文集		√	√	√		√	√	
		仪礼疏		√				√	√	
		（第一次补板）说文解字			√		√		√	
		（第一次补板）经典释文					√		√	
		（第一次补板）国子监梁书								√
		（第一次补板）国语解							√	
		（第一次补板）扬子法言注							√	
		（第一次补板）冲虚至德真经						√	√	
	湖州	（第一次补板）新唐书							√	
	绍兴	（庆元六年）春秋左传正文		√						
		（第二次补板）周易注疏								√
		（第一次补板）周礼疏								

① 《攻媿先生文集》，北京大学图书馆藏书。

② 《碛砂藏》共五百九十一函，六千三百六十卷，其中南宋竣工者，据《碛砂藏端平元年（1234年）目》为五百四十函。该藏太原崇福等藏有全藏，陕西省图书馆约藏十之八（1936年上海曾据陕西省图书馆藏本影印行世），美国普林斯顿大学葛思德东方书库约藏十之五，北京图书馆和北京大学图书馆等处都各藏有该藏零种。

③ 《吴郡志》据吴兴张氏1926年影印《择是居丛书》本。

④ 《营造法式》，北京图书馆藏书。参看《中国版刻图录·目录》图版——二说明。

高丽覆宋刊本《寒山子诗》[20]末附刊记云：

> 杭州钱塘门里车桥南大街郭宅纸铺印行。

《抱朴子》[21]卷末的刊记云：

> 旧日东京大相国寺东荣六郎家见寄居临安府中瓦南街东开印
> 输经史书籍铺。今将京师旧本《抱朴子内篇》校正刊行的无一字
> 差讹，请四方收书好事君子幸赐藻鉴。绍兴壬申岁（绍兴二十二
> 年，1152年）六月旦日。【图版43】

可知私人刊书出售，当时还有的附属于纸铺或纸马铺；有的书籍铺还
有一定的寄居性质。但当雕版印刷在两浙地区普遍发展，特别在大批
熟练刊工出现之后的南宋中晚期，许多专门从事雕版印刷的书籍铺，
即在临安不少热闹地点开设起来了【参见插图】。这时政府控制书坊刻
书之令，也逐渐破产[22]，有名的临安府棚北睦亲坊南陈起父子相继的
"陈宅经籍铺"约自13世纪前半起，在不到半世纪的时间内，几乎遍
刻了唐宋人诗文集和小说，唐人集可能刻了百种以上【参见图版44、
45】，宋人集则分编为江湖前、后、续、中兴各集各若干卷[23]。《江
湖集》雕版工致，选用纸墨也都精细，是南宋书坊刻本的代表作。太
庙前的"尹家书籍铺"也刻了许多小说和文集【图版51】[24]。此外，
睦亲坊内的沈八郎[25]、众安桥南街东的"开经书铺贾官人宅"（或作
"贾官人经书铺"）【图版46、47】和棚前南街西经坊的"王念三郎家"
似乎是专刻零本佛经的，贾官人所刻的《佛国禅师文殊指南图赞》[26]
【图版50】和佛经扉画，王念三郎所刻的连环画式的《金刚经》[27]，
都是当时版画中的精品。这些书籍铺大约主要依靠家内劳动力雕板，
所以产品上一般不附刻刊工。附刻刊工的，人数也极为稀少，如陈宅
经籍铺雕印的《岑嘉州集》刊工只一子文[28]。《杜审言诗》刊工只一
范仙村[29]。《江湖集》好像最多，也不过十余人[30]。这样少数刊工，
即或全部是长期雇用，也改变不了这种书坊的小商品生产性质。

元秘府本（？）《清明上河图》中的书坊

此图据 *Science and Civilization in China*, Vol.5，Part I: Paper and Printing（By Tscen Tsucen-Hsuin 钱存训）插图 1120 复制。该插图说明云："北宋书铺，12 世纪初张择端所绘的《清明上河图》细部（据可能是元代的旧摹本放大）。"按北京故宫博物院藏曾经《石渠宝笈三编》著录的张择端《清明上河图》无此内容。据钱书插图说明谓"可能是元代的旧摹本"，疑即刘渊临《清明上河图综合研究》（台北艺文印书馆，1969 年）所记的美国芝加哥孟义君所藏的元秘府本《清明上河图》（刘文引董作宾介绍元秘府本市招上的文字有"书坊""各色铜器"，与钱书所附插图同。董文见《大陆杂志》二卷八期，1951 年）。此元秘府本据刘文描述图中之虹桥已砌作石券，刘文所附部分画面图版中的歇山顶建筑，山面只绘出搏风板，未绘悬鱼惹草，檐下斗拱亦极为潦草，从这些细部观察，所谓元秘府本不仅不是北宋张择端原作，似亦不类南宋临品，刘文拟之为元人摹绘或可接近事实。元人摹写都市风光，据之仿佛南宋情景，约许不致大误。参看杨伯达《读宋张择端清明上河图卷札记三则》，《荣宝斋三十五周年纪念册》，1985 年。

在临安附近影响下的其他两浙地区中，衢州、婺州和平江的雕版印刷较为突出。

《新编四六必用方舆胜览》[31]卷前雕印两浙转运司牒文：

> 据祝太博宅干人吴吉状：本宅见雕诸郡志名曰《方舆胜览》《四六宝苑》两书，并系本宅进士私自编辑，数载辛勤。今来雕板所费浩瀚，窃〔印〕恐书市嗜〔印〕利之徒辄将上〔印〕件书版翻开，或改换名目，或以节略舆地纪胜等书为名，翻开攘夺，致本宅徒劳心力，枉费钱本，委实切害。照得雕书合经使台申明，乞行约束，庶绝翻版之患。乞给榜下衢、婺州雕书籍处张挂晓示，如有此色，容本宅陈告，乞追人毁版断治施行。奉台判备榜须至指挥。右今出榜衢、婺州雕书籍去处张挂晓示，各令知悉，如有似此之人，仰经所属陈告追究，毁版施行。故榜。嘉熙二年（1238年）十二月日榜，衢、婺州雕书籍去处张挂。转运副使曾　台押。

榜文仅点衢、婺两州雕书籍处，可见两州雕印之盛。婺州似尤突出。其地刊工自淳熙中即受雇于外地，如淳熙八年（1181年）在台州刊刻《荀子》的刊工中有"金华徐道"。其书坊雕印也极盛一时[32]，婺州市门巷唐宅所刻的《周礼注》[33]【图版65】和金华双桂堂景定二年（1261年）重镌的《梅花喜神谱》[34]【图版66】，都是现存有名的书籍。婺州东的东阳县私家雕印发展较早，日本收藏的《初学记》有"绍兴丁卯（十七年，1147年）东阳崇川余四十三郎宅……"牌记[35]。东阳西北的义乌县又似乎是婺州雕印业的重点，酥溪蒋宅崇知斋[36]和青口吴宅桂堂都有产品传世。乾道间（1165—1173年）吴宅桂堂曾雇用了较多的刊工，就所刻《三苏文粹》一书统计，刊工多到二十四人[37]，像这样个别的书坊，是在什么情况下发展起来的，我们还不清楚。但在封建社会高度发展的南宋，封建制度本身就不可能容许它继续发展。所以这个偶然出现的雇工较多的吴宅桂堂，并没有支持多久。《三苏文粹》的书板很快就转移到义乌县南东阳县胡仓的王宅去了。因而出现了剜去吴宅的刊记，被雕上"婺州东阳县胡仓王宅桂堂刊行"一行的后印本《三苏文粹》[38]。由于婺州雕印业的繁荣，使它在雕版风格上，跳出一般江浙版刻的方整传统，别树一帜，字体瘦劲。这大约是受到了福建雕版的影响。衢州雕版结体方整，气息朴厚，多存旧时式样。

平江紧邻临安附近，其刊工互见情况似较别处尤甚。从例表三所录的牛实一例可以窥知。嘉泰四年（1204年）平江刊刻《嘉泰普灯录》，"钱塘李师正"大约是领头的刊工[39]。嘉定以后，本地刊工逐渐增多，所以才可能有刊工被募于外地之事，如嘉定十七年（1224年）广东潮阳（今潮州）所刊《通鉴总类》刊工中有"平江张俊"[40]；也才有可能于绍定四年（1231年），陈湖碛砂延圣院设大藏经局，组织本地刊工和一部分临安附近刊工开雕大藏。该藏迄元至治二年（1322年）始竣工，前后续雕垂九十余年，版式刻风如出一手，长期摹勒，蔚成新风，其字体方整挺瘦，已和过去临安附近风格有别，而和元至元六年（1269年）杭州大普宁寺开雕的《普宁藏》、明洪武五年（1372年）南京开雕的《南藏》一脉相继[41]。

二、福建地区

福建的雕版印刷，福州发轫最早。北宋元丰三年（1080年）迄政和二年（1112年）福州东禅寺雕印的《崇宁万寿大藏》，是福建大规模刊书之始。该藏为后来印本佛藏开创了梵箧装和六行十七字的固定行款。其字体方整，俨若浙刻，当是在两浙影响下产生的【图版71】[42]。

《崇宁万寿大藏》完工之后，福州开元寺即开始雕造《毗卢大藏》[43]。该藏自北宋政和二年迄南宋乾道八年（1172年）始告竣【图版72】，参加此藏的刊工，有好多来自临安及其附近地区，例如例表五。

大约比福州略晚，福建西北隅建宁（今建阳、建瓯一带）的雕版印刷也兴盛起来了，它的兴起同样也得到浙江刊工的帮助，原在国子监、临安府和平江、明州的刊工蔡仁参加了建瓯官署所刻的《育德堂奏议》[44]【图版82】，在临安陈宅经籍铺刻《碧云集》的余士，又见于建安书院的《周易玩辞》[45]等均为佳例。建宁盛产纸张，且位闽浙、

例表五　临安附近与福建刊工互见例

书籍 刊工	临安 监本覆刊汉书注[图版38]① 原板	(第一次补板)	后汉书注②	吴书③ 原板	(第一次补板)	湖州 新唐书[图版53](绍兴三年)	绍兴 资治通鉴[图版58](绍兴三年)	福州 (元丰三年—政和二年)东禅崇宁万寿藏 北宋板	(政和二年—乾道六年)开元毗卢大藏④ 南宋板
丁明	√		√	√				√	
丁育	√							√	
丁保	√			√				√	√
王稹			√	√		√		√	√
付中								√	√
付言			√	√				√	√
付及	√		√	√				√	
丘旬		√						√	
孙生					√				
邵保								√	√
陈楷				√				√	√
陈富	√		√					√	
陈章			√	√					
草免								√	√
林安								√	√

续表

书籍 ＼ 刊工	福州 开元毗卢大藏 南宋板（政和二年—乾道六年）	福州 东禅崇宁万寿藏 北宋板④（元丰三年—政和二年）	临安 监本覆刊汉书注[图版38]① 原板	临安 监本覆刊汉书注[图版38]① （第一次补板）	临安 后汉书注②	吴书③ 原板	吴书③ （第一次补板）	湖州 新唐书[图版53]（绍兴三年）	绍兴 资治通鉴[图版58]（绍兴三年）
郑俊	√	√							
周元	√	√	√		√				√
梁吉	√	√							
高宏	√			√	√				
程保	√			√		√			
蔡大	√				√				
潘元	√			√	√		√		
王文	√			√	√		√		
陈得	√				√				

① 参看第157页注〔9〕。

② 《后汉书注》版式同《汉书注》，刊工亦多同《汉书注》。因随《汉书注》例，暂定刊地为临安；北京图书馆和台北"中央图书馆"各有藏本。参看《以正史为中心的宋元版本研究》第一章：3。

③ 《吴书》，丽宋楼旧藏，刊工多同《后汉书注》，亦暂定刊地为临安。参看《以正史为中心的宋元版本研究》第一章：3。

④ 东禅、开元两大藏刊工，据《中国版刻图录·目录》图版一五六，一五七说明和《以正史为中心的宋元版本研究》第一章：3。

《后汉书注》《吴书》刊工多互见于福州东禅、开元两大藏，可见它们之间密切关系。

闽赣的交通要冲，所以其地雕印兴起不久即超过福州，并且还有不少刊工后来都支援过福州，如在这里雕《周易本义》的蔡庆、邓生、吴清都曾去福州刊《陶靖节先生诗注》[46]【图版73】。

建宁距南宋行在所较远，中央控制较弱，所以其地的书坊雕版，自淳熙（1175年）以来似乎比临安还要发达。[47]它们大多集中在麻沙、崇仁两坊。雕版时间最长、最多的是万卷堂、勤有堂余氏。其次有黄三八郎书铺、种德堂阮氏、一经堂蔡氏、富学堂华氏、月崖书堂詹氏、务本书堂虞氏、群玉堂江氏、三桂堂刘氏以及郑、黄、李、虞、魏、曾、陈、王、诸家。[48]书坊中也有从临安迁来的，如建本《后汉书注》[49]【图版74】刊记：

> 本家今将前后《汉书》精加校证并写作大字锓板刊行的无差错。收书英杰，伏望炳察。钱塘王叔边谨咨。

得知，有开雕《两汉书》的钱塘王叔边。这些书坊的产品绝大部分不著刊工[50]；但著有刊工的书籍的版数和附刻刊工的人数，一般都比临安书坊为多，如蔡氏一经堂嘉定初（1208年）刊刻了两百多卷的《两汉书》，使用的刊工多达二十名以上[51]。这表明建宁书坊的规模，有些比临安为大。因此建宁书坊对扩大商品销路的要求，自然也要比临安为迫切。所以他们不像临安书坊那样着重自己直接出售商品，而是主要依靠中间商人，转手负贩于外地。因此，他们必须考虑产品便于携运和减低成本等问题。于是普遍使用了本地生产的柔木雕版和利用本地生产的色黄而薄的竹纸印造，又尽量挤紧版式、压缩册数，并在南宋中晚期，创造了一种适宜于密行的粗细线分明的瘦长字体。为了引人购买，他们对许多通行的经史文集进行了加工，如刘叔刚合刻《礼记经注疏释文》[52]，又如黄善夫合刻《史记集解索隐正义》[53]【图版77】和加细分类《王注苏诗》[54]。此外各书坊更大量编刊"纂图互注"、别附图表之类的书籍，以及专应科场需要，编印了如《事文类聚》《记纂渊海》之类的类编书籍。值得注意的是，他们还刻了许多需求面较广泛的医卜星相书和日用百科全书，如《家居必用》和《事林广记》等。

较普遍的附刻刊记，是建宁书坊本的特征之一。刊记文字日趋复杂，如余仁仲本《春秋公羊经传解诂》[55]【图版76】刊记：

> 《公羊》《穀梁》二书，书肆苦无善本，谨以家藏监本及江浙诸处官本参校，颇加厘正。惟是陆氏释音字或与正文字不同，如此序酿嘲，陆氏酿作让；隐元年嫡子作适归，含作唅，召公作邵；桓四年曰蒐作廋。若此者，众皆不敢以臆见更定，姑两存之，以俟知者。绍熙辛亥（二年，1191年）孟冬朔日建安余仁仲敬书。

又如龙山书堂本《挥麈录》[56]【图版79】刊记：

> 此书浙间所刊止前录四卷，学士大夫恨不得见全书。今得王知府宅真本全帙，四录条章无遗，诚冠世之异书也。敬三复校正，锓木以衍其传。览者幸鉴。龙山书堂谨咨。

这类刊记虽然也反映了建宁书坊的一些校勘和搜辑工作，但它的主要目的是为了竞售产品。阮仲猷种德堂本《春秋经传集解》[57]刊记，更清楚地暴露了这个事实：

> 谨依监本写作大字附以释文，三复校正刊行，如履通衢，了亡室碍处，诚可嘉矣。兼列图表于卷首，迹夫唐虞三代之本末源流，虽千岁之久，豁然如一日矣，其明经之指南欤。以是衍传，愿垂清鉴。淳熙柔兆涒滩（淳熙三年，1176年）中夏初吉，闽山阮仲猷种德堂刊。

该书讹误极多，即如刊记中的"了亡窒碍处"之"窒"，竟误作"室"，而尚云"三复校正刊行"，真是商人骗人伎俩。刊记原本是刊书人对本书表示负责的简单文字，这里却发展为纯商业性的宣传广告。而这个发展也正好说明了建宁书坊的商品生产较临安书坊更活跃，更发达。

因此，"福建本几遍天下"〔58〕，尽管当时一些士大夫嘲笑麻沙版质量低，但他们也不能不承认"建阳版本书籍行四方者无远不至"〔59〕。建宁书坊对当时文化发展的贡献，很显然，是包括临安在内的官私雕版印刷业所不能企及的。日本现存印有"绍兴十年（1140年）邵武东乡朱中奉宅刊"木记的《史记集解》〔60〕，邵武东邻麻沙，这里的私家雕印之兴，似较麻沙本地为早。

两浙雕印对福建的影响，也表现在另外一个次要的雕印地点福建西南隅的汀州（今长汀）。这充分反映在现存两部可以肯定的汀州刻本上。绍兴十二年宁化县学刊刻的《群经音辨》是不变行款的覆刻绍兴九年临安府刻本【图版83】〔61〕。嘉定六年（1213年）汀州古《算经》〔62〕【图版84】的刊工中有既曾在临安府雕版，又参加过明州《文选注》开雕的蔡政。汀州古《算经》虽然受到了建宁瘦长字体的影响，但别具秀丽风格，其在闽刻中与建宁本有别和婺本之异于其他浙刻的情况相似。

三、四川地区

四川成都自晚唐以来即是我国西部的雕印中心。白北宋初开宝四年（971年）开始雕造五千余卷的《开宝藏》〔63〕以后，更趋极盛。南宋时期，成都西南眉山等处的雕版印刷也逐步发达。四川的成都、眉山附近，在当时宋境内雕印发达的地点中，是和两浙地区关系较少的地区。印本多用白麻纸和雕版疏朗、字体多锋芒，是蜀本的显著特征。

成都雕版主要在官府，蜀学是一个大据点，它拥有刊工较多，庆元间（1195—1200年）开雕《太平御览》〔64〕【图版86】使用了一百四十名以上的刊工。

成都私家刊印，现仅知《藏园群书经眼录》卷五著录宋刊《历代地理指掌图》总论后刊有"西川成都府市西俞家印"一例。

眉山是在成都影响下发展起来的，所以眉山所刻的《苏文忠公文集》〔65〕、《苏文定公文集》〔66〕和《淮海先生闲居集》〔67〕等，与成都所刻大字本群经注【图版88】〔68〕字体刀法完全相同。两地的刊工也屡互见，例如例表六。

表中所列成都刻本约皆官府所刊，而《新刊国朝二百家名贤文粹》
【图版89】则系庆元三年（1197年）眉山咸阳书隐斋雕印，因知四川
刊工也流动于官府、书坊之间，情况和两浙、福建相同。

眉山书坊当时编印了不少唐宋诗文集、总集和史籍。如传世十
余种唐人集[69]和例表六所列之《新刊增广百家详补注唐柳先生文》
《新刊国朝二百家名贤文粹》以及《眉山新编十七史策要》【图版92】
等[70]。十余种唐人集大都不著刊工，著刊工的刊工数字也不多，半
部《孟东野文集》[71]刊工共二十人，似乎是刊工较多的一种。其刊
工也和两浙相同，多同姓氏，如《孟东野文集》的二十名刊工中，
江、余两姓各占四名。同姓刊工的关系，《后山诗注》[72]提供了重要
资料，该书刊工共十一人，张姓居多，中有张小四、张小五、张小
八、张小十等人，这种情况应该暗示了刊工是临时招雇的，因为我
们不能想象当时有一家的大部分成员，或是全部的主要劳动力都成
了职业的刻书工人。

眉山书坊的字号较少，现仅发现上述之书隐斋和《新编近时十便
良方》[73]【图版90】卷末刊记：

万卷堂作十三行大字刊行，庶便检用。请详鉴。

所示之万卷堂两处。有的书坊可能还未立字号，如台湾"中央图
书馆"和日本宫内省书陵部等处所藏《东都事略》系眉山程舍人宅刊
印，该书目录后有"眉山程舍人宅刊行，已申上司不许覆版"木记。
未立字号和字号少，一般可以表明规模较大的书坊数量少[74]。看来，
眉山书坊虽盛，总还不及建宁和临安。在这仅知几处书坊雕版中，我
们又看到另外一个值得注意的问题，即书隐斋主人原籍咸阳，万卷堂
本《新编近时十便良方》卷首录庆元元年（1195年）汾阳博济堂序
文，都和当时北方金的文化较发达的地点有关。四川与晋陕，自来往
还频繁，宋金对峙之际，并未隔绝，近年考古发现已一再证实[75]，不
意又在雕版印刷中获得线索。

例表六　成都、眉山、两浙地区刊工互见例

刊工	两浙·湖州 (绍兴三年) 新唐书	两浙·湖州 (宣和中—绍兴二年) 思溪圆觉藏	两浙 类篇⑤	四川·成都 (庆元五年) 太平御览 [图版86]	四川·成都 孟子注 [图版88]	四川·成都 (庆元三年) 新刊国朝二百家名贤文粹 [图版89]①	四川·成都 苏文忠公文集 [图版93]②	四川·眉山 苏文定公文集	四川·眉山 新刊经进评注昌黎先生文③	四川·眉山 新刊增广百家详补注唐柳先生文④
王龟⑥				√						
王祖⑥	√	√		√						
王朝⑦		√		√	√	√				
王道⑦	√			√	√	√				
文望之				√				√	√	√
史丙				√				√	√	√
宋彦							√		√	
张福孙				√				√		√
袁次一			√	√						

① 《新刊国朝二百家名贤文粹》，北京图书馆藏书。北京大学图书馆亦藏有残帙。参看《中国版刻图录·目录》图版二二一说明。

② 《以正史为中心的宋元版本研究》表Ⅵ。

③ 《新刊经进评注昌黎先生文》。北京图书馆藏书。参看《中国版刻图录·目录》图版二四一说明。

④ 《新刊增广百家详补注唐柳先生文》。北京图书馆藏书。参看《中国版刻图录·目录》图版二四二说明。

⑤ 《类篇》。同注②。

⑥ 王祖疑是刊刻《思溪圆觉藏》和《新唐书》朴板的刊工。

⑦ 王道疑是刊刻《思溪圆觉藏》的刊工。

成都眉山雕版字体略扁，撇捺遒长，其大字版，字大如钱，墨色如漆，在南宋雕版中另具疏朗明快风格。这种川版特征曾影响长江中游，特别是江陵（今宜昌）、鄂州（今武昌）地区。

四、江淮湖广

江淮湖广，东接浙闽，西邻四川，其雕版印刷大体上都和浙、闽、川三个雕印先进地区联系密切。江淮接近两浙，多受浙本拘束；荆湖毗界巴蜀，故多仿效蜀刻。但在这个区域内，似也存在着一个共同特点，即较活动的自然书体较为流行，而以江西为尤甚。自然书体的流行，约是雕版历史较短、交通不甚方便的地区的特征。因为它是由于专为雕版书写的书手人数尚少，一种流行的版刻字体还未形成时所出现的现象。江淮湖广范围广大，各地流行的自然书体并不一致，加上接受外地影响的情况也各不相同，因此又可按当时行政区划，试分五区如下：

1. 江南东路

江南东路位两浙的外围，其地又盛产纸墨，人力物力都有较充足的来源，因此这里的雕印业在江淮湖广最称发达。

建康（今南京）和饶州（今鄱阳）是江南东路南北两个重要雕印据点。它们雕版之始都深受两浙影响。建康的绍兴淳熙间（1131—1189年）刻本，除刊工大部互见于浙本外（例表七），字体刻风也极力模仿两浙。饶州发展较迅速，绍兴三十年（1160年）董应梦集古堂所刊的《重广眉山三苏先生文集》[76]【图版97】，字形虽类浙，而风格却近闽，该书卷三二末附刊记云：

> 饶州德兴县庄谿董应梦宅经史局遂为一校勘写作大字，命工刊行。

书坊自设经史局，且就《重广眉山三苏文集》一书统计所雇用的刊工即达二十人，而二十人中除一二名可能来自两浙外（例表七），其余都是不见他书的本地刊工。饶州当时雕印的繁荣可以推知。

皖南的雕印发展略迟，当涂姑孰郡斋乾道间（1165—1173年）所刊医书[77]和淳熙三年（1176年）广德桐川郡斋覆雕蜀本《史记集解索隐》[78]【图版98】，主要依赖浙工，但池歙（今贵池）兴起后，情况有了很大的变化。我们初步统计了淳熙七年迄嘉泰四年（1180—1204年）池歙刊刻的几部书，发现两浙的刊工已极稀少（例表七）[79]，绝大部分都是本地刊工和皖南其他地点的刊工如"新安（今歙县）夏乂""宁国府（今宣城）潘辉"[80]。而这些本地刊工中有许多又出现在较晚的江西甚至广州的印本中（例表七），这有力地表明了皖南一带的雕版印刷，在南宋中期曾一度急剧发展，这个发展不仅奠定了皖南雕印的基础，而且还有余力支援外地。也正是在这种情况下，一种和浙闽都不相同，而又颇为相近的开版较紧、字体端秀自然如池州《文选李善注》[81]【图版100】、新安郡斋《皇朝文鉴》的新风格出现了。

2．江南西路

北部的隆兴（今南昌）、东部的抚州和南端的赣州是江南西路发展较早的三个雕印地点。

湖南郴县凤凰山宋塔中发现的北宋嘉祐八年（1063年）虔州赣县印造的《佛顶心观世音菩萨大陀罗尼经》[82]【图版102】，反映了北宋中期赣州雕版已达到成熟阶段。但直到南宋中期赣州较大的雕印工程主要还依赖外地刊工。绍兴末（1162年）开雕《文选》的刊工有不少来自明州。嘉定间（1208—1224年）所刊的《容斋随笔》《楚辞集注》【图版103】的刊工，主要来自抚州和隆兴（例表七）。

淳熙初（1174年）抚州公使库刊刻"六经三传"[83]【图版104】，是江西较早的一次雕印大工程，它除雇工两浙外，还训练了大批本地工人，江西刊工中常见的排智、文、安三字的高姓工人，都最早出现在抚州版中。许多曾参加"六经三传"的本地刊工，后来又出现在隆兴刻本上（例表七）。

隆兴是路治所在。不少官府自淳熙（1174—1189年）中期以来设局雕印。淳熙九年（1182年）江西漕台刊《吕氏家塾读诗记》【图版105】雇用刊工近八十人，其中有从赣州和池州来的浙工，也有从福建来的"建安周祥"。抚州距离最近，那里新训练的刊工更大批北来隆兴。原在抚州公使库开版的高安道，这时和高安国、高安礼、高安富、高安宁共同出现在《吕氏家塾读诗记》中。姓和名字的排字相同，如果不是偶然，而是说明同属一个家族的话，这倒是有某种条件的家族，即使在外地，也可以由于工作急需，家族中的许多人都出来从事雕版工作的好例。《吕氏家塾读诗记》的同姓刊工，除此高姓外，邓、江、蔡也都各有七八名，邓、江、蔡也同是江西刻本中常见的本地刊工的姓氏。看来，较早的江西刊工的成长，抚州和隆兴是两个很重要的中心。

江西中部的吉州（今吉安），是江西雕版印刷的后劲。庆元二年（1196年）周必大在吉州开雕《欧阳文忠公居士集》【图版108】，集中了五十名以上的刊工，其中外地刊工有的来自饶州、严州，但最多的是来自隆兴。吉州本地工人也在这次工程中训练出来了。因此，《居士集》竣工不久，这里陆续刊刻了不少二百卷以上的大书，如嘉泰元年（1201年）至嘉泰四年（1204年）刊雕了《文苑英华》[84]，嘉泰四年以后刊雕了《周益文忠公文集》。从上述这些吉州刻本刊工的调查中，知道胡、刘、蔡、邓、余、吴六姓开雕的版数，几乎占现知吉州印本总叶数的三分之二，蔡、邓两姓部分系自隆兴募来，胡、刘、余、吴四姓则应出自本地，所以后来应募到兴国军（今湖北阳新）等处的吉州刊工，大部出自这四姓中[85]。

南宋中期以后，江西雕印重心逐步移向吉州。所谓版式宽敞、字体自然的江西刻风，也在吉州本上表现得最清楚。这个新的雕版风格的主要特征，在于追求书法的逼真。追求书法逼真，必然忽略了雕版用字的特点，而且各书书体又不尽相同，因此，它是不便在版刻方面独创一派的。所以此后并未继续多久，而与外地的类似作风也少关联。

吉州西北的袁州发展较晚，淳祐十年（1250年）雕印的附有《附

例表七　江南东西路刊工互见和江南路与两浙地区刊工互见例

地区	书籍	马祖	王寿	邓发	邓信	邓鼎	丘甸	朱凉	刘文
江南西路·赣州	《五朝名臣言行录》㉔								
江南西路·赣州	《容斋随笔》㉓							√	
江南西路·赣州	《文选注》								
江南西路·赣州	（嘉定六年）《楚辞集注》【图版103】㉒								√
江南西路·吉安	《舆地广记》⑲								
江南西路·吉安	《欧公本末》⑳								
江南西路·吉安	《放翁先生剑南诗稿》⑱								
江南西路·吉安	《清波杂志》⑰								
江南西路·吉安	《周益公文忠集》⑯			√					
江南西路·吉安	（庆元二年）《欧阳文忠公集》⑮			√					
江南西路·抚州	（淳熙四年）《礼记注》【图版104】⑭								√
江兴国州	（嘉定九年）《春秋经传集解》【图版111】⑬								√
江南东路·隆兴	《孟东野诗集》【图版110】⑫								
江南东路·隆兴	（淳熙九年）《吕氏家塾读诗记》【图版105】⑪			√	√	√			√
江南东路·饶州	（绍兴二十一年）《三苏先生文集》【图版97】								
江南东路·宣城新安	朴板《宛陵集》⑩								
江南东路·新安	（嘉泰四年）《皇朝文鉴》								
江南东路·池州	（嘉泰四年）《晋书》【图版101】⑨								√
江南东路·池州	（淳熙八年）《文选李善注》【图版100】⑧								√
江南东路·池州	（淳熙七年）《山海经传注》⑦							√	√
江南东路·广德	朴板《史记集解索隐》⑥							√	√
江南东路·当涂	《青山集》⑤								
江南东路·当涂	（乾道七年）《伤寒要旨》【图版99】④						√		
江南东路·当涂	（乾道六年）《洪氏集验方》③						√		
江南东路·建康	（绍兴十八年）《花间集》【图版96】②						√		
江南东路·建康	《后汉书注》（图版95）① 朴板/原板	√	√						
两浙·临安	（监本覆刊）《汉书注》/（监本第一次朴板）《陈书》㉕				√			√	
两浙·临安	《三国志注》								
两浙·临安	《水经注》								
两浙·临安	（《白氏文集》）《管子注》				√				
两浙·临安	（绍兴二十一年）《王文公集》								
两浙·临安	（嘉定十三年）《渭南文集》								
两浙·临安	《武经七书》								
两浙·绍兴	《春秋经传》								
两浙·绍兴	（绍兴三年）《资治通鉴》								
两浙·绍兴	《外台秘要方》								√
两浙·明州	（绍兴二十八年）《文选注》			√					
两浙·明州	《攻媿先生文集》	√	√						
两浙·明州	（《白氏六帖事类集》）								
两浙·台州	（淳熙八年）《荀子》								
两浙·温州	（绍兴四年）《大唐六典》								√
两浙·嘉兴	《槐郯录》㉖								
两浙·严州	（淳熙十三年）《通鉴纪事本末》								
两浙·严州	（淳熙十四年）《剑南诗藁》㉗								
两浙·严州	（淳熙十五年）《世说新语》								√

续表

路	府/州	书籍 \ 刊工	刘升	刘正	刘永	刘仲	刘宝	刘昭	李仁	李忠
两浙	临安	(监本覆刊)汉书注								
		(监本第二次补板)陈书㉕								
		三国志注							√	
		水经注								
		管子注								
		白氏文集								
		(绍兴三十一年)王文公文集								
		武经七书								
		(嘉定十三年)渭南文集								
	绍兴	春秋经传集								
		(绍兴三年)资治通鉴								
		外台秘要方								√
	明州	(绍兴二十八年)文选注								√
		白氏六帖事类集			√					
		攻媿先生文集								
	台州	(淳熙八年)荀子								√
	温州	(绍兴四年)大唐六典							√	√
	嘉兴	槐墅录㉖					√	√		
	严州	(淳熙三年)通鉴纪事本末								√
		(淳熙十四年)剑南诗囊㉗							√	
		(淳熙十五年)世说新语			√					
江南东路	建康	后汉书注(图版95)①（原板·补板）								
		(绍兴十八年)花间集【图版96】②								
	当涂	(乾道六年)洪氏集验方③								
		(乾道七年)伤寒要旨【图版99】④								
		青山集⑤								
	广德	(补板)史记集解索隐⑥								
	池州	(淳熙七年)山海经传注⑦				√	√			
		(淳熙八年)文选李善注【图版100】⑧	√			√	√	√		
		(嘉泰四年)晋书【图版101】⑨	√							
	新安宣城	(嘉泰四年)皇朝文鉴		√					√	
		(补板)宛陵集⑩		√					√	
	饶州	(绍兴三十年)三苏先生文集【图版97】		√						
江南西路	隆兴	(淳熙九年)吕氏家塾读诗记【图版105】⑪		√						
	江州	孟东野诗集【图版110】⑫							√	
	兴国军	(嘉定九年)春秋经传集解【图版111】⑬		√	√					
	抚州	(淳熙四年)礼记注【图版104】⑭		√	√					
	吉安	(庆元三年)欧阳文忠公集【图版108】⑮		√	√	√				
		周益公文忠公文集⑯								
		清波杂志⑰								
		放翁先生剑南诗稿⑱								
		舆地广记⑲								
		欧公本末⑳								
	赣州	楚辞集注【图版103】㉑								
		文选注㉒								
		容斋随笔㉓								
		五朝名臣言行录㉔	√		√					

续表

路	州/府	书籍	李彦	江通	杨谨	吴忞	吴拱	吴彦	余中
江南西路	赣州	五朝名臣言行录㉔			√		√		
		容斋随笔㉓							
		文选注㉒							√
		（嘉定六年）楚辞集注【图版103】㉑							√
	吉安	欧公本末⑳						√	
		舆地广记⑲							
		放翁先生剑南诗稿⑱							
		清波杂志⑰							
		周益文忠公文集⑯							
		（庆元三年）欧阳文忠公集【图版108】⑮							
	抚州	（淳熙四年）礼记注【图版104】⑭						√	
	兴国军	（嘉定九年）春秋经传集解【图版111】⑬					√		
江南东路	江州	孟东野诗集【图版110】⑫		√	√				
	隆兴	（淳熙九年）吕氏家塾读诗记【图版105】⑪	√		√		√		
	饶州	（绍兴三十年）三苏先生文集【图版97】⑩							
	宣城	（补板）宛陵集⑩							
	新安	（嘉泰四年）皇朝文鉴	√						
	池州	（嘉泰四年）晋书【图版101】⑨	√	√			√		
	广德	（淳熙七年）山海经传⑦	√	√					
		（补板）史记集解索隐⑥							
	当涂	青山集⑤							
		（乾道七年）伤寒要旨【图版99】④							
		（乾道六年）洪氏集验方③				√			
	建康	（绍兴十八年）花间集【图版96】②							
		后汉书注（图版95）① 原板　补板							

路	州/府	书籍 书籍刊工	李彦	江通	杨谨	吴忞	吴拱	吴彦	余中
两浙	临安	（监本覆刊）汉书注							
		（监本第一次补板）陈书㉕			√				
		三国志注							
		管子注			√				
		水经注							
		白氏文集	√						
		（绍兴三十一年）王文公文集							
		武经七书				√			
		（嘉定十三年）渭南文集							
	绍兴	春秋经传							
		资治通鉴	√	√					
		（绍兴三年）外台秘要方	√						
	明州	（绍兴二十八年）文选注	√						√
		（绍兴六年）白氏六帖事类集							
		攻媿先生文集							
	台州	（淳熙八年）荀子							
	温州	（绍兴四年）大唐六典							
	嘉兴	槐郯录㉖							
	严州	（淳熙十三年）通鉴纪事本末							
		（淳熙十四年）剑南诗藁㉗							
		（淳熙十五年）世说新语							

续表

路	州	书籍	余安	余彦	陈闰	宋琳	宋瑶	金滋	胡元	胡桂
江南西路	赣州	五朝名臣言行录㉔		∨						
江南西路	赣州	容斋随笔㉓								
江南西路	赣州	（嘉定六年）文选注㉒		∨						
江南西路	赣州	（嘉定六年）楚辞集注【图版103】㉑								
江南西路	吉安	欧公本末⑳				∨				
江南西路	吉安	舆地广记⑲		∨						
江南西路	吉安	（放翁）清波杂志⑰　剑南诗稿⑱							∨	∨
江南西路	吉安	周益文忠公文集⑯							∨	∨
江南西路	吉安	（庆元三年）欧阳文忠公文集【图版108】⑮							∨	∨
江南西路	抚州	（淳熙四年）礼记注【图版104】⑭	∨							
江南西路	兴国军	（嘉定九年）春秋经传集解【图版111】⑬								∨
江南西路	江州	孟东野诗集【图版110】⑫			∨					
江南西路	隆兴	（淳熙九年）吕氏家塾读诗记【图版105】⑪	∨						∨	
江南东路	饶州	（绍兴三十年）三苏先生文集【图版97】⑩							∨	
江南东路	宣城	（朴板）宛陵集								
江南东路	新安	（嘉泰四年）皇朝文鉴						∨		
江南东路	池州	（嘉泰四年）晋书【图版101】⑨						∨		
江南东路	池州	（淳熙八年）文选李善注【图版100】⑧								
江南东路	广德	（淳熙七年）山海经传⑦								
江南东路	广德	（朴板）史记集解索隐⑥								
江南东路	当涂	青山集⑤								
江南东路	当涂	（乾道七年）伤寒要旨【图版99】④								
江南东路	当涂	（乾道六年）洪氏集验方③								
江南东路	建康	（绍兴十八年）花间集【图版96】②								
江南东路	建康	后汉书注（图版95）①　原板								
江南东路	建康	后汉书注　朴板				∨				
两浙	临安	（监本覆刊）汉书注								
两浙	临安	（监本第一次补板）陈书㉕		∨						
两浙	临安	三国志注								
两浙	临安	水经注								
两浙	临安	管子注								
两浙	临安	白氏文集								
两浙	临安	（绍兴二十一年）王文公文集								
两浙	绍兴	武经七书								
两浙	绍兴	（嘉定十三年）渭南文集								
两浙	绍兴	春秋经传								
两浙	绍兴	（绍兴三年）资治通鉴								
两浙	绍兴	外台秘要方								
两浙	明州	（绍兴二十八年）文选注								
两浙	明州	白氏六帖事类集								
两浙	明州	攻媿先生文集					∨			
两浙	台州	（淳熙八年）荀子								
两浙	温州	（绍兴四年）大唐六典								
两浙	嘉兴	槐聊录㉖							∨	
两浙	严州	（淳熙三年）通鉴纪事本末								
两浙	严州	（淳熙十四年）剑南诗藁㉗					∨			
两浙	严州	（淳熙十五年）世说新语								

续表

路	地区	书籍	章歆	夏义	徐洪	高安道	詹文	蔡穆	吴孚	刘宗
两浙	严州	(淳熙十五年)世说新语								
		(淳熙十四年)剑南诗藁㉗							∨	
		(淳熙十三年)通鉴纪事本末								
	嘉兴	(槐郯录)㉖								
	温州	(绍兴四年)大唐六典								
	台州	(淳熙八年)荀子								
	明州	攻媿先生文集						∨		
		(白氏六帖事类集)								
	绍兴	(绍兴二十八年)文选注							∨	
		外台秘要方								
		资治通鉴								
		春秋经传								
		(嘉定十三年)渭南文集		∨						
		武经七书								
		(绍兴三十一年)王文公文集	∨							
	临安	白氏文集								
		水经注								
		三国志注								
		(监本第一次补板)陈书㉕								
		(监本覆刊)汉书注								
江南东路	建康	后汉书注(图版95)① 原板	∨							
		朴板			∨					
		(绍兴十八年)花间集【图版96】②	∨	∨						
	当涂	(乾道六年)洪氏集验方【图版99】③								
		(乾道七年)伤寒要旨④		∨						
		青山集⑤		∨						
	广德	(朴板)史记集解索隐⑥						∨		
	池州	(淳熙七年)山海经传集⑦								
		(淳熙八年)文选李善注【图版100】⑧	∨	∨						
	新安	(嘉泰四年)晋书【图版101】⑨	∨	∨						
		(嘉泰四年)皇朝文鉴	∨	∨	∨					
	饶州	(绍兴三十年)三苏先生文集【图版97】							∨	
	宣城	(朴板)宛陵集⑩								
江南西路	隆兴	(淳熙九年)吕氏家塾读诗记【图版105】⑪				∨				
	江州	孟东野诗集【图版110】⑫								
	兴国	(嘉定九年)春秋经传集解【图版111】⑬					∨			
	抚州	(淳熙四年)礼记注【图版104】⑭				∨				
	吉安	(庆元二年)欧阳文忠公集【图版108】⑮							∨∨∨	∨∨∨
		(周益文忠公集)⑯								
		清波杂志⑰								
		(放翁先生剑南诗稿)⑱							∨∨∨	∨∨∨
		舆地广记⑲								
		欧公本末⑳								
	赣州	(嘉定六年)楚辞集注【图版103】㉑								
		文选注㉒								
		容斋随笔㉓								
		五朝名臣言行录㉔								

① 建康《后汉书注》据《百衲本二十四史》影印本，参看《中国版刻图录·目录》图版一〇八说明。

② 《花间集》，北京图书馆藏书，参看《中国版刻图录·目录》图版一〇五说明。

③ 《洪氏集验方》，北京图书馆藏书，参看《中国版刻图录·目录》图版一二六说明。

④ 《伤寒要旨》，参看《中国版刻图录·目录》图版一二六说明。

⑤ 《青山集》，参看《中国版刻图录·目录》图版一〇五《花间集》说明。

⑥ 《史记集解索隐》，北京图书馆藏书，参看《中国版刻图录》图版四四《春秋经传》说明。

⑦ 《山海经传》，北京图书馆藏书，参看《中国版刻图录》图版一二一说明。

⑧ 池州《文选李善注》，北京图书馆藏书，参看《中国版刻图录·目录》图版一二三说明。

⑨ 《晋书》，北京图书馆藏书，参看《中国版刻图录·目录》图版一三三说明。

⑩ 《宛陵集》，据《未元刊工名表初集》卷五《未本苑陵先生集跋》。

⑪ 《吕氏家塾读诗记》据《四部丛刊续编》影印本。

⑫ 《孟东野诗集》，北京大学图书馆藏书。

⑬ 《春秋经传集解》，北京图书馆藏书，参看《中国版刻图录·目录》图版二二一说明。

⑭ 《礼记注》，北京图书馆藏书，参看《中国版刻图录·目录》图版一三七说明。

⑮ 《欧阳文忠公集》，北京图书馆藏书，参看《中国版刻图录·目录》图版一四三说明。

⑯ 《周益文忠公集》，北京图书馆藏书，据《四部丛刊续编》影印本。

⑰ 《清波杂志》，北京图书馆藏书，参看《中国版刻图录·目录》图版一四六说明，《文禄堂访书记》卷四。

⑱ 《放翁先生剑南诗稿》，北京图书馆藏书，参看邓万里《陆游、辛弃疾的手稿及其他著作》（《文物精华》1959年1期）。

⑲ 《舆地广记》，北京图书馆藏书，参看《中国版刻图录·目录》图版一四二说明。

⑳ 《欧公本末》据《未元刊工名表初稿》。

㉑ 《楚辞集注》，北京图书馆藏书，参看《中国版刻图录·目录》图版一五〇说明。

㉒ 赣州《文选注》据《未元刊工名表初稿》。

㉓　《容斋随笔》据《四部丛刊续编》影印本。

㉔　《五朝名臣言行录》，北京图书馆藏书，据《四部丛刊初编》影印本。

㉕　参看例表三注①。

㉖　《愧郯录》据《四部丛刊续编》影印本，参看《藏园群书题记初集》卷三《校宋刊大字本柳先生集跋》。

㉗　参看《陆游、辛弃疾的手稿及其他著作》。

志》《后志》的《昭德先生郡斋读书志》【图版109】刊工十余名皆不见他书，似俱为新工人。雕字规整与江西其他地点的刻风不同。[86]

3．淮南路

淮南雕版多在东西两路的路治扬州、庐州（今合肥）及其附近。

北宋初，日僧奝然携归雍熙二年（985年）高邮军所刻的附有说法图扉画的《金刚般若波罗蜜经》【图版22】三卷[87]，字体与北宋浙刻相近。南宋绍兴间（公元1131—1162年），淮南转运司所刻无为军教授潘旦参与校对的《史记集解》【图版113】[88]和高邮军学所刻《淮海集》[89]【图版112】皆多募浙工（例表八）。嘉泰间（1201—1204年），淮东仓司所刊《注东坡先生诗》[90]仍不脱两浙风格。淮东雕版大约终宋之世始终从属于浙系。

淮西似较复杂，淳熙三年（1176年）舒州（今舒城）公使库开雕的《大易粹言》和大约同时龙舒郡斋刊刻的《金石录》【图版114】[91]，虽然都募有浙工（例表八），但字风较浙本为秀劲，宋洪迈《夷坚丙志》[92]卷一二舒州刻工条记：

> 绍兴十六年（1146年），淮南转运司刊《太平圣惠方》板，分其半于舒州，州募匠数十辈，置局于学……五匠曰蕲州周亮、建州叶浚、杨通、福州郑英、庐州李胜……

可知舒州刊工来源甚多，而闽工尤众，其秀劲刻风也许渊源福建。

舒州西南的蕲州（今湖北蕲春），淳熙五年（1178年）刊刻《窦氏联珠集》[93]【图版115】，雕字疏而自然，与相传江西江州（今九江）刻本《孟东野诗集》【图版110】相似，江州雕印发迹较早，它给予隔江为邻的蕲州影响，也是极为可能的事。

蕲州西北的黄州（今湖北黄冈），绍兴十七年权知军州事沈虞卿刊印王禹偁《小畜集》[94]【图版116】的吴志，其后曾在临安和两江雕版，可见当时淮西刊工的流动情况。

4．荆湖路

鄂州、江陵、长沙是分踞荆湖路东西南三方的雕版重地。

北宋末鄂州刊刻的《花间集》[95]【图版117】，版式开朗，字体自然，表明了鄂州雕印开始较早。但自南宋以来，两浙和成都附近的雕印发展迅速，而鄂州正处川、浙之间的长江中游，和川、浙的交通又极为便利，因此，鄂州南宋开雕的书籍多募浙工（例表八），或覆川、浙印本，如《花间集》的本地刻风乃形衰微。

江陵受川、浙影响较鄂州尤为显著。绍兴十八年（1148年）荆湖北路安抚使司所刻的《建康实录》[96]【图版118】除多用浙工外（例表八），字体刻风亦摹浙本。而宝祐三年（1255年）江陵府先锋隘所刻的《大周新译大方广佛华严经》[97]，方扁大字更俨然蜀刻【图版119】。

元丰中（1078—1085年），释文莹撰《玉壶清话》，即记长沙寺院悬郡倅镂板的观音印像[98]。传世有半部《集韵》（卷六之十），中缝下所列刊工有"长沙陈子秀""长沙陈昇""长沙何万""长沙王和""长沙李椿""长沙叶春""长沙钊正""长沙吴正""长沙李松""长沙吴良""长沙张来"等十多名署长沙籍。[99]此长沙当即荆湖南路的潭州。自唐以来，潭州即是我国中部地区南北交通冲要。南宋初期，长沙富庶，商业发达。[100]所以其地雕印手工业亦日趋兴盛，南宋晚期《直斋书录解题》和在袁州整理《郡斋读书志》的赵希弁藏书中，标明为长沙刊刻的书籍多达十余种，其中卷帙较多的《百家词》竟刻于长沙书坊，元人《相台书塾刊正九经三传沿革例》亦记九经有"潭州旧本"[101]。因此，长沙有较多的刊工受雇于北方，亦是可以理解的事，而金代雕印与长沙关系密切，则是前无闻焉的新发现。

零陵郡庠所刊《柳柳州外集》所列刊工他本无征，是现存罕见的荆湖南路宋刻本【图版120】。[102]

5．广州附近

传世的广州附近刻本皆宝庆、淳祐间（1225—1252年）刊印，说

例表八　淮南、荆湖、广南刊工互见和两浙、福建、两江刊工互见例

路	州	书籍	朱荣	刘文	刘用	李宽	吴志	宋琳
广南	惠州	（淳祐三年）文丰文集【图版122】⑤	∨					
广	广州	（宝庆元年）九家集注杜诗④	∨		∨			
	陵	南华真经注③					∨	∨
荆湖	江	（绍兴十八年）建康实录【图版118】					∨	∨
	州	资治通鉴②		∨				
	鄂	汉书①						
淮南	黄州	小畜集【图版116】				∨		
	舒州	金石录【图版114】						
		（淳熙三年）大易粹言						
	高邮	淮海集【图版112】		∨	∨			
	无为	史记集解【图版113】						
两浙	临安	（监本覆刊）汉书注						
		（绍兴九年）文粹						
		（绍兴二十一年）王文公文集		∨	∨		∨	∨
		（监本第一次补板）陈书		∨			∨	∨
		管子注						
		武经七书				∨		
		武经龟鉴			∨	∨		
	绍兴	论衡			∨	∨		
		（绍兴二十八年）文选注		∨				
	明州	白氏六帖事类集						
	温州	（绍兴四年）大唐六典		∨				
福建	建宁	（咸淳元年）周易本义⑥						
	建	张子语录⑦						
江东	池州	（淳熙八年）文选李善注		∨	∨	∨		
		山海经传		∨	∨			
	新安	（嘉泰四年）皇朝文鉴			∨			
江西	隆兴	（淳熙九年）吕氏家塾读诗记		∨		∨		
	吉安	舆地广记						
		欧公本末						∨
	赣州	文选李善注						

续表

路	州／地点	书籍	余中	吴文	陈彦	陈通	杨谨	徐亮
广南	惠州	（淳祐三年）文丰文集【图版122】⑤						
广南	广州	（宝庆元年）九家集注杜诗④		✓				
荆湖	江陵	南华真经注③						
荆湖	江	（绍兴十八年）建康实录【图版118】						
荆湖	荆州	资治通鉴②						
荆湖	鄂	汉书①				✓		
淮南	黄州	小畜集【图版116】						
淮南	州	金石录【图版114】					✓	✓
淮南	舒州	（淳熙三年）大易粹言					✓	✓
淮南	高邮	淮海集【图版112】						
淮南	无为	史记集解【图版113】		✓			✓	
书籍	刊工		余中	吴文	陈彦	陈通	杨谨	徐亮
两浙	临安	（监本覆刊）汉书注	✓	✓				
两浙	临安	（绍兴九年）文粹						
两浙	临安	（绍兴三十一年）王文公文集						✓
两浙	临安	（监本第二次补板）陈书						
两浙	临安	管子注				✓		
两浙	临安	武经七书						
两浙	临安	武经龟鉴						
两浙	绍兴	论衡						
两浙	州	（绍兴二十八年）文选注	✓		✓	✓		
两浙	明	白氏六帖事类集				✓	✓	
两浙	温州	（绍兴四年）大唐六典						
福建	建宁	（咸淳元年）周易本义⑥	✓	✓				
福建	建	张子语录⑦	✓	✓				
江东	池州	（淳熙八年）文选李善注						
江东	池州	山海经传						
江东	新安	（嘉泰四年）皇朝文鉴						
江西	隆兴	（淳熙九年）吕氏家塾读诗记						
江西	吉安	舆地广记						
江西	吉安	欧公本末						✓
江西	赣州	文选李善注	✓					

续表

路	州	书籍	徐高	徐雅	张宣	张聚	赵昌	屠武	叶正
广南	惠州	（淳祐三年）丰文文集【图版122】⑤							
广南	广州	（宝庆元年）九家集注杜诗④							✓
荆湖	江陵	南华真经注③							
荆湖	江宁	（绍兴十八年）建康实录【图版118】							
荆湖	荆州	资治通鉴②							
荆湖	鄂州	汉书①							
淮南	黄州	小畜集【图版116】							
淮南	齐州	金石录【图版114】							
淮南	舒州	（淳熙三年）大易粹言							
淮南	高邮	淮海集【图版112】							
淮南	无为	史记集解【图版113】	✓	✓	✓	✓	✓	✓	
两浙	临安	（监本覆刊）汉书注	✓	✓	✓	✓	✓	✓	
两浙	临安	（绍兴九年）文粹							
两浙	临安	（绍兴二十一年）王文公文集							
两浙	临安	（监本第一次补板）陈书							
两浙	临安	管子注							
两浙	临安	武经七书							
两浙	临安	武经龟鉴							
两浙	绍兴	论衡							
两浙	婺州	（绍兴三十八年）文选注							
两浙	明州	白氏六帖事类集							
两浙	温州	（绍兴四年）大唐六典							
福建	建宁	（咸淳元年）周易本义⑥							
福建	建阳	张子语录⑦							
江东	池州	（淳熙八年）文选李善注						✓	✓
江东	池州	山海经传					✓	✓	
江东	新安	（嘉泰四年）皇朝文鉴							
江西	隆兴	（淳熙九年）吕氏家塾读诗记							
江西	吉安	舆地广记							
江西	吉安	欧公本末							
江西	赣州	文选李善注							

① 鄂州《汉书》据《宋元刊工名表初稿》。

② 鄂州《资治通鉴》据《宋元刊工名表初稿》。

③ 《南华真经注》，北京图书馆藏书，参看《中国版刻图录·目录》图版二一九说明。

④ 《九家集注杜诗》据《宋元刊工名表初稿》。

⑤ 《义丰文集》，北京图书馆藏书，参看《藏园群书题记初集》卷六《宋刊本义丰集跋》。

⑥ 《周易本义》，北京图书馆藏书，参看《中国版刻图录·目录》图版二○○说明。

⑦ 《张子语录》，北京图书馆藏书，据《四部丛刊续编》影印本。参看《中国版刻图录·目录》图版一九八说明。

明其地雕版印刷的发展较以上各处为迟。宝庆元年（1225年）广东漕司所刻《新刊校定九家集注杜诗》，刊工虽有的来自闽、皖等外地（例表八），但主要为本地工人如莫、黄、朱、淇诸姓。刊工中的吴文彬又见于另一广州刊本《附释文互注礼部韵略》【图版121】[103]，两书皆开版宏朗，字体浑厚。现存广州附近刊本中有淳祐三年（1243年）惠州之博罗所刊的《义丰文集》【图版122】。博罗西毗广州，其刊工有的也来自广州（例表八），所以《义丰文集》在字体刻风上与上述两广州本极相类。广州雕版虽属后起，亦自外地募工，但在风格上却能独创一派，这是值得注意的一件事。

本文初刊于《文物》1962年1期。此次重刊，正文部分除更正已知的差错和作一些少量的补充外，变动不大；所附图表和注文增改较多。近三十余年予别有任务，南宋雕印荒废已久，顷出版社同志邀我整齐已刊诸稿，因勉理旧业，讹误之处当所难免，敬希读者不吝指正。

注释

〔1〕　参看北京图书馆《中国印本书籍展览目录》，中央人民政府文化部社会文化事业管理局出版，1952年。

〔2〕　参看王国维《两浙古刊本考》，《海宁王静安先生遗书》第34—35册，上海商务印书馆，1940年。

〔3〕　参看下引杭州刻本《抱朴子》卷末刊记。

〔4〕　《嘉泰吴兴志》（民国三年〔1914年〕《吴兴丛书》本）卷一三记此事云："圆觉禅院在（归安）思溪。宣和中，土人密州观察使王永从与弟崇信军承宣使永锡创建。赐额为慈爱和尚道场。寺有塔十一层及有藏经五千四百八十卷、印版作、印经坊。"王永从系湖州富民，《建炎以来系年要录》卷二〇记其献钱佐国用事："建炎三年（1129年）二月辛未，湖州民王永从献钱五万缗以佐国用。上不纳。辅臣言版计无阙。或曰：曩已纳其五万缗矣，今却之，则前后异同。乃命并先献者还之。仍诏：自今富民毋得辄有陈献。"

〔5〕　北京图书馆、北京大学图书馆都藏有零种。参看《两浙古刊本考》卷下。从本世纪初起，凡谈及此大藏的文章，皆据该藏卷前所刊绍兴二年（1132年）四月印造流通的题记，谓雕刊于绍兴二年。"文革"前，友岚先生阅读北京图书馆藏《思溪圆觉藏》，于背字号《解脱道论》卷一末发现一段新题记："丙午靖康

元年（1126年）二月日修武郎阁门祗候王冲久亲书此经开板，续大藏之因缘。"并引《嘉泰吴兴志》卷一三所记思溪圆觉禅院节为旁证，撰《有关思溪圆觉大藏雕刊年代的一点意见》，该文结语云："《思溪圆觉藏》大约开雕于北宋末宣和中，最迟不能晚于靖康元年二月，全藏印就于南宋绍兴二年四月。"按友岚先生新说凿凿可据，因从之。友岚先生大作原投稿《文物》，承《文物》编辑部见示，因择要录存。寻以"文革"开始，《文物》停刊，未能刊露，兹就所存择要录入注文，并向友岚先生致意。

〔6〕 除刻《思溪圆觉藏》外，当时湖州尚刻有《新唐书》和《北山小集》等书。参看《两浙古刊本考》卷下。

〔7〕 湖州《新唐书》据《百衲本二十四史》（上海商务印书馆，1918年）影印本。

〔8〕《资治通鉴》，北京图书馆藏书。《四部丛刊初编》（上海商务印书馆，1922年）所收的《资治通鉴目录》即据此本影印。

〔9〕 据《百衲本二十四史》影印覆刊监本《汉书》部分（原缺《沟洫》《艺文》二志，又残损漫漶十余叶）统计。影印本卷首题"宋景祐本"，系指覆刊的原本。《中国版刻图录·目录》图版四说明谓此书刊地"疑杭州或福州"。这里暂定作杭州。

〔10〕《仪礼疏》据《四部丛刊续编》（上海商务印书馆，1934年）影印的清道光十年（1830年）汪士钟覆宋本统计。

〔11〕《尚书正义》据《四部丛刊三编》（上海商务印书馆，1936年）影印本统计。

〔12〕《毛诗正义》据《东方文化丛书》（日本东京文化学院，1938年）影印残本（存三十三卷）统计。

〔13〕《北山小集》据《四部丛刊续编》影印影宋抄本统计。

〔14〕《新唐书》据《百衲本二十四史》影印湖州本部分共二百一十五卷统计。

〔15〕 明州《文选注》据日人长泽规矩也《宋元刊工名表初稿》，《書誌學》二卷二期。

〔16〕《碧云集》据《四部丛刊初编》影印本。

〔17〕《河东先生集》，北京图书馆藏书。参看《中国版刻图录·目录》图版四一说明。

〔18〕《韦苏州集》参看《寒云手写所藏宋元本提要二十九种》（天津影印本，1931年）。

〔19〕《文选五臣注》，残存二卷，分藏北京大学图书馆和北京图书馆。参看《中国版刻图录·目录》图版五说明。

〔20〕《寒山子诗》据《四部丛刊初编》第二次印本。

〔21〕《抱朴子》，辽宁省图书馆藏书。参看《中国版刻图录·目录》图版一一说明。

〔22〕 两宋限制书坊镂印事，见《宋会要辑稿》（北京图书馆影印本，1936年）刑法禁约："元祐五年（1090年）七月二十五日礼部言，凡议时政得失边事军机文字不得写录传布……即其他书籍欲雕印者选官详定，有益于学者方许镂板，候印讫送秘书省。如详定不当取勘施行，诸戏亵之文不得雕印。违者杖一百。委州县监司国子觉察。从之。"又："大观二年（1108年）七月二十五日新差权发遣提举淮南西路学事苏棫札子：诸子百家之学非无所长，但以不纯先王之道故禁止之，今之学者程文短晷之下，未容无怍，而鬻书之人急于锥刀之利，高

立标目，镂板夸新，传之四方，往往晚进小生以为时之所尚，争售编诵，以备文场剽窃之用，不复深究义理之归，忌本尚华，去道逾远，欲乞今后一取圣裁，傥有可传为学者式，愿降旨付国子监并诸路学事司镂板颁行，余悉断绝禁弃，不得擅自买卖收藏。从之。"又："绍兴十五年（1145年）十二月十七日太学正孙仲鳌言……自今民间书坊刊行文籍，先经所属看详，又委教官讨论，择其可者许之镂板。从之。"又："绍兴十七年六月十九日左修职郎赵公传言近年以来，诸路书坊将曲学邪说不中程之文擅自印行，以朦胧学者，其为害大矣，望委逐路运司差官讨论，将见在板本不系六经子史之中而又是非颇缪于圣人者，日下除毁。从之。"孝宗禁令见《宋史·孝宗本纪三》："淳熙七年（1180年）五月己卯申饬书坊擅刻书籍之禁。"类此禁令，最迟一项为《宋会要辑稿·刑法禁约》所著录之绍熙四年（1193年）六月十九日诏："……今后雕印文书，须经本州委官看定，然后刊行。仍委各州通判专切觉察，如或违戾，取旨责罚。"

〔23〕　参看《两浙古刊本考》卷上。

〔24〕　同注〔23〕。

〔25〕　参看《藏园群书经眼录》卷一〇沈八郎印行《妙法莲华经》条。

〔26〕　《佛国禅师文殊指南图赞》日本东京艺术大学、大谷大学各有藏本，此据《吉石庵丛书初集》（罗振玉影印本，1914—1916年）影印本。北京图书馆另藏有贾官人经书铺刻《妙法莲华经》。关于临安书坊刊书问题，参看《两浙古刊本考》卷上、叶德辉《书林清话》（北京古籍出版社，1957年）卷二至三。

〔27〕　上海博物馆藏书。参看傅增湘《藏园群书题记初集》（北京企麟轩，1943年）卷四《宋刊金刚经跋》。

〔28〕　参看《文禄堂访书记》卷四。

〔29〕　同注〔28〕。

〔30〕　据王文进《宋刊工人名录初稿》（北京某氏藏稿本）。参看《两浙古刊本考》卷上。

〔31〕　《新编四六必用方舆胜览》，日本宫内厅书陵部藏书。此据傅增湘《藏园群书经眼录》卷五引文过录。

〔32〕　《宋会要辑稿·刑法禁约》中所录绍熙四年（1193年）六月十九日诏云："四川制司行下所属州军，并仰临安府、婺州、建宁府照见年条法指挥，严行禁止（书坊刊行之章疏、封事、程文），其书坊见刊板及已印者并日下追取，当官焚毁。具已焚毁名件，申枢密院。"婺州当时与临安、建宁、四川并列。又《景定建康志》（清嘉庆六年〔1801年〕岱南阁刻本）卷三三《文籍一·书籍》录景定二年（1261年）两学现存经书目中"婺本"也与监本、建本、川本并列。婺州当时雕印之盛，从可窥知。

〔33〕　婺州《周礼注》，北京图书馆藏书。参看《中国版刻图录·目录》图版八八说明。

〔34〕　《梅花喜神谱》书影见郑振铎《中国版画史图录·唐宋元版画集》（上海中国版画史刊行社，1947年）。该书现藏上海博物馆。

〔35〕宋本《初学记》现藏日本宫内厅书陵部，1995年予去东京曾阅是书。牌记四行，在绍兴四年（1134年）刘本序文之后，文曰："东阳崇川余四十三郎宅今将监本写作大字，校正雕开，并无讹谬，收书贤士幸详鉴焉。绍兴丁卯（十七年，1147年）冬日谨题。"值得注意的是，此本卷二五、二八至三〇文字俱与明安国本接近，而严可均校本所据之本却与此宋本大相径庭。

〔36〕义乌蒋宅崇知斋曾刊《礼记注》，参看《两浙古刊本考》卷下。

〔37〕青口吴宅桂堂《三苏文粹》，上海图书馆藏书。

〔38〕胡仓王宅桂堂《三苏文粹》，北京图书馆藏书。

〔39〕在平江刊书的牛实，参看《中国版刻图录·目录》图版一〇九说明。"钱塘李师正"参看《藏园群书题记初集》卷四《宋刊残本嘉泰普灯录六卷跋》。

〔40〕《通鉴总类》参看《文禄堂访书记》卷二。

〔41〕《普宁藏》，太原崇善寺藏有全藏。《南藏》，济南山东图书馆藏有全藏。以上二藏，北京图书馆和北京大学图书馆都各藏有零种。

〔42〕《东禅崇宁万寿藏》共五百九十五函，六千四百三十四卷。南宋时重修，并续有增入。北京图书馆和北京大学图书馆都藏有零种。

〔43〕《开元毗卢藏》共五百六十七函，六千一百十七卷。北京图书馆和北京大学图书馆都藏有零种。例表五所列之陈富见宣和六年（1124年）刻《佛说优填王经》；丁宥见政和三年（1113年）刻《大方广佛华严经合论》卷七。两书皆北大图书馆藏书。例表五所列之程保、王文见《中国版刻图录·目录》图版四说明。

〔44〕《育德堂奏议》，北京图书馆藏书。参看《中国版刻图录·目录》图版一九七说明。

〔45〕《周易玩辞》，参看《中国版刻图录·目录》图版一九七说明。

〔46〕《陶靖节先生诗注》，刻风与一般建宁刻本不同，疑刊于作者福州知府汤汉任地。参看《中国版刻图录·目录》图版一九六说明。

〔47〕除现存建宁书坊印本数量远超临安等地书坊印本外，《宋会要辑稿·刑法禁约》中一再著录建宁府书坊违禁雕印书籍事（如绍熙元年〔1190年〕三月八日诏、庆元四年〔1198年〕二月五日国子监言、同年三月二十一日臣僚言），亦可以推知。

〔48〕参看《书林清话》卷二、孙毓修《中国雕板源流考》（上海商务印书馆，1918年）、叶长青《闽本考》（《图书馆学季刊》二卷一期）。

〔49〕建本《后汉书注》，北京图书馆藏书。参看《中国版刻图录·目录》图版一六〇说明。

〔50〕建宁坊本不著刊工，也有另外原因，即建坊多刊当时禁镂书籍，如《宋会要辑稿·刑法禁约》所著录之绍兴十七年（1147年）禁毁之曲学邪说不中程之文；绍熙元年（1190年）禁毁之策试文字；庆元四年（1198年）禁毁之"破碎类编"等等。

〔51〕蔡氏一经堂刊《汉书》，北京图书馆藏。《后汉书》据《宋刊工人名录初稿》。

〔52〕《礼记经注疏释文》，参看《中国印本书籍展览目录》。

〔53〕《史记集解索隐正义》，北京图书馆藏书。据《百衲本二十四史》影印本。

〔54〕《王注苏诗》，北京图书馆藏书。

〔55〕《春秋公羊经传解诂》，北京图书馆藏书。据《四部丛刊初编》影印本。

〔56〕《挥麈录》，北京图书馆藏书。据《四部丛刊续编》影印本。

〔57〕《春秋经传集解》据北京大学图书馆藏明覆宋本。参看《书林清话》卷六。

〔58〕见宋叶梦得《石林燕语》（据1922年北京陶湘校刻的《儒学警悟》所收的《石林燕语辨》）卷八。叶书成于北宋宣和五年（1123年）。北宋末福建本已遍天下，南宋当更无论。

〔59〕见宋朱熹《晦庵先生朱文公文集》（《四部丛刊初编》影印明嘉靖刻本）卷七八《建宁府建阳县学藏书记》。该记撰于淳熙六年（1179年）。

〔60〕参看《以正史为中心的宋元版本研究》第二章：3。

〔61〕《四部丛刊续编》第一次印本所收的《群经音辨》系据影抄的汀州本影印；第二次印本则改换影抄临安本的影印本。

〔62〕汀州刊古《算经》现存六种，分藏北京大学图书馆和上海图书馆。

〔63〕《开宝藏》系依《开元释教录》覆刻，故可推定共四百八十函，五千零四十八卷；编号始用千字文。北京图书馆、上海博物馆、上海图书馆各藏有零卷。参看林虑山《北宋开宝藏大般若经初印本的发现》，《现代佛学》1961年2期。

〔64〕《太平御览》据《四部丛刊三编》影印本。

〔65〕《苏文忠公文集》，北京大学图书馆藏书。

〔66〕《苏文定公文集》，北京图书馆藏书。

〔67〕《淮海先生闲居集》，北京图书馆藏书，卷一首叶版心下雕"眉山文中刊"五字，参看《中国版刻图录·目录》图版二四四说明。

〔68〕如《四部丛刊初编》所收的《孟子注》。

〔69〕如《四部丛刊初稿》所收的《皇甫持正文集》，参看傅增湘《藏园群书题记续集》（北京藏园，1938年）卷三《校宋蜀本元微之文集十卷跋》；《中国版刻图录·目录》图版二三九说明。

〔70〕《十七史策要》，北京图书馆藏书。北京大学图书馆另藏《眉山新编前汉策要》一种。

〔71〕《孟东野文集》，北京图书馆藏书。

〔72〕参看《藏园群书题记初集》卷六《宋刊残本后山诗集跋》。

〔73〕《新编近时十便良方》，北京图书馆藏书。

〔74〕四川书铺，《书林清话》卷三另记有崔氏书肆；《中国雕板源流考》另记有广都裴宅。

〔75〕四川南宋遗迹中，多发现金代铜钱和瓷器，前者如昭化虒回乡淳熙十年（1183年）墓（《四川昭化县虒回乡的宋墓石刻》，《文物参考资料》1957年12期），崇庆、江源大庙宋瓷窑址（《川西古代瓷器调查记》，《文物参考资料》1958年2期）皆出正隆通宝；后者如南宋属利州路的略阳宋墓中出有耀州青瓷印花碗（《陕西略阳发现宋代砖墓三座》，《文物参考资料》1956年7期）。

〔76〕《重广眉山三苏先生文集》，北京大学图书馆藏书。

〔77〕 如北京图书馆所藏《洪氏集验方》《伤寒要旨》等。

〔78〕《史记集解索隐》，北京图书馆藏书。参看《中国版刻图录·目录》图版一二九说明。

〔79〕 淳熙十二年（1185年）徽州郡斋刊《九经要义》，集中了五十名以上的刊工，刊工姓名绝大部分不见于江浙地区，参看《四部丛刊续编》所收《周易要义》和《礼记要义》。

〔80〕 据《四部丛刊初编》影印新安郡斋刊《皇朝文鉴》。

〔81〕 池州《文选李善注》，北京图书馆藏书。参看《中国版刻图录·目录》图版一二二说明。

〔82〕 参看《彬县旧市发现的宋代经卷》，《文物》1959年10期。

〔83〕 "六经三传"，参看《中国版刻图录·目录》图版一三七说明。

〔84〕《文苑英华》，北京图书馆藏书。参看《中国版刻图录·目录》图版一四四说明。

〔85〕 吉州白鹭洲书院嘉定十七年（1224年）刊《两汉书》（北京图书馆藏书）曾募工建宁，其刊工中的邓炜、李圭、吴升等又见于嘉定元年（1208年）建宁蔡氏一经堂刊《后汉书》。

〔86〕《昭德先生郡斋读书志》现存台北故宫博物院。据《四部丛刊三编》影印本。

〔87〕 参看日人塚本善隆《奝然请到日本的释迦佛像胎内的北宋文物》，《现代佛学》1957年11期。

〔88〕 淮南《史记集解》，上海图书馆藏书。参看《中国版刻图录·目录》图版一〇七说明。

〔89〕《淮海集》，北京大学图书馆藏书。

〔90〕《注东坡先生诗》，北京图书馆藏书。

〔91〕《大易粹言》《金石录》，北京图书馆藏书。参看《中国版刻图录·目录》图版一二七说明。

〔92〕《夷坚丙志》据上海商务印书馆1927年排印本。

〔93〕《窦氏联珠集》据《四部丛刊三编》影印本。

〔94〕《小畜集》据《四部丛刊初编》影印本。

〔95〕《花间集》，北京图书馆藏书。参看《中国版刻图录·目录》图版二一八说明。

〔96〕《建康实录》，北京图书馆藏书。参看《中国版刻图录·目录》图版二一五说明。

〔97〕《大周新译大方广佛华严经》，北京图书馆藏书。参看《中国版刻图录·目录》图版二一六说明。

〔98〕《皇朝事实类苑》卷一五引《玉壶清话》："长沙北禅（寺）经堂中，悬观音印像一轴，下有文，乃故待制王元泽撰，镂板者乃郡倅关蔚宗。"

〔99〕 金刻《集韵》系清宫旧藏，溥仪携去伪满，抗战胜利，由长春流出。此半部曾辗转归辽宁图书馆，现为北京图书馆藏书。

〔100〕王阮《义丰集》（《景印文渊阁四库全书》本，台北商务印书馆，1986年）卷一《代胡仓进圣德惠民诗》："乙卯（绍兴五年，1135年）饥荒后，长沙富庶全，

纪年四十载，斗米二三钱……县县人烟密，村村景物妍……朱蹄骄柳陌，金镫
丽华钿（原注：长沙自唐号小长安），陆资流马运，水作汛舟连……商旅渐喧
阗……北来因鼎粟，南至出渠船……"

〔101〕见《直斋书录解题》卷二二。参看下篇《南宋刻本书的激增和刊书地点的扩展》。

〔102〕《柳柳州外集》，北京图书馆藏书。参看《中国版刻图录·目录》图版二五一说
明和《藏园群书题记》卷一二二《宋永州本唐柳先生外集跋》。

〔103〕《附释文互注礼部韵略》，北京图书馆藏书。参看《中国版刻图录·目录》图版
二四八说明。

南宋刻本书的激增和刊书地点的扩展

——限于四部目录书的著录

雕版印刷虽出现于8世纪，但大量刊印书籍则始于10世纪中叶以后，至于刊本书籍数量的激增和种类的丰富，则又在国子监刊书兴盛的北宋之后。盖中原陷金，集聚于汴京的雕版全部废毁，南宋建国急需书籍，于是国子监外各地官署、学宫、私人书坊大兴刊印。印本书籍的急剧发展，难以保证刊印质量的一致。公元12世纪前期即绍兴淳熙间，文献著录书籍注意刊地蔚成风气，其较早之例如汪应辰《文定集》卷一〇《书少陵诗集正异》所记：

> 始余得洪州州学所刻《少陵诗集正异》……闽中所刻《东坡杜诗事实》不知何人伪托。[1]

又如《晦庵先生朱文公文集》卷七六《再定太极通书后序》所记：

> 按先生（周敦颐）之书，近岁以来其传既益广矣，然皆不能无谬误。唯长沙、建安板本为庶几焉……然后得临汀杨方本以校，而知其舛陋犹有未尽正者……锓板学官以与同志之士共焉。淳熙己亥（六年，1179年）夏五月……[2]

其后不以营利为目的的刊书无不注意刊本问题，如魏了翁《鹤山先生大全集》卷五三《朱氏语孟集注序》记《朱氏语孟集注》的版本：

> 较以闽浙间书肆所刊则十已易其二三。赵忠定公帅蜀日，成

都所刊则十易六七矣。[3]

又如刘克庄《后村先生大全集》卷一〇六《郡学刊文章正宗》记莆本之优于广越：

> 顷余刻此书于番禺……后得其本殆不可读……其后，乃有越本亦多误。莆泮……既刻本义遂及正宗……亦毕工……莆本当优于广越矣。[4]

著录书籍刊地最集中的文献是当时私家藏书目录。南宋私家藏书目录现存四种，曰晁公武《郡斋读书志》[5]，曰尤袤《遂初堂书目》[6]，曰赵希弁《郡斋读书志·附志》[7]，曰陈振孙《直斋书录解题》[8]。晁志约始撰于绍兴二十一年（1151年）荣州任上。尤袤享年七十，卒时约在绍熙四年（1193年），尤目出现当不晚于12世纪90年代。赵撰《附志》与淳祐九年（1249年）黎安朝翻刻四卷本《郡斋读书志》于宜春郡斋为同年。陈《解题》完稿当在淳祐九年致仕之后。四目就撰写的时间分，可区分为前后两期。前期即紧接文献著录书籍注意刊地蔚成风气的时期，所以此期书目即将写本与刻本明确分开。晁、尤两目属前期，即12世纪中后期。赵、陈两目属后期，即13世纪中期，其时刻本书籍的数量约已超过写本，故书目中对刻本书籍的著录也日益详细。王重民先生曾对刻本书超过写本书有段深入浅出的分析：

> 后人一致认为《遂初堂书目》著录了不同的刻本是一特点，并且开创了著录版本的先例。但尤袤是以抄书著名的[9]，而且在他的时代，刻本书的比重似乎还没有超过写本书，而且《遂书堂书目》内记版本的仅限于九经、正史两类，由于著录简单，连刻本的年月和地点都没有表现出来。只有到了赵希弁和陈振孙的时代，刻本书超过了写本书，他们对于刻本记载方才详细。当然，尤袤的开始之功是应该肯定的。（《中国目录学史》第三章第五节，中华书局，1984年，p. 120）

现并晁、尤、赵、陈四目著录的刻本书籍为一表，以刻本书籍的类别（用四部分类，甲经、乙史、丙子、丁集）、数字（甲、乙、丙、丁类别之后的数字指刊印书籍的种数）为经，以刊印书籍的地点为纬统计如下，用觇刻本类别、数量和刊印地点逐步增多的概况：

例表一　晁、尤、赵、陈四目著录刻本书籍刊印地点、类别、种数

类别、数量／书籍刊地＼著录		晁　志	尤　目	赵附志	陈解题
国子监		甲$_4$乙$_1$丁	甲$_7$乙$_1$（旧监本）		乙$_1$丙$_1$
修内司					丙$_1$
浙西	杭州（临安）		甲$_4$乙$_5$（旧杭本）	丙$_1$·	乙$_3$丙$_1$丁$_4^+$
	严州		乙$_1$		甲$_1$丙$_1$丁$_1$
	严陵				丁$_1$
	桐庐				乙$_1$
	嘉兴				丁$_1$
	湖州（吴兴）				乙$_6$
	江阴				乙$_1$丁$_1$
	镇江				丁$_1$
	京口				甲$_1$
	常州				丁$_1$
	苏州（平江）				丁$_4$
	吴江				丁$_1$
浙东	衢州	乙$_1$			
	越州（绍兴）		乙$_2$		乙$_1$丙$_2$
	明州			丁$_1$	丁$_2$
	温州（永嘉）			甲$_1$	甲$_1$丁$_2$
	括苍				丙$_1$丁$_4$

续表

类别、数量 著录 书籍刊地	晁　志	尤　目	赵附志	陈解题
浙东　婺州				丁$_1$
浙东　处州				丙$_1$
浙东　台州				丙$_1$丁$_1$
淮西　光州	丁$_1$			
淮西　舒州（同安）				乙$_1$丙$_1$
淮东　扬州			甲$_1$	乙$_1$
淮东　新城				丁$_1$
淮东　泰州				乙$_1$
淮东　高邮				乙$_1$
江西　洪州（南昌）	乙$_1$		丁$_1$	
江西　袁州	乙$_1$		甲$_1$丁$_1$	
江西　吉州（庐陵）		乙$_1$	乙$_2$丙$_1$丁$_3^\circ$	丁$_1$
江西　江西		甲$_9$	甲$_2$丁$_3$	甲$_1$丙$_4$丁$_1$
江西　萍乡			甲$_1$丁$_1^\circ$	甲$_1$
江西　临江（清江）			丙$_1$	丁$_1$
江西　建昌			丁$_3$	丁$_2$
江西　江州				甲$_1$丙$_2$丁$_1$
江西　抚州（临川）				丁$_2$
江西　赣州				乙$_1$丙$_3$丁$_1$
江西　筠州（瑞阳）			乙$_1$丁$_1$	
江西　兴国			丁$_2$	
江东　池州		乙$_1$		
江东　南康			乙$_1$丁$_1$	甲$_3$丙$_1$
江东　饶州（鄱阳）			丁$_2$	

类别、数量　著录 书籍刊地	晁　志	尤　目	赵附志	陈解题
江东 — 江东			丁$_1$	乙$_1$
江东 — 广德				甲$_1$乙$_2$丙$_1$
江东 — 建康				乙$_1$
江东 — 宣州				丁$_1$
江东 — 太平州（当涂）				丙$_6$
江东 — 徽州（新安）				丙$_1$
江东 — 信州				丁$_1$
福建 — 闽（福建）	乙$_1$			
福建 — 建安			甲$_1$丁$_2^{+}$	甲$_2$丁$_1$
福建 — 建宁			乙$_1$	乙$_1$丁$_1$
福建 — 泉州（南安）			乙$_1$丁$_1$	丁$_4$
福建 — 南剑州（延平）			丁$_1^{\circ}$	乙$_1$
福建 — 漳州				甲$_5^{\cdot}$
福建 — 兴化（莆田）				丙$_1$丁$_2$
福建 — 建阳（麻沙）				丙$_1$丁$_4^{+\circ}$
四川 — 蜀	甲$_2$丙$_1$丁$_1$		乙$_1$丙$_1$	乙$_4$丙$_2^{+}$丁$_{21}$
四川 — 眉州（眉山）	乙		丁$_1$	
四川 — 川		乙$_9$		丙$_1^{\circ}$丁$_3$
四川 — 夔州			乙$_1$	
四川 — 简池			甲$_1$	
四川 — 蒲江				甲$_1$
四川 — 雅州（汉嘉）				丙$_1$丁$_1$
四川 — 南平				丁$_1$

续表

类别、数量／著录 书籍刊地		晁 志	尤 目	赵附志	陈解题
四川	忠州				丁$_1$
	遂宁				丁$_1$
荆北	湖北		乙$_1$		
	江陵			丙$_1$	
	襄阳				乙$_1$
	崇阳				丁$_1$
	巴东				丁$_1$
	复州				丁$_1$
荆西	潭州（长沙）			甲$_{7\text{-}12}$乙$_2$丁$_1$	乙$_2$丙$_1$丁$_2^+$
	衡州（衡阳）			甲$_1$乙$_1$丁$_1$	乙$_1$
	浏阳			甲$_1$	
	岳州（岳阳）			甲$_1$	
	道州			丁$_2$	丁$_1$
	邵州（宝庆）				乙$_1$
广东	广州			丁$_1$	丁$_1$
	潮州				丁$_1$
广西	静江（桂林）				乙$_1$
	梧州				丁$_1$
金	陕西·池阳			丁$_1$	
	北方				乙$_1$丙$_1$
高丽			甲$_1$	乙$_1$	

附 $^+$ 号的地点含书坊的刊印，附 $^·$ 号的地点含寺观刊印，附 $^\circ$ 号的地点含私家刊印。

　　四目所列远非当时刊本书籍之全部[10]，但反映南宋前后两期的差异至为明显：（1）前期刊本书籍以经史两类为主；后期子集两类急剧增加，集类激增尤为显著，子类与经类俱多理学家论著。刊印文学、理学著作盛极一时，使刊印书籍数量空前扩展。（2）前期刊本书籍多限于经史，官方控制或半控制的官署、学宫、书院为其主要的刊印机构；后期私家、书坊刊本增多，寺院、道观经营刊印亦不鲜见，这类较少受政府控制的刊印单位的兴起和刊书商品化的繁荣，表明南宋晚期文化事业有了新发展。（3）刊印书籍种类、数量扩展和刊印单位日益增多，必然会刺激新的刊印地点与地区的出现，前期晁、尤两目著录的刊地合计不足二十，后期赵氏一目即多至三十有余，陈目更逾六十；前期主要刊地在行在所——临安、两浙和成都（蜀）、眉山，后期则各地普遍兴起，两浙、四川新的刊地不断增多外，两江、淮东、福建、两荆发展迅速，淮西、两广也多有刊印。刊印地点的广布，是刊本书籍逐渐普及的必要前提。

　　赵、陈两目时代下距约在咸淳间（1265—1274年）廖莹中世彩堂校刻《九经》[11]时不远。据考证，元大德间（1297—1307年）荆溪岳浚刊刻《相台书塾刊正九经三传沿革例》所记廖氏取校的二十三种版本[12]中，无一写本，可见南宋末期即13世纪70年代末（1279年南宋亡）写本《九经》已退出历史舞台。《九经》写本的没落，即给刊本书籍开启了畅通的大门。此后，已是刊本书籍逐步流行的天下，写本只能局促于尚无锓梓的少量书籍的范围之内，而日渐衰微。

注释

〔1〕　汪应辰（1118—1176年）所著《文定集》原本五十卷，明初已罕流传。此据《景印文渊阁四库全书》二十四卷本（台北商务印书馆，1986年），该本系馆臣据浙江所进与自《永乐大典》辑出的文字重编者。

〔2〕　朱熹（1130—1200年）《晦庵先生朱文公文集》据《四部丛刊初编》影印明刻本。

〔3〕　魏了翁（1178—1237年）《鹤山先生大全集》据《四部丛刊初编》影印宋刻本。

〔4〕　刘克庄（1187—1269年）《后村先生大全集》据《四部丛刊初编》影印赐砚堂抄本。

〔5〕 据《四部丛刊三编》影印宋袁州刻本《昭德先生郡斋读书志》，刻本还附刊《附志》《后志》和《考异》。

〔6〕 尤袤（1127—1194年）《遂初堂书目》据《丛书集成初编》排印《海山仙馆丛书》本。

〔7〕 同注〔5〕。

〔8〕 《直斋书录解题》据《国学基本丛书》本。

〔9〕 《遂初堂书目》卷末魏了翁跋后，附录李太史焘记尤氏事迹一则云："延之于书靡不观，观之靡不记。每公退，则闭户谢客，日计手抄若干古书，其子弟及诸女亦抄书。一日谓予曰：吾所抄书今若干卷，将汇而目之，饥读之以当肉，寒读之以当裘，孤寂读之以当友朋，幽忧读之以当金石琴瑟也。"

〔10〕 四目所列与宋元文献（特别是文集、地志）著录的南宋刊本书籍和现存宋刊、元明以来覆刊宋本书籍相互比较，可知四目所遗为数甚多。

〔11〕 廖刻《九经》内容是《孝经》《论语》《孟子》《毛诗》《尚书》《周易》《礼记》《周礼》《春秋经传集解》，参看张政烺《读相台书塾刊正九经三传沿革例》，刊《中国与日本文化研究》第一辑，中国大百科全书出版社，1991年。

〔12〕 《相台书塾刊正九经三传沿革例》所列的二十三种版本见该书论书本条："今以家塾所藏：唐石刻本、晋天福铜板本、京师大字旧本、绍兴初监本、监中见行本、蜀大字旧本、蜀学重刻大字本、中字本、又中字有句读附音本、潭州旧本、抚州旧本、建大字本（俗谓无比九经）、俞韵卿家本、又中字凡四本、婺州旧本、并兴国于氏、建余仁仲，凡二十本；又以越中旧本注疏、建本有音释注疏、蜀注疏，合二十三本。"至于元岳浚所刊《相台书塾刊正九经三传沿革例》与廖氏世彩堂《九经总例》之关系，请参看注〔11〕所引张政烺文。

唐宋时期雕版印刷书影选辑

这部分雕版印刷的书影，是把本论集前四篇文章原来的插图，作了较多的修改、补充，并集中到一起编排的。考虑到便于随文参考，故又按文章顺序，分四个部分，以保持各篇文字插图的各自次第，即：

第一部分　从图版1至图版13是第一篇《唐五代时期雕版印刷手工业的发展》的插图；

第二部分　从图版14至图版21是第二篇《北宋汴梁雕版印刷考略》的插图；

第三部分　从图版22至图版37是第三篇《北宋的版画》的插图；

第四部分　从图版38至图版122是第四篇《南宋的雕版印刷》的插图。

第一至第三部分，即图版1至图版37，是根据发表在各种专著和期刊论文中的图版复制的。第四部分，即图版38至图版122，只有少量是据原书拍照复制的；绝大部分是根据《中国版刻图录》的图版复制的，说明文字主要也是摘自《中国版刻图录·目录》的解说。

1a

1.《金刚般若波罗蜜经》

唐咸通九年（868年）刊印。卷轴装，七纸连接，总长487.7厘米，框高25.6 23.7厘米。

卷前有雕印扉画，长28.6 28.5厘米。

a. 扉画内容是释迦于祇树给孤独园在弟子、菩萨和护法天王、天人簇拥下，为须菩提说法的场面。

b. 扉画后经文行19字。

c. 卷末刊"咸通九年四月十五日王玠为二亲敬造普施"一行。

此件是现知最早的有明确纪年的印本，从雕印文字整齐和扉画流畅推察，显然已不是雕印技术开始阶段的作品。

1906—1908年，英人斯坦因劫自甘肃敦煌莫高窟藏经洞。

现藏英国伦敦不列颠博物馆，馆藏编号Or.8210/p.2。

凡欲讀經先念淨口業真言一遍
唵 修唎 修唎 摩訶修唎 修修唎 薩婆訶
奉請八金剛
奉請青除災金剛
奉請辟毒金剛　奉請黃隨求金剛
奉請白淨水金剛
奉請赤聲金剛　奉請定除災金剛
奉請紫賢金剛
奉請大神金剛

金剛般若波羅蜜經

如是我聞一時佛在舍衛國祇樹給孤獨園與大
比丘眾千二百五十人俱尔時世尊食時著衣持
鉢入舍衛大城乞食於其城中次第乞已還至本處
飯食訖收衣鉢洗足已敷座而坐時長老須菩提在大
眾中即從座起偏袒右肩右膝著地合掌恭敬而
白佛言希有世尊如來善護念諸菩薩善付囑諸
菩薩世尊善男子善女人發阿耨多羅三藐三菩
提心應云何住云何降伏其心佛言善哉善哉
須菩提如汝所說如來善護念諸菩薩善付囑諸
菩薩汝今諦聽當為汝說善男子善女人發阿耨多羅三
藐三菩提心應如是住如是降伏其心唯然世尊
願樂欲聞

1b

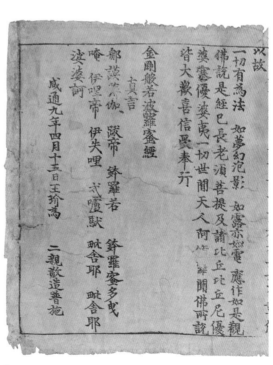

以故
一切有為法 如夢幻泡影 如露亦如電 應作如是觀
佛說是經已長老須菩提及諸比丘比丘尼優
婆塞優婆夷一切世間天人阿修羅聞佛所說
皆大歡喜信受奉行

金剛般若波羅蜜經

真言
那謨婆伽跋帝 鉢喇若 波羅蜜多曳
唵 伊利底 伊室唎 輸盧馱 毗舍耶 毗舍耶
莎婆訶

咸通九年四月十五日王玠為 二親敬造普施

1c

2a

2b

2c

2. 捺印图像三种

9—10世纪刊印。单叶。

a.《菩萨右舒像》

b.《倚坐佛像》

以上1906—1908年斯坦因劫自甘肃敦煌莫高窟藏经洞。

现藏英国伦敦不列颠博物馆。

此据 *The Art of Central Asia*，Fig.162、Fig.154复制。

c.《西方净土变》

1906—1909年，法人伯希和劫自甘肃敦煌莫高窟藏经洞。

现藏法国巴黎国立集美美术馆。

此据《シルクロード大美術展》图版199（1996年）复制。

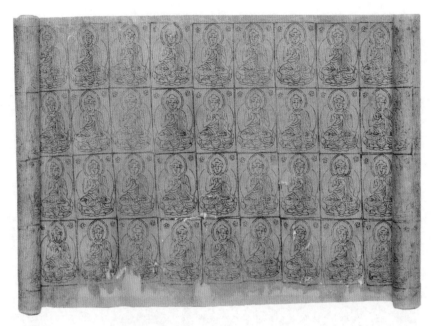

3a

3b

3. 捺印千佛和印板

8世纪刊印。

a. 捺印千佛

卷轴装，总长131.5厘米，高28.8厘米。

b. 捺印千佛木板

高15.4厘米，宽10.2厘米，板厚1.0厘米。

1906—1909年，伯希和劫自甘肃敦煌莫高窟藏经洞。
捺印千佛现藏法巴黎国立图书馆，印板现藏法巴
黎国立集美美术馆。

此据《シルクロード大美術展》图版126、127复制。

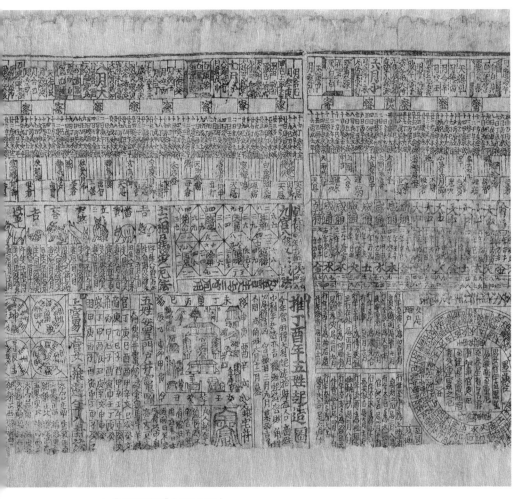

4.《丁酉具注历》（翟目8099）

此丁酉约即唐乾符四年（877年）。

1906—1908年，斯坦因劫自甘肃敦煌莫高窟藏经洞。

现藏英国伦敦不列颠博物馆，馆藏编号Or.8210/p.6。

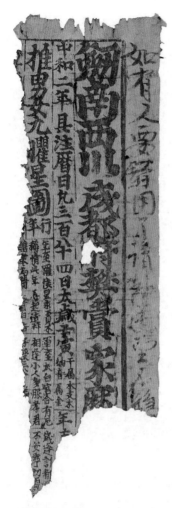

5.《剑南西川成都府樊赏家历》(翟目 8100)
唐中和二年（882 年）具注历。
1906—1908 年斯坦因劫自甘肃敦煌莫高窟藏
经洞。
现藏英国伦敦不列颠博物馆，馆藏编号
Or.8210/p.10。

6.《上都东市大刀家大印历》(翟目 8101)
上都即长安。此残历佚纪年。
1906—1908 年斯坦因劫自甘肃敦煌莫高窟藏经洞。
现藏英国伦敦不列颠博物馆，
馆藏编号 Or.8210/p.12。

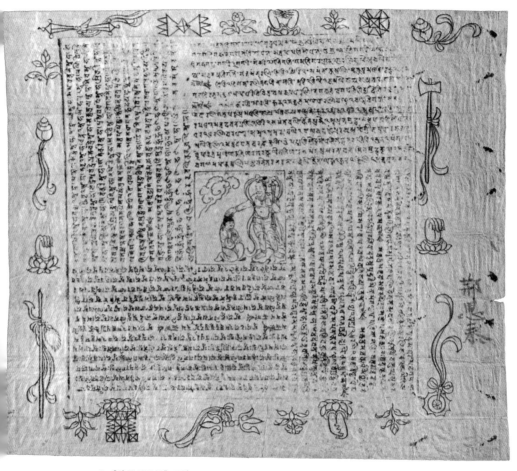

7.《陀罗尼咒经》四种

a. 梵文《陀罗尼咒经》

高27.8厘米、宽32.5厘米，框内高22.6厘米、宽22.9厘米。

框内中心墨绘金刚力士抚慰一作跪姿的汉装男供养人头顶的图像。图像四周各刊咒经13行。框内四周绘出各种供品和手印。

1967年，陕西西安西郊张家坡西安造纸网厂工地唐墓出土。

现藏中国社会科学院考古研究所西安工作站。

此据《考古》1998年5期图版8复制。

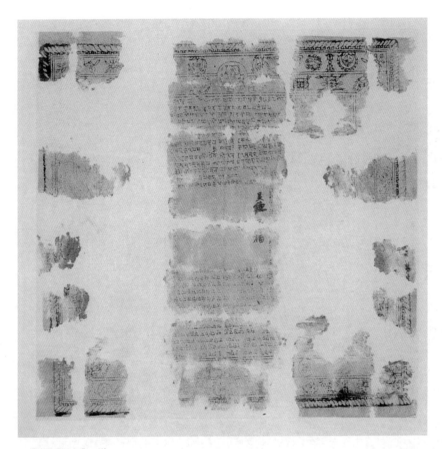

7.《陀罗尼咒经》四种

b. 梵文《陀罗尼咒经》

高27厘米、宽26厘米。

中心留有空白，右侧墨书"吴德□福"等字。围绕中心续刊咒经13行。咒经外围刊出各种供品、手印和星座。

1974年，陕西西安西郊柴油机械厂工地唐墓出土。

现藏西安市文管会。

此据中国历史博物馆《中国古代科技文物展·印刷术》图版3-4（1997年）复制。

7. 《陀罗尼咒经》四种

c. 梵文《陀罗尼咒经》

框内高31厘米、宽34厘米。

框外右侧刊汉文"國圙圀成都县□龙池坊□□□□近（匠）卞图……印卖咒本……"等字。中心刊出六臂菩萨坐于莲座上。围绕中心续刊咒经17行，咒经外围刊出菩萨和手印。

1944年，四川成都四川大学南近府河（锦江）北岸唐墓出土。

现藏四川省博物馆。

此据国家文物局、中国科学技术协会编：《奇迹天工：中国古代发明创造文物展》，文物出版社，2008年，第198页复制。

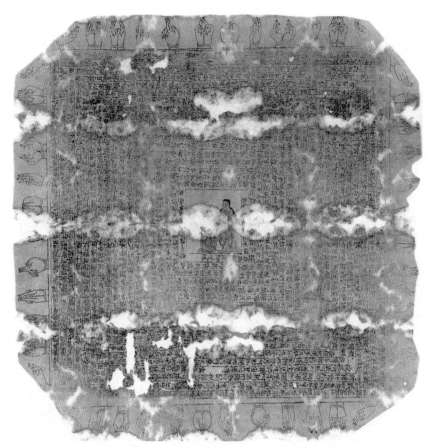

7.《陀罗尼咒经》四种

d.《佛说随求即得大自在陀罗尼神咒经》

高35厘米、宽35厘米。

中心墨绘施彩菩萨抚慰一合十作跪姿的女供养人图像。图像四周续刊咒经18行，咒经外围刊出手印一匝。

1975年，陕西西安西郊冶金机械厂工地唐墓出土。

现藏西安市文管会。

此据《中国古代科技文物展·印刷术》图版3–3复制。

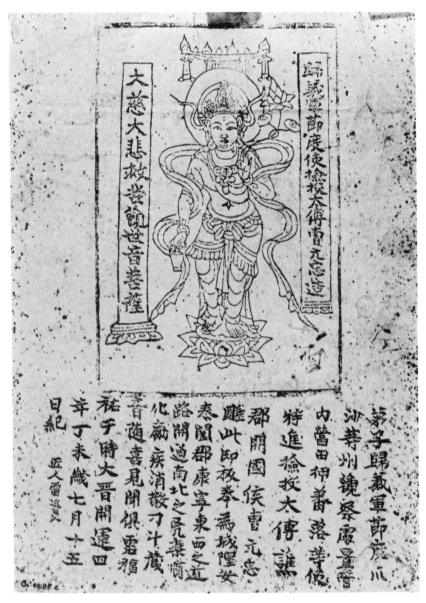

8.《大慈大悲救苦观世音菩萨像》

后晋开运四年（947年）刊印。单叶。高20.6厘米、宽13.7厘米。

叶上部刊观世音菩萨立像，下刊归义军节度使检校太傅曹元忠于开运四年"雕此印板"的发愿文。末刊有"匠人雷延美"五字。

1906—1908年，斯坦因劫自甘肃敦煌莫高窟藏经洞。

现藏英国伦敦不列颠博物馆。

此据《燉煌画の研究·附圖》图版二二〇a复制。

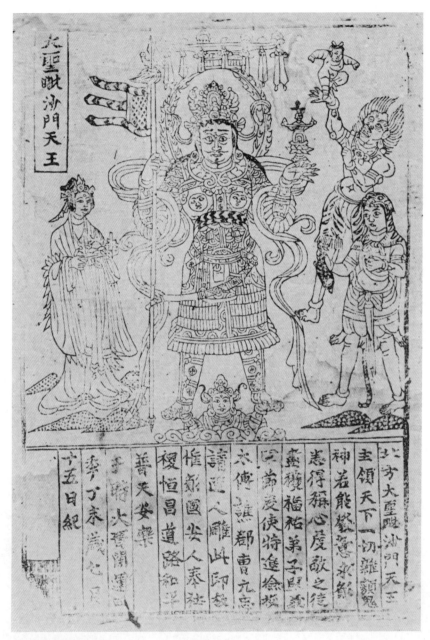

9.《大圣毗沙门天王像》

后晋开运四年（947年）刊印。单叶。高39.4厘米、宽25.5厘米。

叶上部刊毗沙门天王及其侍从和女供养人图像，下刊开运四年曹元忠发愿文14行，行间有界格。

1906—1908年，斯坦因劫自甘肃敦煌莫高窟藏经洞。

现藏英国伦敦不列颠博物馆。

此据《燉煌画の研究·附圖》图版一二〇b复制。

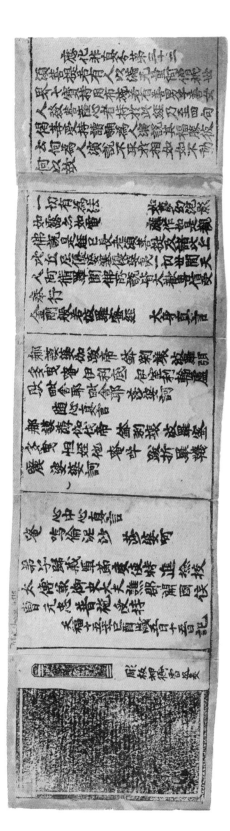

10.《金刚般若波罗蜜经》（P.4515）

后晋天福十五年己酉岁（949—950年）刊印。册子装。

末页有"雕板押衙雷延美"刊记一行。

1906—1909年，伯希和劫自甘肃敦煌莫高窟藏经洞。

现藏法国巴黎国立图书馆。

此据《法藏敦煌西域文献》第一册，上海古籍出版社，1995年。

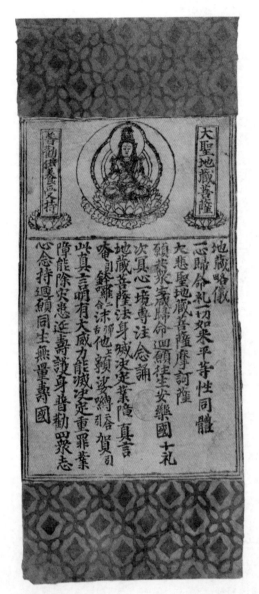

11.《地藏菩萨像》幡画

五代刊印。

装帧成幡画状。框高42.7厘米、宽29厘米。

上部刊大圣地藏菩萨像，下部刊地藏略义。

1906—1909年，伯希和劫自甘肃敦煌莫高窟藏经洞，现藏法巴黎国立图书馆。

此据《中国古代版画展·唐—五代の版画》（1988年）第76页参考图版复制。

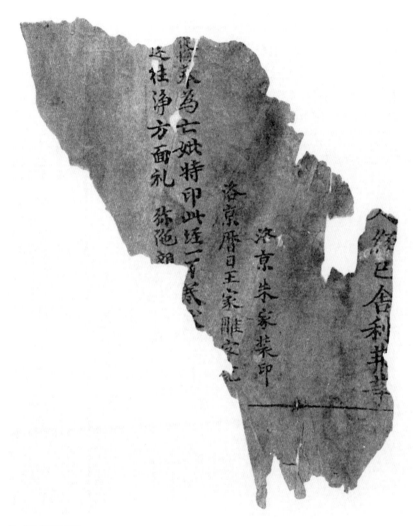

12. 《弥勒下生经》

后唐洛京王家刊、朱家印本。残叶。

经末刊有"洛京朱家装印""洛京历日王家雕字记"各一行。

1904—1913年，德人勒柯克劫自新疆吐鲁番。

现藏日僧出口常顺处。

此据《高昌残影——出口常顺藏吐鲁番出土的佛典断片图録》图版六一（1978年）复制。

爾雅卷上

郭璞注

釋詁第一

釋言第二

釋訓第三　釋親第四

釋詁第一

初哉首基肇祖元胎俶落權輿始也

月哉生魄詩曰令終有俶又曰俶載南畝又曰訪予落止又曰胡不承權輿胚胎未成亦物之始也其餘皆義　尚書曰三

林烝天帝皇王后辟　詩曰有壬有林又曰文王烝哉其餘義皆通見詩書

公侯君也　詩曰弘廓宏溥

之常行者耳此所以釋古今之異言通方俗之殊語

將仕郎守國子四門博士臣李鶚書

13.《尔雅》

清光绪十年（1884年）覆刊。框高23.4厘米、宽16.6厘米（半叶）。

此本系黎庶昌于日本东京覆刊日本室町时代覆刊南宋国子监递翻五代"九经"监本，后收入《古逸丛书》。五代监本"九经"源于石经，并由能书人端楷写出付刊，所以字大舒朗。黎刊《尔雅》虽几经覆刊，犹存初制。卷末附刊"将仕郎守国子四门博士臣李鶚书"一行，应是源出五代监本的证据。

此据北京大学图书馆藏本复制。

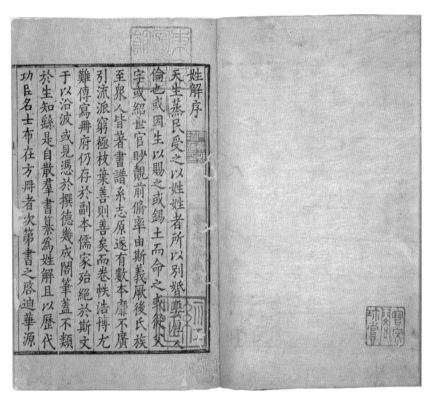

14.《姓解》

讳字迄北宋真宗，有"高丽国十四叶辛巳岁藏书大宋建中靖国元年大辽乾统元年（1011年）"藏书印。

现藏日本国会图书馆。

此据日本国立国会图书馆网站电子资源 http://dl.ndl.go.jp/info:ndljp/pid/1287529/2。

15. 《切韵》

刻风近似《通典》，疑即《玉海》著录的北宋景德四年（1007年）校定颁行本。

1902年，勒柯克劫自新疆吐鲁番。

"二战"前藏德柏林普鲁士学士院。

此据李德范主编《王重民向达所摄敦煌西域文献照片合集》（国家图书馆善本特藏部编，北京图书馆出版社，2008年），第11245页复制。

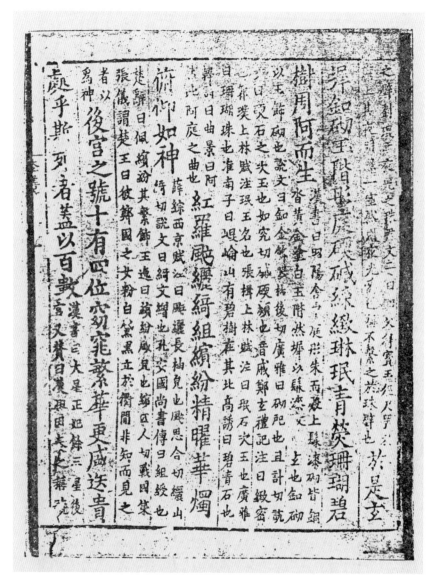

16.《李善注文选》

通字缺末笔，疑为北宋天圣明道间（1023—1033 年）刊。原为内阁大库物，后归北京图书馆，现分藏北京图书馆和台北中央图书馆。

此卷现存台北故宫博物院。

此据《国立北平图书馆馆刊》五卷五号（1931 年），书目文献出版社影印本插图复制。

古之有天下者未嘗直取之於人其所以制賦稅者謂公田什之一及工商衡虞之人稅以供郊廟社稷天子奉養百官祿食也賦以給車馬兵甲士徒賜予也言人君唯於田及山澤可以制賦隨耳其工商雖有技巧之作行販之利是皆浮食不敢其本蓋欲抑損之義也古者宅不毛有里布地不耕有屋粟人無職事出夫家之征言宅不毛者出一里二十五家之泉田不耕者出三家之稅粟人雖有閑無職事猶出夫稅家稅夫稅者謂田畝之稅家稅者謂出士徒車輦給偶俊也蓋皆罰其惰務令餘農是故計田取租稅古者人君上歲役不過三日是故歷代至今雖加至二十日雖倍多古制猶以庸為名既免其役日收庸絹三尺共當六夫更調二丈則夏丁壯當兩疋矣夫調者猶存古井田調發兵車名耳此豈直斂人之財者乎什一者天下之正中多乎則大桀小桀寡乎則大貊小貊故什一行而頌聲作二不足而碩鼠興古之聖王以義為利不以利為利蓄積於人無藏府庫百姓

通典卷第四　食貨四

賦稅上

17.《通典》

诽字迄北宋仁宗，有高丽肃宗"高丽国十四叶辛巳岁藏书大宋建中靖国元年大辽乾统元年（1011年）"藏书印。框高24.2厘米、宽116厘米。

现藏日本宫内厅书陵部。

此据《日藏珍稀中文古籍书影丛刊》（国家图书馆出版社，2014年）图版复制。

封內草中下土厚七八寸 於上燃乾牛糞火涌夜勿絕明日周

燋食雖熅不 復中食也

時醬出便熟 若醬未熟者還覆置更燃如初 臨食細切葱白著麻

油炒葱令熟以和肉醬甜美異常也

作魚醬法 鯉魚鯖魚第一好鱧魚鮂魚鮎魚即全作不用切 去鱗淨洗拭令

乾如膾法披破縷切之去骨大率成魚一斗用

黃衣三升一升全用二升作末 白鹽三升剉黃細乾薑一升末之橘

皮一合縷切之 和令調均內瓷子中泥密封日曝

18.《齐民要术》
通字缺末笔，疑为北宋天圣明道间（1023—1033年）刊。
日本高山寺旧藏，现存京都国立博物馆。
此据民国三年（1914年）罗振玉影印本复制。

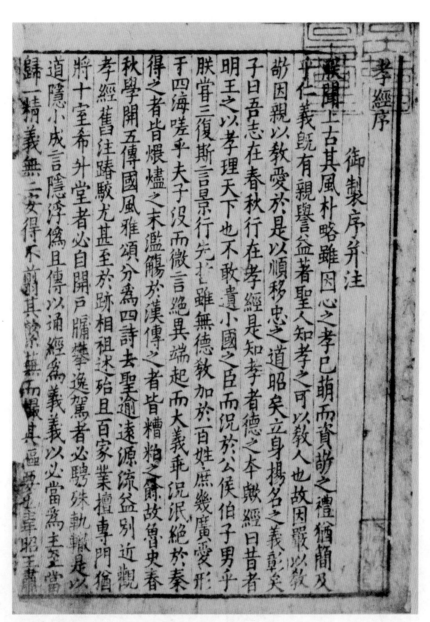

孝經序

御製序并注

朕聞上古其風朴略雖因心之孝已萌而資敬之禮猶簡及
乎仁義既有親譽益著聖人知孝之可以教人也故因嚴以教
敬因親以教愛於是以順移忠之道昭矣立身揚名之義彰矣
子曰吾志在春秋行在孝經是知孝者德之本歟經曰昔者
明王之以孝理天下也不敢遺小國之臣而況於公侯伯子男乎
朕嘗三復斯言景行先哲雖無德教加於百姓庶幾廣愛刑
于四海嗟乎夫子没而微言絕異端起而大義乖況泯絕於秦
得之者皆煨燼濫觴於漢傳之者必專門故魯史春
秋學開五傳國風雅頌分為四詩去聖逾遠源流益別近觀
孝經舊注踳駁尤甚至於跡相祖述殆且百家業擅專門猶
將十室希升堂者必自開戶牖攀逸駕者必騁殊軌轍是以
道隱小成言浮於僞且傳以通經為義義以必當為主是
歸一精義無二安得不翦其繁蕪而撮其區要昭王

19.《唐玄宗御注孝经》

通字缺末笔。疑为北宋天圣明道间（1023—1033年）刊。

现藏日本宫内厅书陵部。

此据《日藏珍稀中文古籍书影丛刊》（国家图书馆出版社，2014年）图版复制。

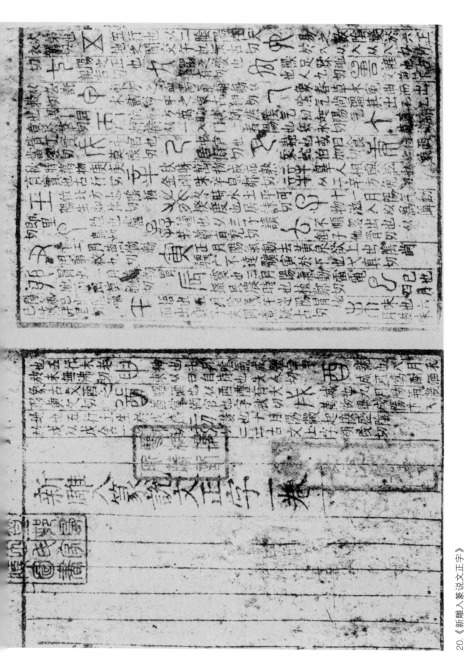

20.《新雕入篆说文正字》

有"高丽国十四叶辛巳岁藏书大宋建中靖国元年大辽乾统元年（1011年）"藏书印。

现藏日本德富氏成篑堂。

此据《日藏珍稀中文古籍书影丛刊》（国家图书馆出版社，2014年）图版复制。

21.《重广会史》

讳字迄北宋英宗。有"高丽国十四叶辛巳岁藏书大宋建中靖国元年大辽乾统元年（1011年）"藏书印。

现藏日本前田氏尊经阁文库。

此据1986年中华书局影印本复制。

22a

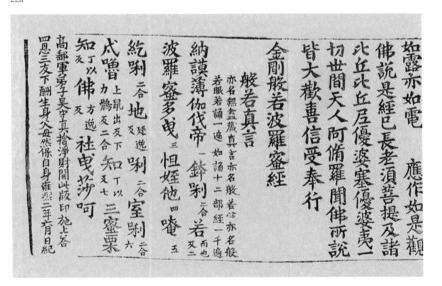

22b

22.《金刚般若波罗蜜经》

北宋雍熙二年（985年）刊印。梵筴装。总长81.9厘米、高15.7厘米。

a. 卷前有舍卫国祇树给孤独园释迦说法扉画，内容较咸通九年（868年）《金刚般若波罗蜜经》扉画复杂，附刊出舍卫国城垣一角和舍卫国王、祇陀太子、给孤独长者等形象。

b. 卷末有雍熙二年六月"高邮军弟子吴守真舍净财开此版印施……"发愿文。

1955年，于日本京都清凉寺日僧奝然雍熙三年（986年）自宋携归的栴檀佛像腹内发现。与此经同出的雕印品，还有大幅版画四幅，现俱藏该寺。

此据《日本雕刻史基础资料集成·平安时代》图版41、42复制。

23.《灵山变相》幡画

据同出的雍熙二年（985年）奝然所录装藏记："日本国僧嘉因舍……灵山变相
一幡"，知此为悬挂的幡画。单叶。高77.9厘米、宽42.1厘米。

该画分上下两段，雕出释迦说法华的场面。上段为释迦于灵鹫山前说法，下段
为《见宝塔品》变相——七层塔，底层刊有释迦、多宝对坐形象。

此据《日本雕刻史基础资料集成·平安时代》图版44复制。

24.《弥勒菩萨像》

甲申岁（雍熙元年，984年）刊。单叶。高53.6厘米、宽38.3厘米。

栴檀佛像装藏版画中最精致的一幅。弥勒菩萨结跏坐于莲花宝座上，右手持麈尾，座前奉山石轮宝，两侧各立一持拂尘的女供养人。如此布置供奉弥勒，殊为罕见。弥勒右上方有"待诏高文进画"榜。高文进，北宋太宗朝以绘慈氏闻名，此幅颇有新意的弥勒，当是高文进的新创作。

此据《日本雕刻史基础资料集成·平安时代》图版45复制。

25.《文殊菩萨像》

雍熙初刊。单叶。高57.4厘米、宽27.7厘米。

栴檀佛像装藏版画之一。文殊右手持如意，左舒相坐于狮背莲座上，狮前有合十侍女，狮后有胡髯驭手。文殊三像下方刊有宣扬文殊真言的功德和读法。

此据《日本雕刻史基础资料集成·平安时代》图版46复制。

伏以等覺慈尊普賢
大士宗難忌之妙行
開方便之門說滅
罪真言除巨沙惡業
若能志心諷誦每日
受持可使垢穢消
亦乃迎祥集福普勸
四衆同心課持
真言曰
　　支波啄　毗尼波啄
烏蘇波啄

26.《普贤菩萨像》

雍熙初刊。单叶。高56.9厘米、宽30厘米。

栴檀佛像装藏版画之一。普贤右手持莲花，右舒相坐于象背之莲座上。象前一合十童子，象后一驭象力士。普贤三像下方刊有宣扬普贤真言的功德和读法。

此据《日本雕刻史基础资料集成·平安时代》图版47复制。

以上三幅菩萨形象似为以弥勒为中心的一组供奉幡画。

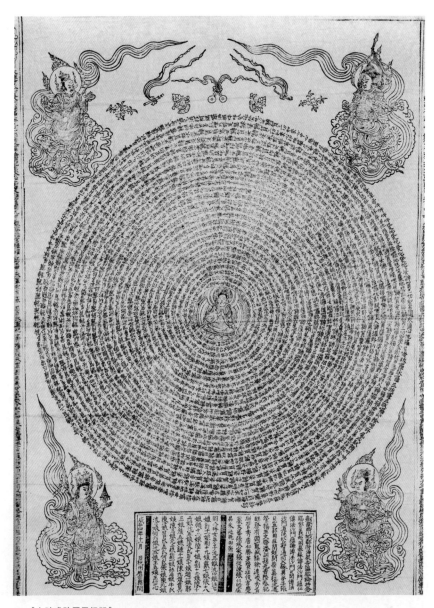

27. 《大随求陀罗尼经咒》

北宋咸平四年（1001年）刊。单叶。高44.5厘米、宽36.1厘米。

中心雕结跏坐于莲花上的随求菩萨。绕像环列经咒。四隅雕四天王。经咒两侧和下方刊舍印入缘的官吏、沙门、男女信士姓名。末记"咸平四年十一月日杭州赵宗霸开"。

1978年于江苏苏州瑞光寺塔第三层塔心窖室发现。

现藏苏州市博物馆。

此据苏州博物馆编著《苏州博物馆藏虎丘云岩寺塔、瑞光寺塔文物》（文物出版社，2006年）第157页图版复制。

28. 梵文《佛说普遍光明焰鬘清净炽盛思惟如意宝印心无能胜惣持大明王大随求陀罗尼经咒》

北宋景德二年（1005年）刊。单叶。高25厘米、宽21.2厘米。

中心雕炽盛光佛出行与黄道十二宫，绕像上下左右雕梵文经咒，两侧列二十八宿和二护法。下方刊有汉文宣扬奉持和刊印此咒者之功德及真言读音，末记刊年。

此经咒与咸平四年汉文经咒同出。

现藏苏州市博物馆。

此据苏州博物馆编著《苏州博物馆藏虎丘云岩寺塔、瑞光寺塔文物》第158页图版复制。

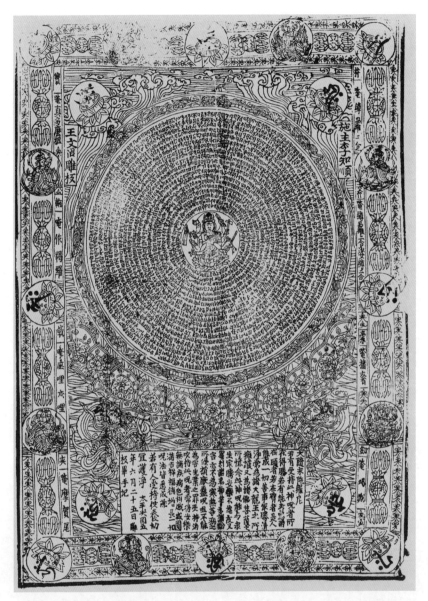

29. 梵文《大随求陀罗尼经咒》

北宋太平兴国五年（980年）刊印。单叶。高43.2厘米、宽32.1厘米。

框内上方中心刊大随求菩萨变相坐像，绕像列梵文经咒作轮状。经轮右上方有"施主李知顺"榜，左上方有"王文沼雕板"榜；下方刊有太平兴国五年雕板毕手记受持、书写、忆念此神咒的各项功德。

1906—1908年，斯坦因劫自甘肃敦煌莫高窟藏经洞。

现藏英国伦敦不列颠博物馆。

此据 *The Art of Central Asia*，Fig.151 复制。

30a

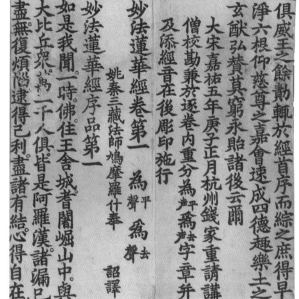

30b

○.《妙法莲华经》

宋嘉祐五年（1060年）刊印，梵筴装。

　　每卷前四筴为变相扉画。变相内容右侧刊释迦说
，其左雕出与读卷经文有关的各种故事。

　　卷一后附刊记："大宋嘉祐五年庚子正月杭州钱家
请讲僧校勘兼于逐卷内重分平声为去声字章并及添
音在后，雕印施行。"卷五末有"琅邪王遂良书"
行。

968年，山东莘县宋塔内发现。

藏山东省博物馆。

a据《文物》1982年12期图版肆：1复制。

31a

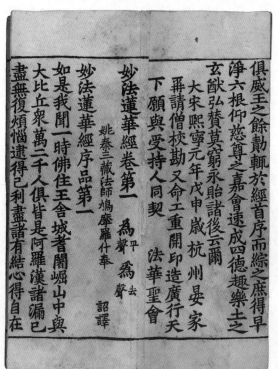

31b

31.《妙法莲华经》

北宋熙宁元年（1068年）刊印。梵筴装。

a. 每卷前四筴为变相扉画。

b. 卷一序后附刊记云："大宋熙宁元年戊申岁杭州晏家……请僧校勘，又命工重开印造，广行天下，愿与受持人同……法华圣会。"卷五末有"琅邪王遂良书"一行。

1968年，山东莘县宋塔内发现。

现藏山东省博物馆。

31a据《文物》1982年12期第40页图一复制。

32a

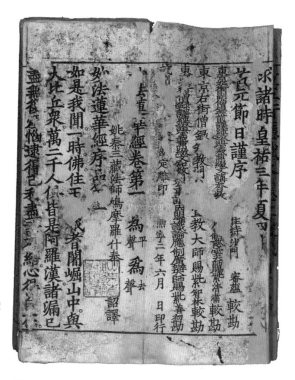

2.《妙法莲华经》

北宋熙宁二年（1069年）刊印。梵笺装。

卷首序前四笺分雕七卷变相扉画。

序后列勘定僧人职名，末雕"杭州□□□□□勘定
卸印，熙宁二年六月日印行"。

1968年，山东莘县宋塔内发现。

见存山东省博物馆。

32a据《文物》1982年12期第41页图三复制。

32b

33.《御制秘藏诠》

北宋至道元年至二年（995—996年）编入《开宝藏》并刊板，大观二年（1108年）印经院印本。卷轴装。

卷内附图四幅（34—37），镂雕图像流利清晰，与《秘藏诠》文字部分多有残损、模糊不同，因疑附图约是大观二年刷印旧板时所补入。

现藏美波士顿哈佛大学福格艺术博物馆。

此据哈佛艺术博物馆网站电子资源 http://www.harvardartmuseums.org/。

34. 《御制秘藏诠》附图一

35. 《御制秘藏诠》附图二

36.《御制秘藏诠》附图三

37.《御制秘藏诠》附图四

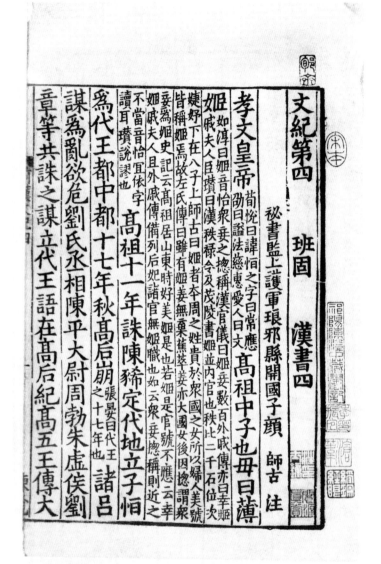

38.《汉书注》
南宋初国子监覆刊北宋监本。框高 21.7 厘米、宽 14.5 厘米。
上海商务印书馆《百衲本二十四史》印本即据此影印。
北京图书馆藏。
此据《中国版刻图录》图版四复制。

《周易正義卷第一》

國子祭酒上護軍曲阜縣開國子臣孔穎達奉

勑撰定

自此下分為八段

第一論易之三名
第二論重卦之人
第三論三代易名
第四論卦辭爻辭誰作
第五論分上下二篇
第六論夫子十翼
第七論傳易之人
第八論誰加經字

第一論易之三名

正義曰夫易者變化之惣名改換之殊稱自天地開闢陰陽運行寒
暑迭來日月更出乎萌庶類亭毒品新新不停生生相續莫非資

39.《周易正义》
南宋绍兴间国子监刊本。框高23.3厘米、宽15.7厘米。
近年藏园傅氏印本即据此影印。
北京图书馆藏。
此据《中国版刻图录》图版二八复制。

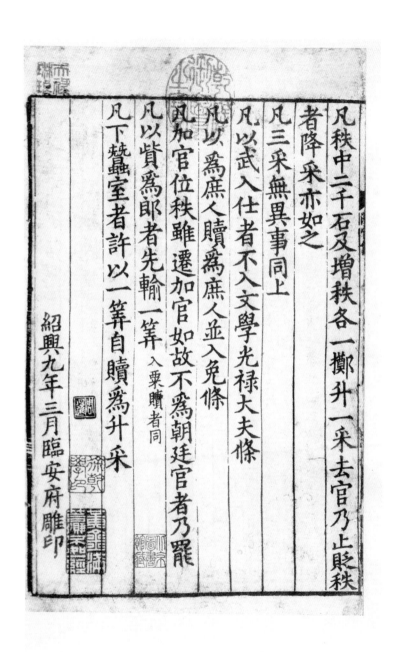

凡秩中二千石又增秩各一㯢升一采去官乃止貶秩

者降采亦如之

凡三采無異事同上

凡以武入仕者不入文學光禄大夫條

凡以爲庶人贖爲庶人並入免條

凡加官位秩雖遷加官如故不爲朝廷官者乃罷

凡以賞爲郎者先輸一筭　入粟贖者同

凡下蠶室者許以一筭自贖爲升采

紹興九年三月臨安府雕印

40.《汉官仪》

南宋绍兴九年（1139年）临安府刊本。框高24厘米、宽15.7厘米。

卷末刊"绍兴九年三月临安府雕印"一行。上海商务印书馆《续古逸丛书》印本据此影印。

北京图书馆藏。

此据《中国版刻图录》图版八复制。

41.《文粹》

南宋绍兴九年（1139年）临安府刊本。框高24.1厘米、宽15.8厘米。

卷末有"临安府今重行开雕唐文粹壹部计贰拾策已委官校正讫。绍兴九年正月日"及校勘官、临雕
官衔名11行。

北京图书馆藏。

此据《中国版刻图录》图版九复制。

就謝仁祖乞食寧復自疑茲承行省之移遣

厭捨舊館而疇依爲晏平仲執鞭旣去素顧

之年簿領沉迷猶在無聞之地嗟征途之可

其下愚難移大惑莫解光陰晼晚巳逾不惑

中之辯將攜孥而就食敢削牘以告行伏念

薄遊萬里最爲天下之窮攝守一官猥與幕

與成都張閣學啓

啓

山陰　陸　游　務觀

渭南文集卷第九

42.《渭南文集》

南宋嘉定十三年（1220年）臨安府陸子遹刊本。框高15.3厘米、寬12.2厘米。

陸子遹系陸游幼子，故此本游字缺筆。

北京圖書館藏。

此據《中國版刻圖錄》圖版三七複制。

抱朴子内篇袪惑卷第二十

儒者方里負笈以尋其師況長生之道真人所重可不勤求足問者哉然不可不精簡其真偽也余恐古強蔡誕項曼都白和之不絕於世間好事者省余此書可以少加沙汰其善不善矣又仙經云仙人目瞳皆方洛中見之白仲理者為余說其瞳正方如此果是異人也

舊日東京大相國寺東榮六郎家見寄居臨安府中瓦南街東開印輸經史書籍鋪今將京師舊本抱朴子內篇校正刊行的無一字差訛請四方收書好事君子幸賜藻鑒紹興壬申歲六月旦日

43.《抱朴子》

南宋绍兴二十二年（1152年）临安府荣六郎家刊本。框高19.4厘米、宽11.9厘米。

卷二〇末有"旧日东京大相国寺东荣六郎家见寄居临安府中瓦南街东开印输经史书籍铺今将京师旧本抱朴子内篇校正刊行……绍兴壬申岁六月旦日"刊记六行。

辽宁省图书馆藏。

此据《中国版刻图录》图版一二复制。

昌黎先生集卷第一

遲爾一來翔
易遲遲歸有時
待也漢書音翱
席遲士遲　　侧

光伯卿今寂寞鳳聲亦悠悠也
鳳凰臺詩所謂
　　　　　　　西　吾君亦勤理

事但知時俗康自從公旦死
作姬或千載闕其
　　　　　　　　　　吾君亦勤理

字既連用之不應異體或是宵字
宵烏皎切窕徒了切竟徒了窕字
　　　　　　　聞者亦何

一作窈耳○
宵烏皎切窕
徒了切

世綵廖氏
刻梓家塾

44.《昌黎先生集》
南宋咸淳间临安府廖氏世彩堂刊本。框高19.8厘米、宽12.8厘米。
各卷末刊篆书"世彩廖氏刻梓家塾"牌记。近年蟫隐庐罗氏印本即据此影印。
北京图书馆藏。
此据《中国版刻图录》图版四〇复制。

河東先生集卷第二

古賦

佩韋賦 以自緩 并序〇西門豹性急故佩韋
董安于性緩故佩弦以自急也弦丹自弓以弦
喻急也事見韓子范子自弓以弦
喻急後不能從容集常有與呂温書戒
事見漢書據集常有與呂温書戒
猶自吾得友君子而後知中時庸
之門戶皆得友君子而後知中時庸也
云頗學中庸見於文字者也
公亦當學於貞元二十年後甚夥
賦亦章雨
非切

柳子讀古書觀直道守節者即壯之 壯之即 狀一作

河東卷二 世采堂同甫

45.《河东先生集》
南宋咸淳间临安府廖氏世彩堂刊本。框高20厘米、宽12.7厘米。
各卷末刊篆书"世彩廖氏刻梓家塾"牌记。近年蟫隐庐罗氏印本即据此影印。
北京图书馆藏。
此据《中国版刻图录》图版四一复制。

文选卷第三十

钱唐鲍洵书字

杭州猫儿桥河东岸开笺纸马铺钟家印行

46.《文选五臣注》

南宋初杭州开笺纸马铺钟家刊本。框高18.4厘米、宽10.8厘米。

卷末后有"钱唐鲍洵书字""杭州猫儿桥河东岸开笺纸马铺钟家印行"二行。

此本分藏北京图书馆、北京大学图书馆。末卷藏北京图书馆。

此据《中国版刻图录》图版六复制。

47.《妙法莲华经》

南宋临安府贾官人经书铺刊本。

卷末有"临安府众安桥南贾官人经书铺印"牌记。

北京图书馆藏。

此据《第三批国家珍贵古籍名录图录》第7176号复制。

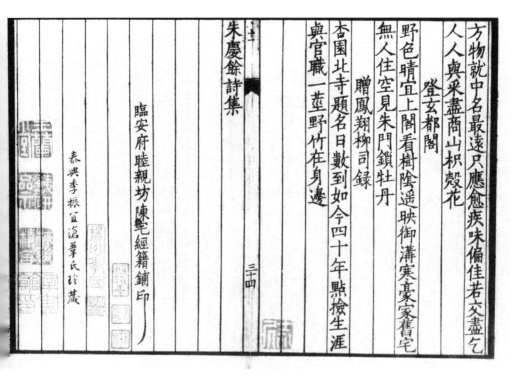

方物就中名最遠只應痊疾味偏佳若交盡乞

人人與采盡商山枳殼花

登玄都閣

野色晴宜上閣看樹陰遥映御溝寒豪家舊宅

無人住空見朱門鎖牡丹

贈鳳翔柳司録

杏園比寺題名日數到如今四十年黙撿生涯

與官職一莖野竹在身邊

朱慶餘詩集

三四

臨安府睦親坊陳宅經籍鋪印

泰興季振宜滄葦氏珍藏

48.《朱庆余诗集》

南宋临安府陈宅经籍铺刊本。框高 16.9 厘米、宽 12.1 厘米。

卷末刊"临安府睦亲坊陈宅经籍铺印"一行。上海商务印书馆《四部丛刊续编》印本即据此影印。

北京图书馆藏。

此据《中国版刻图录》图版五一复制。

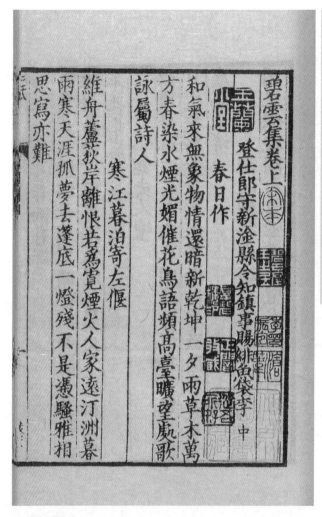

49.《碧云集》
南宋临安府陈宅书籍铺刊本。
目录后刊"临安府棚北睦亲坊南陈宅书籍铺印"一行。
上海商务印书馆《四部丛刊初编》印本即据此影印。
群碧楼邓氏旧藏。
此据《四部丛刊初编》影印本复制。

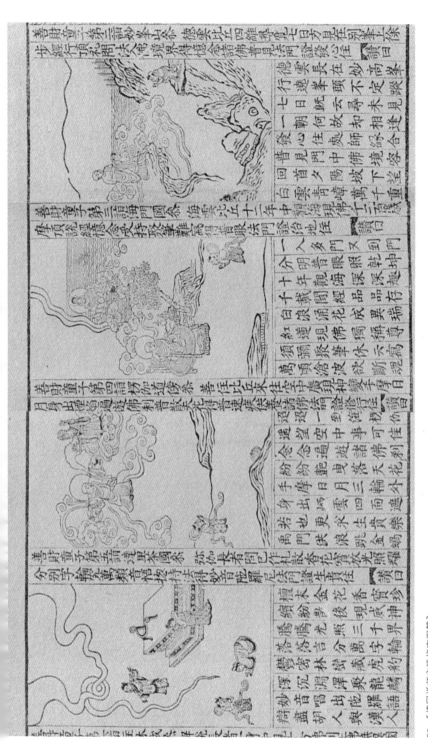

50.《佛国禅师文殊指南图赞》

南宋嘉定间临安府贾官人宅刊本。卷轴装。框高25厘米。

此书记善财童子五十三参事，每参附相应的图和赞。序后刊"临安府众家桥南街东开经书铺贾官人宅印造"牌记。

罗氏《吉石庵丛书初集》印本即据此本影印。

日本大谷大学藏。

此据《中国古代版画展·未金元の版画》图13复制。

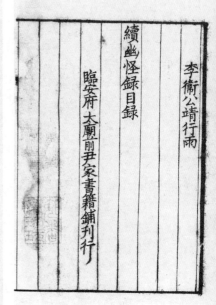

續幽怪録卷第二

李　復言　編

盧僕射從史

盧公元和初以左僕射節制澤潞因鎮陽拒命
跡涉不臣爲中官驃騎將軍吐突承璀所給縛
送京師以反狀未明左遷驩州司馬既而逆跡
盡露賜死於康州寶曆元年蒙州剌史李湘去
郡歸闕自以海隅郡守無臺閣之親一旦造上
國若扁舟泛滄海者門端溪縣女巫者知未來

李衞公靖行雨

續幽怪録目録

臨安府太廟前尹家書籍鋪刊行

51.《续幽怪录》

南宋临安府尹家书籍铺刊本。框高18.5厘米、宽12.5厘米。

目录后刊"临安府太庙前尹家书籍铺刊行"一行。《四部丛刊续编》印本即据此影印。

北京图书馆藏。

此据《中国版刻图录》图版六二、六三复制。

52a

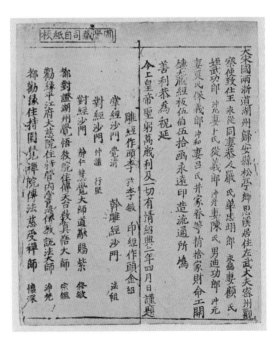

52b

52.《大般若波罗蜜多经》

湖州《思溪圆觉藏》本。该藏开雕于北宋宣和间，南宋绍兴二年（1132年）全部印就。梵箧装。框高24.2厘米。卷首板框上方多捺有"圆觉藏司自纸板"横书藏记。北京大学图书馆藏，此据原件复制（a）。首箓两开（b）刊绍兴二年王永从阖家刊经记和校经沙门、雕印匠人等衔名；系叶恭绰旧藏。此据《张菊生先生七十生日纪念论文集》叶文图五（甲）复制。

53.《新唐书》

南宋绍兴间湖州思溪王氏刊本。框高20.9厘米、宽14厘米。

此即利用《思溪圆觉藏》余版所刊，后版入临安国子监，《百衲本二十四史》印本与此同出一版，但较此为先印。

北京图书馆藏。

此据《中国版刻图录》图版六六复制。

藝文類聚卷第八

歐陽　詢　撰

山部下
虎丘山　蒜山　石帆山　會稽諸山　石門山
太平山　岷山

水部上　惣載水　海水　河水　江水　淮水　漢水　洛水

虎丘山

虎丘山銘曰晉司徒東亭獻公王珣撰云武丘山先名海涌山吳越
春秋曰闔廬死葬於國西北名虎丘穿土爲川積壤爲丘發五都之
士十萬人共治千里使象捷土家池四周水深丈餘椁三重傾水銀爲池
池廣六十步黃金珠玉爲鳧鴈扁諸之劍魚三千腸在焉葬之已三
日金精上楊爲白虎據墳故曰虎丘　王珣虎丘山記曰山大勢四面周三
嶺南則是山逕兩面壁立交林上合蹊路下通升降窈窕亦不卒至

詩
張正見從水陽王遊虎丘山詩曰滄波壯鬱島洛邑鎮崇岦未若
茲山麗岹嶢擅水鄉地靈伴少室塗覲像太行重巖摽虎據九曲
峻羊腸溜深澗無底風幽谷自凉寶沉餘玉氣劍隱絕星光白雲多

54.《艺文类聚》
南宋绍兴间严州刊本。框高22.8厘米、宽15.6厘米。
近年中华书局印本即据此影印。
北京图书馆藏。
此据《中国版刻图录》图版九九复制。

55.《新刊剑南诗稿》

南宋淳熙十四年（1187年）严州郡斋刊本。框高20.8厘米、宽13.2厘米。

北京图书馆藏。

此据《中国版刻图录》图版一〇一复制。

壘射垛

瓦作制度

結瓷

結瓷屋宇之制有二等

一曰瓪瓦施之於殿閣廳堂亭榭等其結瓷之法先將瓪瓦齊口斫去下棱令上齊直次斫去瓪瓦身內裏棱令四角平穩（角內或有不穩須斫令平正）謂之解撟於平版上安一半圈（高廣與瓪瓦同）將瓪瓦斫造畢於圈內試過謂之撺窠下鋪仰瓪瓦（上壓四分下留六分散瓪仰合瓦並準此）兩瓪瓦相去隨所用瓪瓦之廣勻分陇行自下而上

56.《营造法式》

南宋后期平江府刊本。框高21.3厘米、宽17.7厘米。

内阁大库旧藏，现分藏北京图书馆等处。

此据《中国版刻图录》图版一一三复制。

無量清淨平等覺經卷上

掌音征㧪上之盈反　下職容反

蠶音盧　安盍反　山旁穴　時宗源書　沈起宗刊

大宋國平江府崑山縣市邑平橋南街西面東居住奉
佛弟子沈俱同男　興祖見婦蔣氏妙淨　孫男　起宗捨財
命工彫經功德全用資薦　先考沈三承事　先妣景
氏十五娘子　先室范氏三四娘子言前見婦潘氏千五娘子
云繼女孫周定娘　及門中三代一切先靈並願乘此善
功超生淨土　時太歲壬辰紹定五年陽節日題

57.《无量清净平等觉经》

平江《碛砂藏》本。此经系南宋绍定五年（1232 年）碛砂延圣院刊本。框高23.6厘米。
卷末有"绍定五年平江府昆山县沈俱阖家舍财命工雕经"题记六行。
北京图书馆藏。
此据《中国版刻图录》图版一一五复制。

資治通鑑卷第五

朝散大夫右諫議大夫權御史中丞充理檢使上護軍賜紫金魚袋臣司馬　光　奉

勑編集

周紀五　起屠維赤奮若盡旃
赧王下　蒙大荒落凡十七年

四十三年楚以左徒黃歇侍太子完為質于秦　秦置南陽郡
秦魏楚共伐燕　燕惠王薨子武成王立
四十四年趙藺相如伐齊至平邑趙田部吏趙奢收租稅平原
君家不肯出趙奢以灋治之殺用事者九人平原君怒
將殺之趙奢曰君於趙為貴公子今縱君家而不奉公則灋削
灋削則國弱國弱則諸侯加兵是無趙也君安得有此富平以
君之貴奉公如灋則上下平上下平則國彊國彊則趙固而君

58.《资治通鉴》
南宋绍兴三年（1133年）绍兴两浙东路茶盐司公使库刊本。框高21厘米、宽14.1厘米。
卷末原有绍兴二年两浙东路提举茶盐司公使库校勘官衔名，此本脱佚。
北京图书馆藏。
此据《中国版刻图录》图版七四复制。

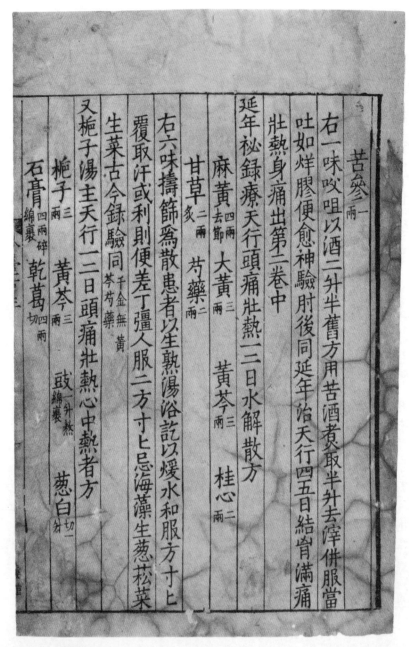

右一味㕮咀以酒二升半舊方用苦酒煮取半升去滓併服當

吐如烊膠便愈.神驗肘後同延年治天行四五日結胷滿痛

壯熱身痛出第二卷中

延年秘録療天行頭痛壯熱一二日水解散方

麻黃四兩去節 大黃三兩 黃芩三兩 桂心二兩

甘草二兩炙 芍藥二兩

生菜古今録驗同千金無黃芩芍藥

覆取汗或利則便差丁彊人服二方寸匕忌海藻生葱菘菜

右六味擣篩爲散患者以生熟湯浴訖以煖水和服方寸匕

又梔子湯主天行一二日頭痛壯熱心中熱者方

石膏四兩綿裹碎 乾葛四兩切

梔子三兩 黃芩二兩 豉一升熬綿裹 葱白切一分

59.《外台秘要方》

南宋绍兴两浙东路茶盐司刊本。框高20厘米、宽13厘米。

北京图书馆藏本卷末有两浙东路提举茶盐司校勘官衔名。

此据《北京大学图书馆藏善本书录》（北京大学出版社，1998年）图版复制。

尚書正義卷第六

國子祭酒上護軍曲阜縣開國子臣孔穎達奉

勑撰

禹貢第一　夏書

禹別九州分其垆界隨山濬川刊其木深其流任土作貢

禹別九州隨山濬川刊其木深其流禹別至作貢正義

任其土地所有定其貢賦之差此堯時事而在夏書之首禹之王以是功曰禹分別九州之界隨其所至之山刊除其木深其大川使得注海水害既除地復本性任其土地所有定其貢賦之差史録其事以為禹貢之篇傳分其圻界正義曰詩傳云圻疆也分其疆界

60.《尚书正义》

南宋绍兴两浙东路茶盐司刊本。框高21.5厘米、宽15.5厘米。

此为《尚书》经、注、单疏合刊第一本。

北京图书馆藏。

此据《中国版刻图录》图版七〇复制。

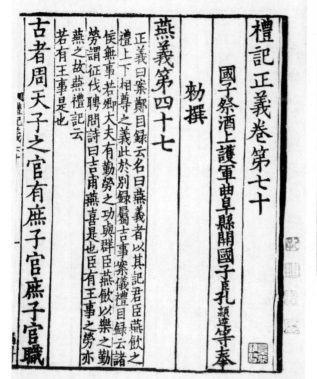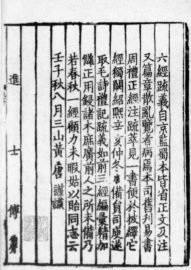

61.《礼记正义》

南宋绍熙三年（1192年）绍兴两浙东路茶盐司刊本。框高21.3厘米、宽15.8厘米。

卷末有壬子（绍熙三年）三山黄唐刊记并校正官宣教郎两浙东路提举常平司干办公事李深等衔名
十一行。

原内阁大库书，现分藏北京图书馆和北京大学图书馆等处。

此系北京图书馆藏本。

此据《中国版刻图录》图版七二、七三复制。

毛詩正義卷第二十六

唐國子祭酒曲阜縣開國子臣孔穎達　等奉

勅撰定

正大雅

文王　大明

文王七章章八句　文王至作周　正義曰作文王詩者言文王能
受天之命而造立周邦故作此文王之詩以歌述其事也上文王篇
名之目下文王指而說其事經五章以上皆是受命作周之事也六
章以下爲因戒成王言以勗亡爲鑒用文王爲法言文王之能伐紂
其法可則於後亦是受命之事故序言受命作周以摠之　箋受命
至周邦　正義曰言受命作周是創初改制非天命則不能然故云
受命受天命也周雖舊邦其命維新是立周邦也無逸曰文王受
命惟中身厥享國五十年注云中身謂受命謂受厥王嗣立
之命彼謂文王爲諸侯受天子命也此述文王爲天子故爲受天命也
宲春秋說題辭云河以通乾出天苞雒以流坤吐地符又易坤靈圖云

62.《毛诗正义》

南宋绍兴九年（1139年）绍兴府刊单疏本。框高23.1厘米、宽15.9厘米。

卷末有书写、校勘、都勘、详勘、再校各官衔名20行，次淳化三年壬辰（992年）四月进书官衔名李沇等四人11行，次列"绍兴九年九月十五日绍兴府雕造"，下接校对官、管干雕选官衔名各2行。日本《东方文化丛书》本即据此影印。

日本杏雨书屋藏。

此据《东方文化丛书》（1936年）印本复制。

文選卷第三十四

梁昭明太子撰

五臣并李善注

七上

枚叔七發八首

曹子建七啓八首

七發八首

枚叔

善曰七發者説七事以起發
太子也猶楚詞七諫之流

銳曰漢書云枚乘字叔淮陰人也善屬辭賦爲吳王濞
郎中令吳王反乘諫不從乃事梁孝王孝王薨歸於淮
陰武帝即位知其賢以蒲輪徵之乘死於路孝王時恐孝
王友故作七發以諫之七者少陽之數欲發陽明於君也

八首者上一首是序中六是所諫不欲犯其顔末一首始
陳正道以于之假立楚太子及吳客以爲語端矣善注同

63.《文选注》

南宋绍兴间明州刊本。框高21.7厘米、宽14.7厘米。

卷末有绍兴二十八、二十九年（1158—1159年）明州参军卢钦修版刊记。

北京图书馆藏。

此据《中国版刻图录》图版八一复制。

560447

攻媿先生樓公文集序

鄞山參政樓公攻媿先生

文集第一百二十卷建

安真德秀伏讀而嘆曰嗚呼此可以觀公立朝

事君之大節矣益公之文如三辰五星森麗天

漢昭昭乎可觀而不可窮如泰華嵩嶽芟泄雲

雨巖巖乎真測其巔際如九江百川波瀾蕩潏

淵淵乎不見其涯涘人徒見其英華發外之盛

而不知其本有在也慶元初韓侂冑除知

閣門事忠肅彭公力諫攻侂冑内祠彭公予郡

公在瑣闥極論

去者不復侍左右留者召

64.《攻媿先生文集》

南宋中期明州刊本。宋讳缺笔至廓字。框高22.3厘米、宽15.3厘米。
此书雕印俱精，疑是楼氏家刊本。
北京大学图书馆藏。
此据《北京大学图书馆藏善本书录》（北京大学出版社，1998年）图版复制。

周禮卷第二

天官冢宰下　周禮

鄭氏注

醫師掌醫之政令，聚毒藥以共醫事。毒藥，藥之辛苦者，藥之物恬多。凡邦之有疾病者、疕瘍者造焉，則使醫分而治之。疕頭瘍亦謂禿也，身傷曰瘍。分之者醫各有能歲終則稽其醫事以制其食，十全為上，十失一次之，十失二次之，十失三次之，十失四為下。食祿也。全猶愈也，以失四為下者，五則半矣，或不治自愈。

食醫掌和王之六食、六飲、六膳、百羞、百醬、八珍之齊。和調也，齊謂食飲宜溫。凡食齊眂春時，飲宜溫。羹齊眂夏時，羹宜熱。醬齊眂秋時，醬宜涼。飲齊眂冬時。飲宜寒。凡和，春多酸，夏多苦，秋多辛，冬多鹹，調以滑甘。各尚其時味而甘以成之，猶水火金木之載於土也。凡會膳食之宜，牛宜稌，羊宜黍，豕宜稷，犬宜粱，鴈宜麥，魚宜苽。會成也，謂其味相成。鄭司農云菰雕胡也，爾雅曰稌稻菰彫胡也。凡君子之食恆放焉。放猶依也。

疾醫掌養萬民之疾病。四時皆有癘疾，春時有痟首疾，夏時有痒疥疾，秋時有瘧寒疾，冬時有嗽上氣疾。癘疾氣不和之疾。痟酸削也首疾頭痛也。痒疥氣逆喘也。五行傳曰

65.《周礼注》

南宋初期婺州唐宅刊本。框高19.6厘米、宽13.1厘米。

卷三后有"婺州市门巷唐宅刊"牌记。

北京图书馆藏。

此据《中国版刻图录》图版八八复制。

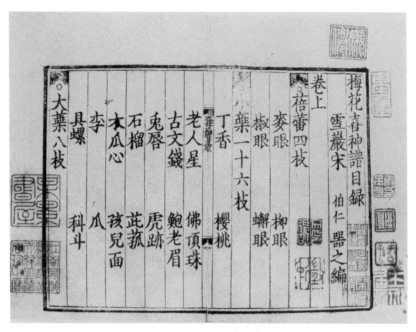

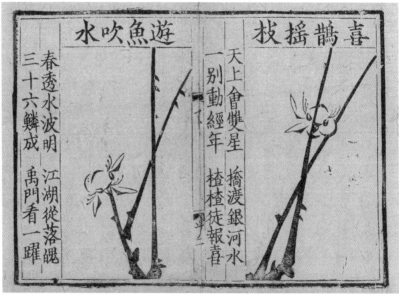

66.《梅花喜神谱》

南宋景定二年（1261年）金华双桂堂刊本。

《续古逸丛书》印本即据此本影印。

上海博物馆藏。

上图据《中国版画史图录・唐宋元版画集》；

下图据苏州博物馆编《攀古奕世：清代苏州潘氏的收藏》（2018年）210页下图复制。

絲髮不逢時如何師云吽我不曾見此問先跳三千倒
退八百你合作
廢生僧云諾師云先責一紙罪狀好便打其僧擬出師云來我共你葛藤
托即乾坤大地你且道洞庭湖裏水深多少僧云不曾量度師云洞庭湖
又作麼生僧云只爲今時師云只遮葛藤尚不會乃打之問如何是觸途
無滯底句師云我不徒廢道云師作麼生師作麼生道師云笑削過西天十萬里向大
唐國裏等候有僧扣門師云作麼已事未明元師指示師云遮裏且有
棒方開門其僧擬問師便擱其僧口問以字不成八字不是是何章句師
彈指一聲云會麼師云不會師云上來表讚無限勝因蝦蟇跳上梵天蚯
蚓走過東海西峯長老來參師致茶果命之令坐問云長老今夏在什麼
處安居云蘭谿師云有多少徒衆云七十來人師云時中將何示徒長老
拈起甘子呈云已了師云著什麼死急有僧新到參方禮拜師叱云賊物見
因何偷住果子喫僧云學人才到和尚爲什麼道偷果子師云贓物見
在師問僧近離什麼處曰仰山師曰五戒也不持曰某甲什麼處是妄語
師云遮裏不著沙彌
杭州千頃山楚南禪師閩中人也姓張氏自髫齔投開元寺曇靄禪師

67.《景德传灯录》

南宋绍兴四年（1134年）台州刊本。框高25.6厘米、宽17.8厘米。

有绍兴四年朝奉大夫充右文殿修撰权发遣台州军判事刘芘序。

上海商务印书馆《四部丛刊三编》所收《景德传灯录》中所谓北宋本即此本。

此据《四部丛刊三编》印本复制。

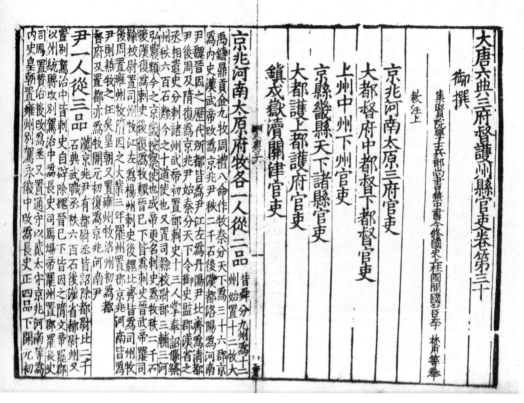

68. 《大唐六典》

南宋绍兴四年（1134年）温州州学刊本。框高20.8厘米、宽13.7厘米。

卷末有绍兴四年知温州永嘉县主管劝农公事詹棫刊书题志和温州州学教授张希亮校正衔名。

内阁大库旧藏，现分藏北京大学图书馆、北京图书馆和南京博物院。

《古逸丛书三编》印本即据此本影印。

此据《中国版刻图录》图版一○四复制。

東家雜記上

右朝議大夫知撫州軍州事兼管內勸農使仙源
縣開國男食邑三佰戶借紫金魚袋孔傳編

姓譜
母顏氏
追封謚號
嗣襲封爵沿改
鄉官

先聖誕辰諱日
歷代崇奉
要弁官氏
改衍聖公告

晉契以佐禹治水有功封於商而賜姓子氏至

姓譜

周成王時以商之帝乙長子微子啟國於宋
卒立其弟微仲衍微仲衍生宋公稽宋公稽生
丁公申丁公申生父正考父正考父生周宋父
何弗父何生宋父周宋父生孔父嘉父生孔嘉父者其字也
而先儒以謂當時所賜號者誤矣孔嘉父生木
金父木金父生祁父五世親盡別為公族祁父
因以王父字為孔氏而其子孔防叔避宋華督
之難奔魯為大夫因家於魯孔防叔生伯夏伯
夏生叔梁紇長子曰孟皮有疾不任繼嗣次子則

69.《东家杂记》
南宋初期衢州孔氏家庙刊本。框高19.3厘米、宽13.9厘米。
《续古逸丛书》印本即据此影印。
北京图书馆藏。
此据《中国版刻图录》图版九七复制。

70.《三国志注》

南宋绍兴间衢州州学刊本。框高20.6厘米、宽14.5厘米。

卷末刊"右修职郎衢州录事参军蔡宙校正兼监镂板""左迪功郎衢州州学教授陆俊民校正"两行。

此据《北京大学图书馆藏善本书录》(北京大学出版社，1998年)图版复制。

71.《大方广佛华严经修慈分》

福州东禅寺《崇宁万寿大藏》本。此经系北宋元丰八年（1085年）刊本。梵笑装。框高24.7厘米。

卷前有元丰八年福州东禅寺觉院刊记。

此据《第四批国家珍贵古籍名录图录》第09958号图版复制。

佛說優填王經

西晉釋法炬譯

聞如是一時佛在拘深國國王號曰優填拘
深國有逝心名摩因提生女端正華色世間
少雙父覩女容一國希有名曰無比隣國諸
王群寮豪姓靡不欽焉父荅曰若有君子容
與女齊五其應之佛時行在其國逝心覩佛
三十二相八十種好身色紫金魏魏堂堂光
儀無上心喜而曰吾女護兒歸語其妻曰吾

福州管內……緣就開元禪寺雕造毗盧大藏經印板一副計五百餘函恭為
今上皇帝祝延聖壽同外臣僚同資祿位都會首絪緣陳靜張嗣林楠陳芝林昭
劉居中蔡康國陳詢蔡俊臣劉衛陳靖謝忠前管句沙門本悟見管句沙門僧仟
證會剛任持本明見任持淨慈天師陳超當山三殿大王天聖四洲時宣和六年　月　日　謹題

72.《佛说优填王经》

福州开元寺《毗卢大藏》本。此经系北宋宣和六年（1124年）刊本。梵筴装。框高22.2厘米。
卷前有宣和六年福州开元禅寺刊记。
此据《北京大学图书馆藏善本书录》（北京大学出版社，1998年）图版复制。

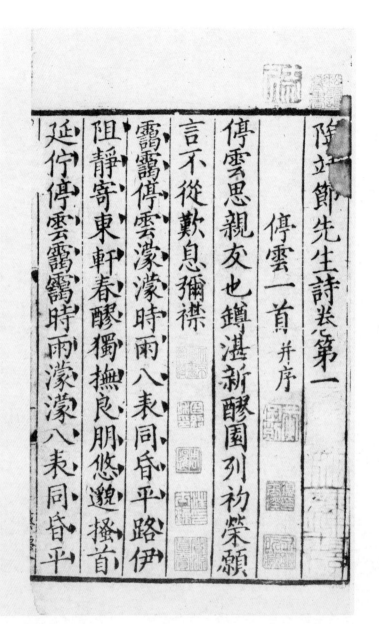

73.《陶靖节先生诗注》
南宋咸淳间福州刊本，框高18.9厘米、宽13厘米。
北京图书馆藏。
此据《中国版刻图录》图版一九六复制。

74.《后汉书注》

南宋初期建阳王叔边刊本。框高18.2厘米、宽13.1厘米。

目录后有钱塘王叔边牌记，王叔边盖浙人而开设书肆于建阳者。

北京图书馆藏。

此据《中国版刻图录》图版一六〇、一六一复制。

75.《类编增广黄先生大全文集》
南宋乾道间麻沙镇刘仲吉宅刊本。框高20厘米、宽13厘米。
卷末有"麻沙镇水南刘仲吉宅近求到类编增广黄先生大全文集计五十卷比之先印
行者增三分之一不欲私藏庸镵木以广其传幸学士详鉴焉，乾道端午识"牌记。
北京大学图书馆藏。
此据《涉园所见宋版书影》第一辑（1937年）复制。

76.《春秋公羊经传解诂》
南宋绍熙二年（1191年）建阳余仁仲万卷堂刊本。框高17.8厘米、宽12厘米。
序后有绍熙辛亥建安余仁仲刊书记6行。
北京图书馆藏。
此据《中国版刻图录》图版一七〇复制。

留侯世家第二十五　　史記五十五

留侯〔正義曰括地志云故留城在徐州沛縣東南五十五里今城內有張良廟也〕張良者

其先韓人也〔索隱曰韋昭云始見高祖於留故因以為號也〕〔按張良出於韓之公族姬姓也秦索賊急乃改姓名而韓先有張去疾及張譴恐良之先代非韓人也〕〔正義顏氏云〕〔索隱曰按地志云〕〔按王符皇甫謐並以良為韓之後〕〔歷代相韓故知其先韓人也〕

大父開地〔索隱曰祖父曰大父〕〔正義顏氏云祖父曰大父〕〔索隱曰按地志云〕相韓昭侯宣惠

王襄哀王父平〔系本亦作桓惠王〕相韓釐王悼惠王〔索隱曰韓系家又作桓惠王〕

悼惠王二十三年平卒二十歲秦滅韓良年

少未官事韓韓破良家僮三百人弟死不葬悉

以家財求客刺秦王為韓報仇以大父父五世

77.《史记集解索隐正义》

南宋中期建阳黄善夫家塾刊本。框高19.9厘米、宽12.6厘米。

卷首集解序后有"建安黄善夫刊于家塾之敬室"牌记。

北京图书馆藏。

此据《中国版刻图录》图版一七五复制。

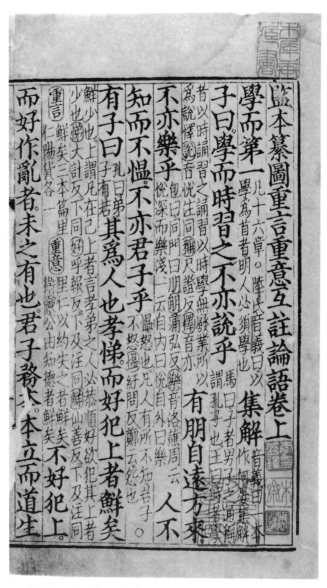

78.《监本纂图重言重意互注论语》
南宋中期建阳天香书院刘氏刊本，框高21.2厘米、宽12.2厘米。
序后有"刘氏天香书院之记"行书牌记。
北京大学图书馆藏。
此据《北京大学图书馆藏善本书录》（北京大学出版社，1998年）图版复制。

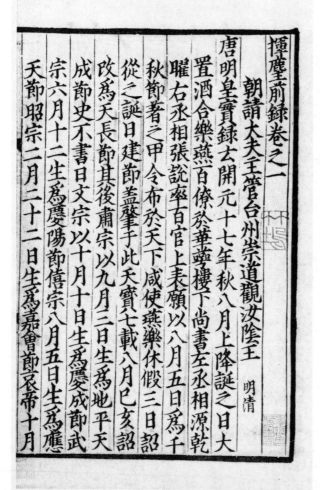

唐崔相國德政碑

顏魯公墨帖

團石識語

趙知府跋

揮塵錄餘話總目終

此書浙間亦刊此前錄四卷。學士
大夫恨不得見全書今得　王知府
宅真本全帙四歸條章無遺減冠世
之異書此數三復校区鋟求以衍其
傳　覽者幸　鑒龍山書堂　謹送

揮塵前錄卷之一

朝請大夫王䇓官台州崇道觀汝陰王
明清

唐明皇實錄云開元十七年秋八月上降誕之日大
置酒合樂燕百僚於華萼樓下尚書左丞相源乾
曜右丞相張說率百官上表願以八月五日為千
秋節著之甲令布於天下咸使宴樂休假三日詔
從之誕日建節蓋肇于此天寶七載八月巳亥詔
改為天長節其後肅宗以九月三日生為地平天
成節史不書其日文宗以十月十日生為慶成節武
宗六月十二日生為慶陽節僖宗八月五日生為嘉
天節昭宗二月二十二日生為嘉會節哀帝十月

79.《挥塵录》

南宋中期建阳龙山书堂刊本。框高19.5厘米、宽13厘米。

余话目录后有龙山书堂刊书记。

北京图书馆藏。

此据《中国版刻图录》图版一八九、一九○复制。

分門集註杜工部詩卷之十七

投贈

古詩一首　　律詩六首

奉贈韋左丞丈二十二韻

紈袴不餓死　儒冠多誤身

80.《分门集注杜工部诗》

南宋中期建阳刊本。框高19.5厘米、宽12.8厘米。

《四部丛刊初编》印本即据此影印。

北京图书馆藏。

此据《中国版刻图录》图版一九三复制。

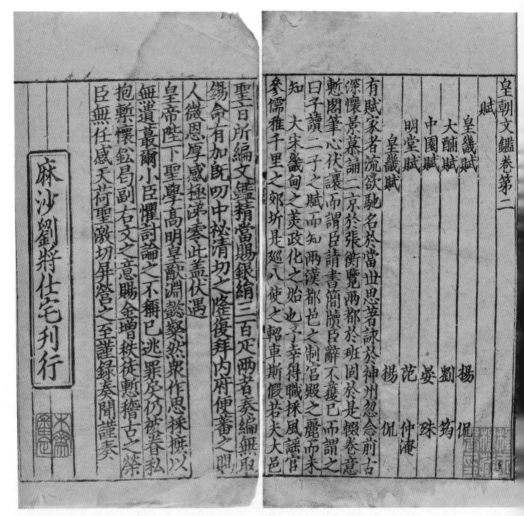

81.《皇朝文鉴》

南宋麻沙刘将仕宅刊本。框高20.5厘米、宽12.75厘米。

卷前淳熙四年（1177年）吕祖谦奉旨铨次札子后有"麻沙刘将仕宅刊行"木记。

北京大学图书馆藏。

此据《第一批国家珍贵古籍名录图录》第01226号图版复制。

育德堂奏議卷第一

淳熙輪　對劉子一　十四年十二月

臣聞有高世之德必有高世之功仰惟　陛下
明有以照萬幾志有以運四海持之以恭儉達
之以寬仁而充之以樂善無我二十六年之間
日新而無倦　聖德之盛上符帝王而非漢唐
諸君所可堂矣夫有是德斯有是功而　陛下
方慊然於大功之未立　聖明之所獨見者猶
蔽於群議之難合　聖志之所獨存者猶牽於

82.《育德堂奏议》

南宋嘉定间建宁府刊本。框高22.2厘米、宽14.6厘米。

北京图书馆藏。

此据《中国版刻图录》图版一九七复制。

時務也鏤板于學雖秀民隸業歷歲
有陳亦長此邦者之所願欲也書舊
有序姑跋其後去紹興壬戌秋七月
中澣日官舍西齋序
汀州寧化縣學鏤板　　司書雷大方校勘
右迪功郎汀州寧化縣東尉劉　嘉猷
左迪功郎汀州寧化縣主簿胡　珵
承節郎汀州清流寧化兩縣巡檢鄧　助

83.《群经音辨》

南宋绍兴十二年（1142年）汀州宁化县学刊本。框高20.8厘米、宽13.8厘米。

卷末有绍兴十二年知汀州宁化县王观国刻书后序和县学镂板、校勘监刻人衔名12行。

北京图书馆藏。

此据《中国版刻图录》图版二〇四复制。

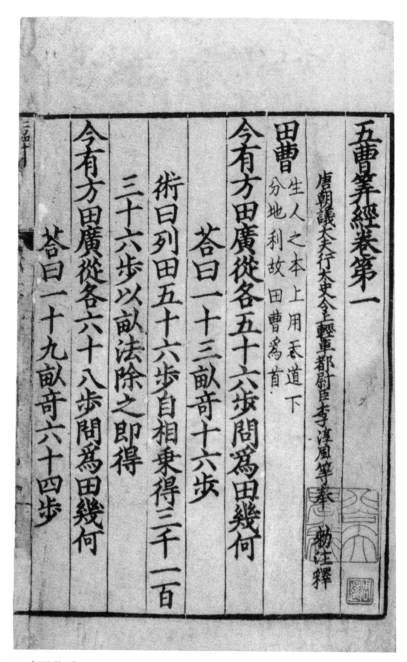

84.《五曹算经》

南宋嘉定六年（1213年）汀州鲍瀚之刊本。框高20厘米、宽14.5厘米。

北京大学图书馆藏。

此据《北京大学图书馆藏善本书录》（北京大学出版社，1998年）图版复制。

85.《佛说阿惟越致遮经》

益州《开宝藏》本。此经系北宋开宝六年（973年）成都府刊、大观二年（1108年）开封印经院印本。

卷轴装。框高22.5厘米。

卷末有"大宋开宝六年癸酉岁奉敕雕造"和熙宁辛亥（四年，1071年）大观二年两木记。

现藏北京图书馆。

此据《中国版刻图录》图版二二〇复制。

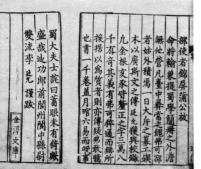

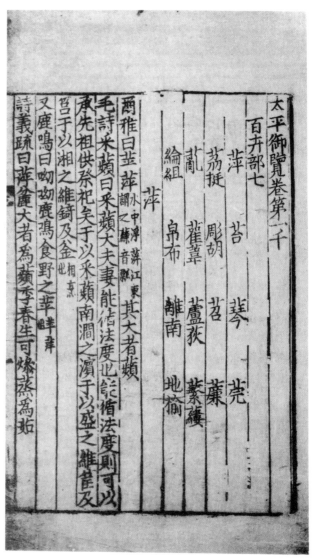

太平御覽卷第二千

百卉部七

萍　荇　琴
荔挺　彫胡　莞
亂　崔葦　薕
綸組　蘆荻　苕
帛布　離南　紫穰
地楡

萍　水中浮洴江東其大者蘋

爾雅曰苹萍調之蘇音

毛詩米蘋曰采蘋大夫妻能循法度也能循法度則可以
承先祖供祭祀矣于以采蘋南澗之濱于以盛之維筐及
曰于以湘之維錡及釜相

又鹿鳴曰呦呦鹿鳴食野之苹

詩義疏曰苹蘆麤大者為蘋季春生可燃蒸為茹

86.《太平御览》

南宋庆元五年（1200年）成都路转运司刊本。

卷前有庆元五年成都路转运判官蒲叔献序及前阆中县尉双流李廷允跋。

《四部丛刊三编》印本即据此影印。

日本宫内厅书陵部、东福寺藏。

此据《日藏珍稀中文古籍书影丛刊》（国家图书馆出版社，2014年）图版复制。

春秋經傳集解宣上第十　杜氏

盡十一年

經元年春王正月公即位　傳無　公子遂如齊
逆女　不譏喪娶者不待聘而自　明世卿爲君逆例在文四年三月遂以夫

人婦姜至自齊　稱婦有姑之辭　不書氏史闕文　夏季孫行父

如齊晉放其大夫胥甲父于衛　放者受罪黜　免宥之以遠

公會齊侯于平州　平州齊地在泰山牟縣西　公子遂如齊

六月齊人取濟西田　魯以賂齊齊人不　用師徒故曰取　秋邾

87. 《春秋经传集解》
南宋成都府刊本。框高23.5厘米、宽16.5厘米。
此本疑即《九经三传沿革例》著录之蜀学大字本。
北京图书馆藏。
此据《中国版刻图录》图版二二一复制。

88.《孟子》

南宋成都府刊本。

疑亦蜀学大字本群经之一。《续古逸丛书》《四部丛刊初编》印本即据此影印。

此据《四部丛刊初编》印本复制。

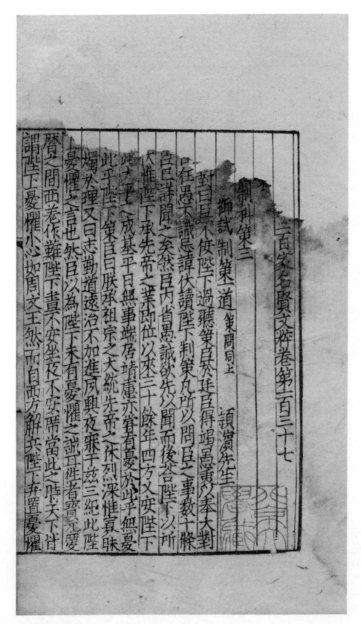

89.《新刊国朝二百家名贤文粹》
南宋庆元三年（1197年）眉山书隐斋刊本。框高18.3厘米、宽12厘米。
有庆元三年咸阳书隐斋刊书跋。
北京大学图书馆藏。
此据《第三批国家珍贵古籍名录图录》第07237号图版复制。

新編近時十便良方卷第十二

一治一切氣疾諸方上

一心腹痛方　　小弱氣付

一單方

治道途呼吸寒氣忽覺惡心口吐清涎心腹痛宜服薑散
子方。攻衍方

右使良薑不以多少剉如骰子大如寒氣心腹痛即取
壹塊含之嚥津極妙

最聖散治心脾疼。胡氏方

右取吳茱萸肆拾玖粒或百粒以下手捻令光用生薑
醋湯下即時痛止

備急療心痛桂酒方

右荊桂心末温酒服方寸匕須更陸朶服乾薑依上法

90.《新编近时十便良方》

南宋庆元间眉山地区万卷堂刊本。框高19.7厘米、宽14.2厘米。

目录后有"万卷堂作十三行大字刊行庶便检用请详鉴"牌记。

北京图书馆藏。

此据《中国版刻图录》图版二三一复制。

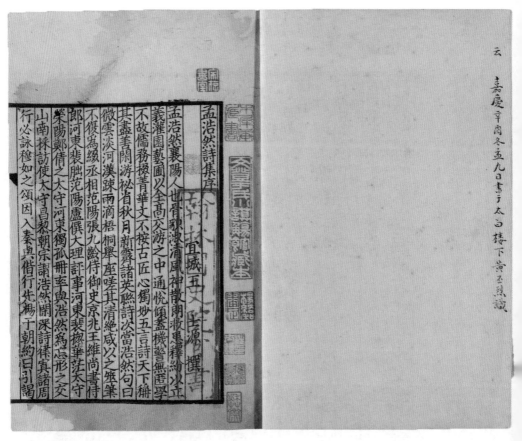

91.《孟浩然诗集》
南宋眉山地区刊本。框高19.4厘米、宽13.5厘米。
北京图书馆藏。
此据《涉园所见宋版书影》第一辑复制。

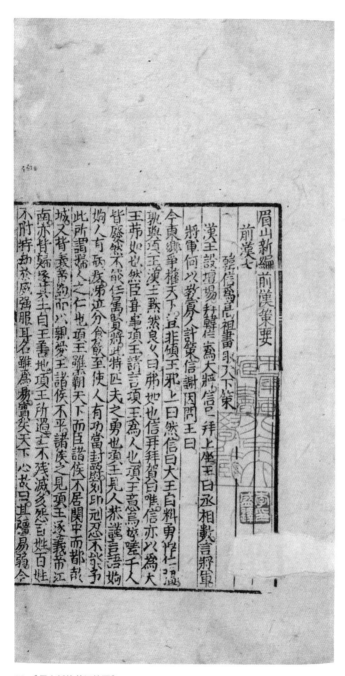

92.《眉山新编前汉策要》

南宋眉山刊本。框高15.4厘米、宽10.8厘米。

北京大学图书馆藏。

此据《北京大学图书馆藏善本书录》（北京大学出版社，1998年）图版复制。

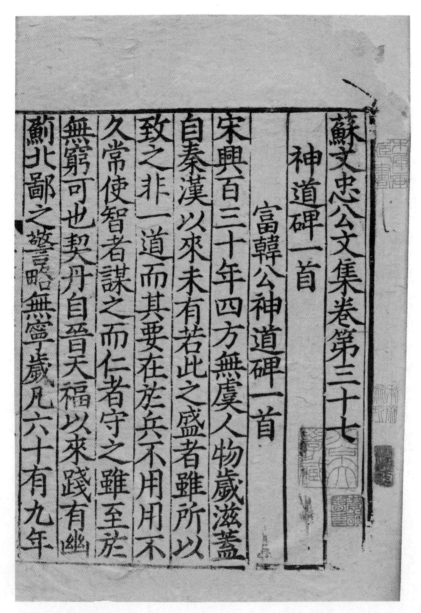

93.《苏文忠公文集》
南宋眉山刊本。框高22.7厘米、宽18.4厘米。
北京大学图书馆藏。
此据《第三批国家珍贵古籍名录图录》第07216号图版复制。

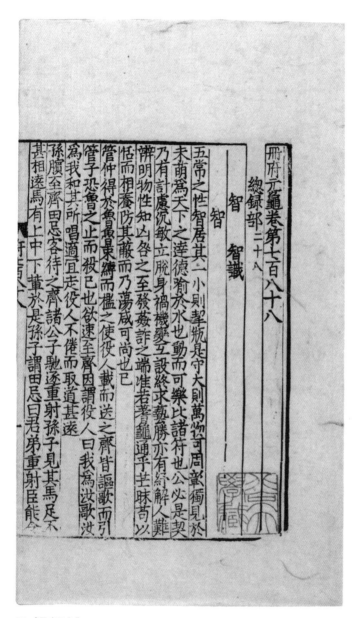

94.《册府元龟》
南宋中期眉山刊本。框高18.6厘米、宽12.3厘米。
北京大学图书馆藏。
此据《北京大学图书馆藏善本书录》(北京大学出版社，1998年)图版复制。

列傳卷第十四　范曄　後漢書

馬援　子廖　子防　兄子嚴　族孫棱　唐章懷太子賢注

馬援字文淵扶風茂陵人也其先趙奢為趙將號曰馬服君子孫因為氏馬服者言能服馭馬也史記曰趙惠文王以奢有功賜爵號為馬服君東觀記曰徙陵成懽里曾祖父通以功封重合矦坐兄何羅反被誅重合縣屬勃海郡故城在今滄州樂陵縣邯鄲徙焉茂陵成懽里武帝時以吏二千石自邯鄲徙焉東馬何羅與江充相善充既誅遂謀反伏誅事見前書故援再世不顯

95.《后汉书注》

南宋绍兴间建康府江南东路转运司刊本。框高21.4厘米、宽17.1厘米。

《百衲本二十四史》印本即据此影印。

北京图书馆藏。

此据《中国版刻图录》图版一〇八复制。

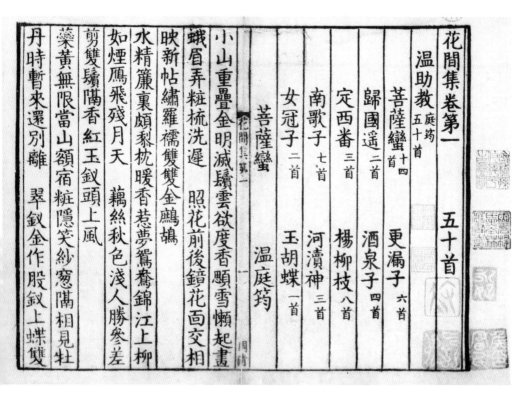

96.《花间集》

南宋绍兴十八年（1148年）建康郡斋刊本。框高18.1厘米、宽11.6厘米。

1955年文学古籍刊行社印本即据此影印。

北京图书馆藏。

此据《中国版刻图录》图版一〇五复制。

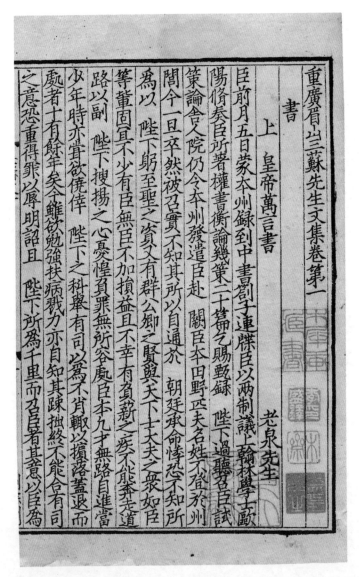

97.《重广眉山三苏先生文集》

南宋绍兴三十年（1160年）饶州德兴县银山庄黎书痴子董应梦集古堂刊本。框高18.3
厘米、宽12.3厘米。

卷二八末刊有"饶州德兴县庄黎书痴子董应梦重行校证，写作大字，命工刊板，衠用
皮纸印造，务在流通，使收书英俊得兹木板，端不负于收书矣，绍兴庚辰除日，因笔
以志岁月云"行书五行。

北京大学图书馆藏。

此据《第一批国家珍贵古籍名录图录》第01239号图版复制。

98.《史记集解索隐》

南宋淳熙三年（1176年）桐川郡斋刊本。框高19.2厘米、宽14.1厘米。

淳熙三年广汉张杅守广德时所刊。

北京图书馆藏。

此据《中国版刻图录》图版一二九复制。

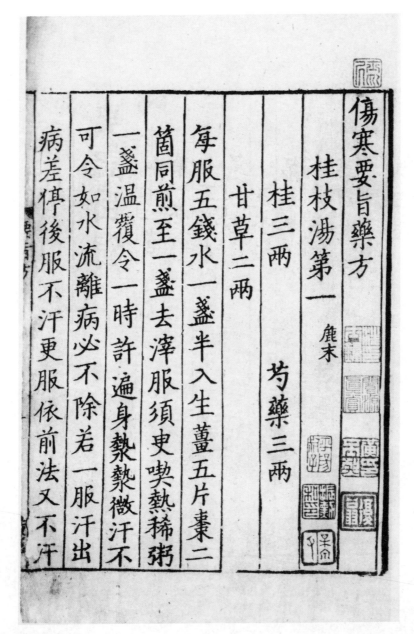

99.《伤寒要旨》

南宋乾道七年（1171年）姑孰郡斋刊本。框高17.2厘米、宽13.3厘米。

姑孰即江南东路的当涂。卷末刊"乾道辛卯岁刻于姑孰郡斋"一行。

北京图书馆藏。

此据《中国版刻图录》图版一二六复制。

文選卷第八　[印]

梁昭明太子撰

文林郎守太子內率府錄事恭軍事崇賢館直學士臣李善注上

畋獵中

司馬長卿上林賦　郭璞注

司馬　長卿

楊子雲羽獵賦

上林賦一首

亡是公听然而笑　笑貌也　听説文曰听笑　善曰説文曰听笑貌也牛隱切

未為得也夫使諸侯納貢者非為財幣所以述職也　曰楚則失矣而齊亦　郭璞曰諸侯

之於天子五年一朝見述其職述職者述其所職也　封疆

俟朝於天子曰述職　善曰尚書大傳曰古者諸侯

100.《文选李善注》
南宋淳熙八年（1181年）池阳郡斋刊本。框高20.7厘米、宽13.5厘米。
卷末有袁说友刊书跋和尤袤跋。
北京图书馆藏。
此据《中国版刻图录》图版一二二复制。

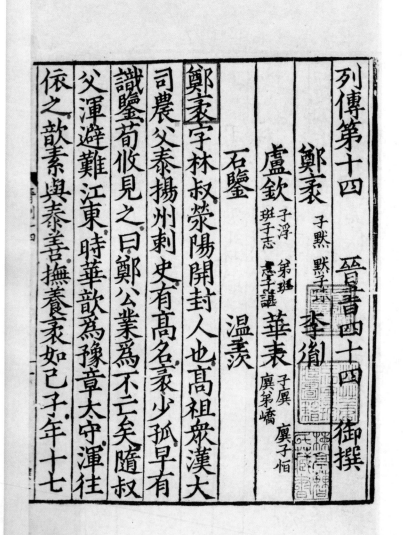

101.《晋书》

南宋嘉泰四年至开禧元年（1204—1205年）秋浦郡斋刊本。框高22厘米、宽17.2厘米。

秋浦即贵池。卷末有池州知州陈谟刊书跋和池州州学学录何巨源校正等衔名。

北京图书馆藏。

此据《中国版刻图录》图版一二三复制。

102.《佛顶心观世音菩萨大陀罗尼经》

北宋嘉祐八年（1063年）虔州赣县刊本。卷轴装。框高约22厘米。

卷末有"虔州赣县孝仁坊清信弟子任清及妻干氏三娘同发升心印造……大宋嘉祐八年岁次癸卯

正月一日谨题"发愿牌记。

1959年，湖南郴县凤凰山宋塔内发现。

现藏湖南省博物馆。

此据《文物》1959年10期第87页图版5复制。

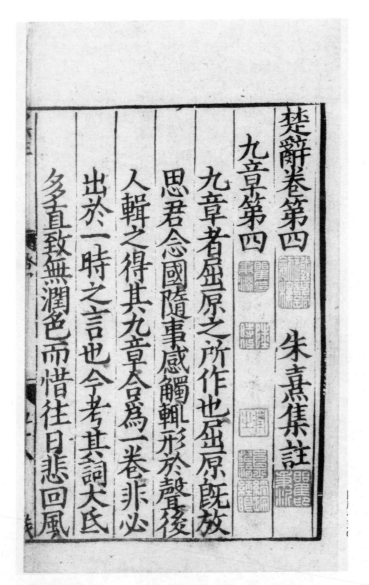

103.《楚辞集注》
南宋嘉定六年（1213年）章贡郡斋刊本。框高18.4厘米、宽10.6厘米。
章贡即赣州。
北京图书馆藏。
此据《中国版刻图录》图版一五〇复制。

禮記卷第五

月令第六　禮記　鄭氏注

月令曰疆所在及昏旦中星上與堯典不合下與今日不同此曆家所謂歲差也

孟春之月日在營室昏參中旦尾中

行一歲十二會聖王因其會而分之以爲大數焉觀斗所建命其四時此云孟春者日月會於諏訾而斗建寅之辰也凡記昏旦日月之　孟長也月之

明中星者爲人君南面而聽天下視時候以授民事

其日甲乙

乙之言軋也日之行春東從青道發生萬物

物月爲之佐時萬物皆解因以爲日名者君統臣功也

其帝大皥其

此倉精之君木官之臣自古以來著德立功者　其

神句芒

也大皥宓戲氏句芒少皥氏之子曰重爲木官　其音角

一謂樂器之聲也三分羽益一以生角角數六十四屬

蟲鱗　鱗龍蛇之屬

象物乎甲將解

其音角

木者以其清濁中民象也春氣和則角聲調樂記曰角亂則憂其民怨凡聲尊甲取象五行數多者濁數少者清大不過宮細不過羽

不過羽

律中大蔟

律候氣之管以銅爲之中猶應也孟春氣至則大蔟之律應應謂吹灰也大蔟

104.《礼记注》

南宋淳熙四年（1177年）抚州公使库刊本。框高20.2厘米、宽14.7厘米。

卷末有淳熙四年抚州公使库刊书人衔名七行。

北京图书馆藏。

此据《中国版刻图录》图版一三七复制。

呂氏家塾讀詩記卷第一

綱領

論語詩三百一言以蔽之曰思無邪　邪誠也　○無

程氏曰

氏曰君子之於詩非徒誦其言又將以考先王之澤蓋法

性非徒以考其情性又將以考

之故其為言率皆樂而不淫憂而不困怨而不傳

度禮樂雖亡於此猶能併與其深微之意而

怒哀而不愁如綠衣傷己之詩也其言不過曰

我思古人俾無訧兮擊鼓怨上之詩也其言不過不

過日土國城漕我獨南行至軍旅數起大夫久

役止日自詒伊阻行役無期度思其危難以風夕

盛德之形容固不飲渴而待言而已若夫知也其言天與憂愁思

焉不過曰苟無飲渴而待言而已若知也其言天下之事美

作應之作者如此能優游不迫也可以邪心所以有取焉

作詩者如此能優游不迫也可以孔子所以讀之乎　○

105.《吕氏家塾读诗记》

南宋淳熙九年（1182年）江西路转运司刊本。

《四部丛刊续编》印本即据此影印。

铁琴铜剑楼瞿氏旧藏。

此据《第一批国家珍贵古籍名录图录》第00245号图版复制。

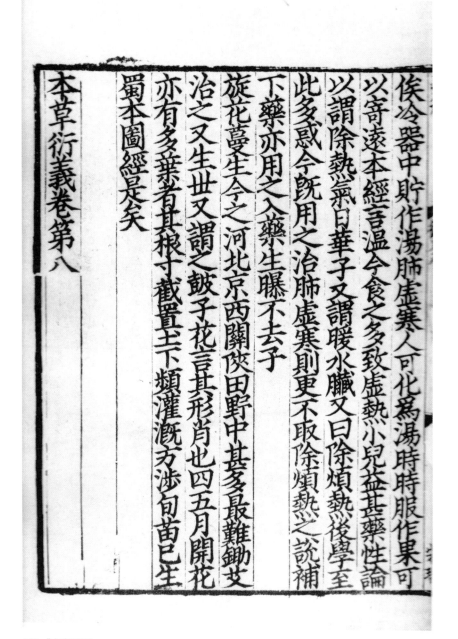

106.《本草衍义》

南宋淳熙十二年（1185年）江西转运司刊本。框高23.1厘米、宽17.4厘米。

北京图书馆藏。

此据《中国版刻图录》图版一三一复制。

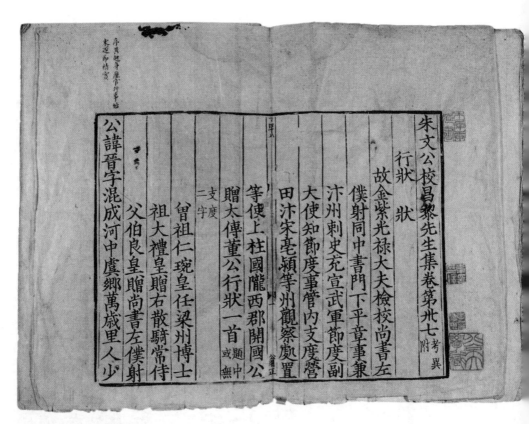

107.《朱文公校昌黎先生集》

南宋绍定六年（1233年）临江军学刊本。蝶装。框高21.6厘米、宽14.6厘米。

内阁大库旧藏。现分藏北京图书馆、北京大学图书馆等处。

此据《北京大学图书馆藏善本书录》（北京大学出版社，1998年）图版复制。

居士集卷第一　歐陽文忠公集一

古詩三十八首

顏跖

顏回歛瓢水陋巷卧曲肱盜跖猒人肝九
州恣横行回仁而短命跖壽死免兵愚夫
仰天呼禍福豈足憑跖身一腐鼠死朽化
無形萬世尚遭戮筆誅甚刀刑思其生所
得豺犬飽臭腥顏子聖人徒生知自誠明
惟其生之樂豈減跖所榮死也至今在光
輝　輝一作先　如日星譬如埋金玉不耗精與英

108.《欧阳文忠公居士集》

南宋庆元二年（1196年）吉州周必大刊本。框高21厘米、宽14.4厘米。
北京图书馆藏。
此据《中国版刻图录》图版一四三复制。

昭德先生郡斋讀書志卷第一上

自漢武帝之後雖世有治亂無不知崇尚典籍劉歆

始著七略總錄群書一曰輯略二曰六藝三曰諸子

四曰詩賦五曰兵書六曰術數七曰方技至荀勗更

著新簿分爲四部一曰甲部紀六藝及小學等書二

曰乙部有古今諸子家及兵書術數三曰丙部有史

記及故事四曰丁部有詩賦圖讃汲之簿蓋合兵書

術數方技於諸子自春秋類摘出史記別爲一六藝

諸子詩賦皆仍歆舊其後歷代所編書目如王儉院

孝緒之徒咸從歆例謝靈運任昉之徒咸從勗例唐

109.《昭德先生郡斋读书志》

南宋淳祐十年（1250年）袁州刊本。框高23厘米、宽18厘米。

卷末有淳祐庚戌黎安朝后序。《续古逸丛书》和《四部丛刊三编》印本即据此影印。

故宫博物院图书馆藏，现存台北故宫博物院。

此据《四部丛刊三编》印本复制。

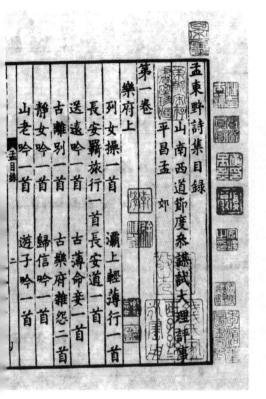

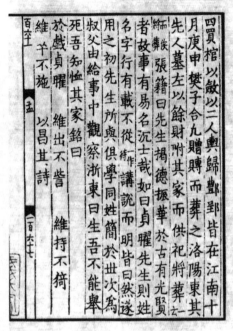

110.《孟东野诗集》

南宋江州刊本。框高16.2厘米、宽10.6厘米。

近年陶湘印本即据此影印。

北京大学图书馆藏。

此据《北京大学图书馆藏善本书录》(北京大学出版社，1998年）图版复制。

111.《春秋经传集解》

南宋嘉定九年（1216年）兴国军学刊本。框高22.2厘米、宽14.5厘米。

卷末有嘉定九年兴国军学教授闻人谟后序并刊书人衔名。

北京图书馆藏。

此据《中国版刻图录》图版二一二复制。

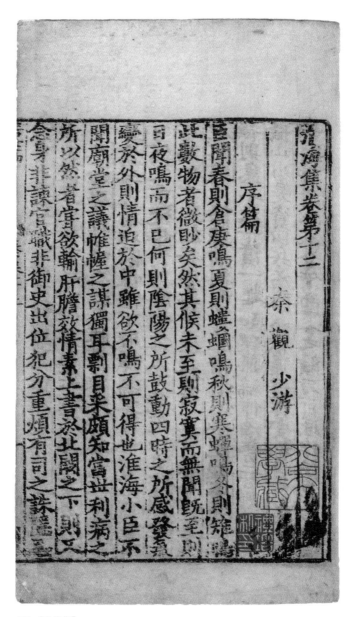

112.《淮海集》

南宋乾道九年（1173年）高邮军学刊绍熙三年（1192年）谢雩重修本。

框高19.9厘米、宽14.1厘米。

此据《北京大学图书馆藏善本书录》（北京大学出版社，1998年）图版复制。

高祖本紀第八　　史記八

高祖　漢書音義曰諱邦張晏曰禮諡法無高以為功最高而為漢帝之太祖故特起名焉　沛　李斐曰沛小沛也劉氏隨魏徙大梁移在豐居

豐邑中陽里人姓劉氏　中陽里孟康曰後　沛為郡豐為縣

字季父曰太公母曰劉媼　文穎曰幽州及漢中皆謂老媼為媼孟康曰長老尊稱也左師謂太后曰媼愛燕后賢長安君禮樂志地神曰媼媼母別名也音烏老反

其先劉媼嘗息大澤之陂夢與神遇是時雷電晦冥太公往視則見蛟龍於其上巳而有身遂產高祖高祖為人隆準而龍顏　服虔曰準音拙應劭曰隆高也顏額顙也齊人謂之顙汝南淮泗之間

113.《史记集解》

南宋绍兴间淮南路转运司刊本。框高22.3厘米、宽17.7厘米。

《建元以来王子侯者表》末有校对无为军军学教授潘旦、监雕淮南路转运司干办公事石蒙正衔名二行。

上海图书馆藏。

此据《中国版刻图录》图版一〇七复制。

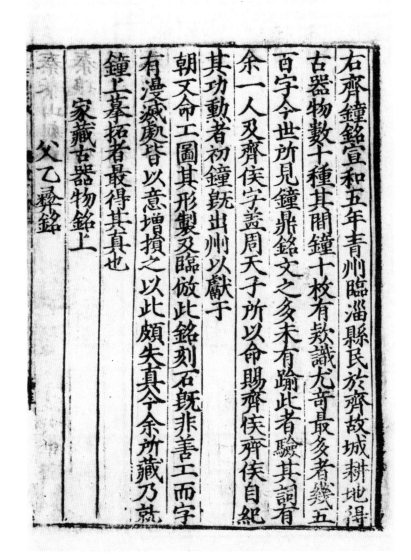

114.《金石录》
南宋淳熙间龙舒郡斋刊本。框高18.1厘米、宽13.2厘米。
龙舒即淮南西路治庐州属下的舒城。
北京图书馆藏。
此据《中国版刻图录》图版一二八复制。

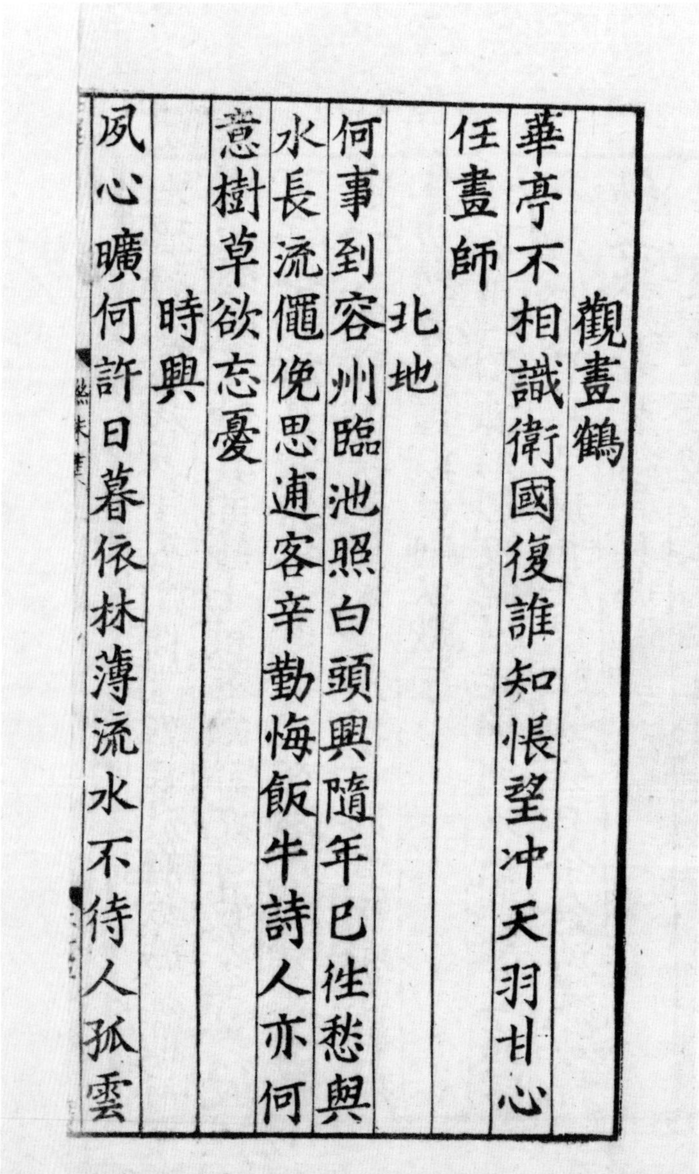

觀畫鶴

華亭不相識衛國復誰知悵望沖天羽甘心

任畫師

北地

何事到容州臨池照白頭興隨年巳徃愁與

水長流僮僱思遄客辛勤悔飯牛詩人亦何

薏樹草欲忘憂

時興

凤心曠何許日暮依林薄流水不待人孤雲

115.《竇氏聯珠集》

南宋淳熙五年（1178年）蘄州王松刊本。框高20.7厘米、寬11.2厘米。

卷末有知蘄州王松刊書跋。《續古逸叢書》和《四部叢刊三編》印本即據此影印。

北京圖書館藏。

此據《中國版刻圖錄》圖版二一四複製。

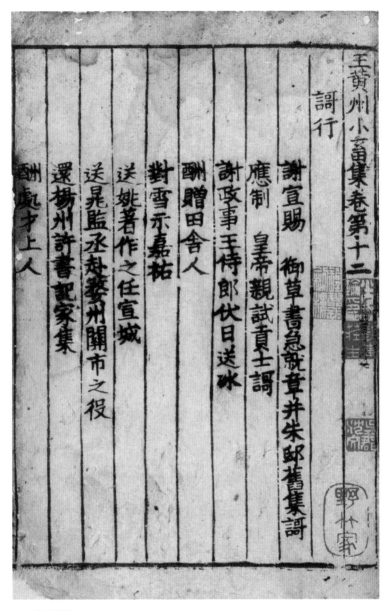

116.《小畜集》

南宋绍兴十七年（1147年）黄州刊本。

卷末吾研斋吕氏抄配页录有绍兴丁卯权知州事沈虞卿刊书跋和雕造此书的公牒、承节郎光黄州巡辖马递铺周郁等校正官衔名。《四部丛刊初编》印本即据此影印。

铁琴铜剑楼瞿氏旧藏。

此据《第一批国家珍贵古籍名录图录》第01077号图版复制。

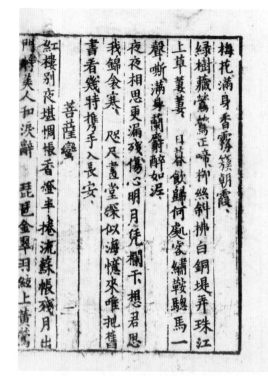

117.《花间集》

南宋淳熙间鄂州公使库刊本。框高16.2厘米、宽11.8厘米。

纸背书淳熙十一年（1184年）、十二年鄂州公文，有进义副尉本州指使监公使库范、鄂州司户参军戴等字样。

北京图书馆藏。

此据《中国版刻图录》图版二一八复制。

建康實錄卷第一

吳太祖上

建康者本楚金陵邑秦改爲秣陵吳改爲建
業晉愍帝諱業改爲建康元帝即位稱建康
官五代仍之不改故其書舉南朝之事

建康者古之金陵地案周禮牽牛婺女之野尚書禹
貢九州曰淮海惟揚州分爲越國立爲揚州此則揚
州之分域又云虞土下濕而多生楊柳以爲名其地此據淮東距海顔介曰南方水土柔和其音清舉
而切天下之能言惟金陵與洛下耳
仲雍讓少弟季歷位俱奔江南百姓從而君之自號
勾吳太伯所築勾吳故城在梅里平墟今常州無錫

118.《建康实录》

南宋绍兴十八年（1148年）江陵府荆湖北路安抚司刊本。框高22.7厘米、宽15.8厘米。

卷末有绍兴十八年荆湖北路重雕校勘官韩轸等衔名。

北京图书馆藏。

此据《中国版刻图录》图版二一五复制。

七十二君詎識無邊之義由是人迷四忍諭
初人文始著雖萬八千歲同臨有截之區
蓋聞造化權輿之首天道未分龜龍繫象之
天冊金輪聖神皇帝製
大周新譯大方廣佛華嚴經序
寶祐三年乙卯十月二十二乙酉良日李 安桧 謹題
菩提心同遊華藏海
永息干戈邊疆寧靜捨財知識福慧增崇頓悟
聖壽文武官僚同資祿位國康民泰時和歲豐
今上　皇帝祝延
大方廣佛華嚴正經一部恭為
襄陽府寄居荊湖北路江陵府先鋒隰慕緣重開

119.《大方广佛华严经》
南宋宝祐三年（1255年）江陵府先锋隰李安桧刊本。梵筴装。框高27厘米。
开卷有"襄阳府寄居荆湖北路江陵府先锋隰募缘重开"宝祐三年李安桧咨文。
北京图书馆藏。
此据《中国版刻图录》图版二一六复制。

睅民詩

帝睅民情匪幽匪明慘或在腹巳如色聲亦無

動威亦無止力弗動弗止惟民之極帝懷民睅

乃降明德乃生明翼明翼並何迺旁迺杜惟房

與杜實爲民路迺定天子迺開萬國萬國既分

迺釋蠹民迺學與仕迺播與食迺器與用迺化貨

與通有作有遷無遷無作士實貢蕩蕩迺展實董

董工實蒙蒙賈實融融左右惟一出入惟同攝

儀以引以遵以乍其風既流品物載休品物載

120.《柳柳州外集》

南宋乾道元年（1167年）零陵郡庠刊本。框高21.7厘米、宽14.2厘米。

卷末乾道元年叶桯《重刊柳文后序》云"郡庠旧有文集，岁久颇剥落。因哀集善本，会同僚参校"，刊于零陵。

北京图书馆藏。

此据《中国版刻图录》图版二五二复制。

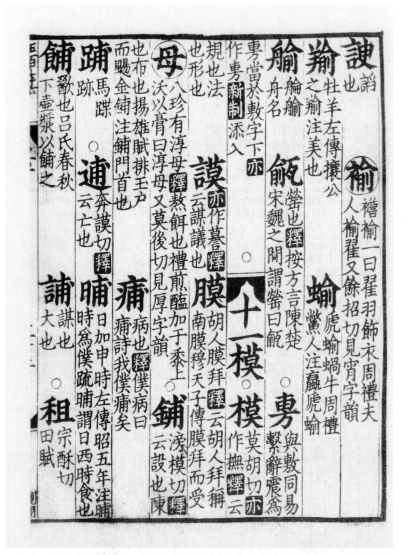

121.《附释文互注礼部韵略》

南宋宝庆间广州刊本。框高23.5厘米、宽17.5厘米。

此书字体刻风与宝庆元年（1225年）广南东路转运司本《九家集注杜诗》同，因疑亦刊自漕司。

北京图书馆藏。

此据《中国版刻图录》图版二四九复制。

遊不歷歧王宅
又和

淵明棄彭澤歸歟在柴桑我里亦其側俯視世
粃糠顧瞻無所憂所憂在絕粮敢辭躬耕勞未
耕山之陽惜哉命之窮仍藏蝛蟹傷去爲游手
民足迹已四方拂衣却歸去焉用祖離觴
　陪晦翁登妙高峯一首
千崖盤屈曲一塔矗空濛它處只山好此中兼
水洪縱觀疑犯斗飛上覺凌風常恨天難近今
朝路已通

122.《义丰文集》
南宋淳祐三年（1243年）惠州王旦刊本。框高20.3厘米、宽14厘米。
淳祐三年吴愈序称刊于惠州之博罗。
北京图书馆藏。
此据《中国版刻图录》图版二五〇复制。

附录一

北京大学图书馆藏朝鲜、日本善本书录

朝鲜本

理学类编八卷　明嘉靖间朝鲜刻本　二册　　李7890

元张九韶辑。此覆刻明成化间杨景刻本。有"养安院藏书"印记。

圣训演三卷　明正嘉间朝鲜铜活字印本　一册　　李3710

明许赞等撰。《四库》失收，中土亦未见传本。此朝鲜中宗朝"甲辰字"印本。卷前有嘉靖二十一年左承旨洪某题记四行，及"宣赐之记""养安院藏书"印记。

三纲行实图三卷　明宣德间朝鲜铸字所刻本　一册　　李5531

明朝鲜偰循等撰。此书系辑我国及朝鲜历代孝子、忠臣、烈女故事，共一百五则，先文赞，后镌图。有"东湖秘藏"印记。

二伦行实图不分卷　明正德间朝鲜金山郡刻本　一册　　李5539

明朝鲜曹伸撰。其书系辑我国及朝鲜历代贤哲"处长幼"与"交朋友"故事，共四十七则，先文后图，例与《三纲行实图》同。卷前有明万历七年朝鲜人题字一行及"金山郡印"印记。

心图不分卷　明嘉靖间朝鲜刻本　一册　　李284

明朝鲜韩屼等撰。有"羽溪后身李成宪家藏印""养安院藏书"印记。

圣贤图像（历代君臣图像）二卷　明嘉靖间朝鲜铜活字印本二册　　李6281

不著撰人。是书先图后文，自伏羲迄许衡凡一百有二人。此明朝鲜中宗朝据正统间刻本以"乙亥字"排印，其图则影也。有"内田氏图书印"。

新刊京本活人心法二卷　明嘉靖间朝鲜刻本　一册　　李1029

明宁献王朱权撰。是书见引于郭晟《家塾事亲》，及朝鲜人所辑之《医方类聚》等书，但自《千顷堂书目》以降即鲜闻著录，盖久佚之籍也。

唐翰林李太白文集六卷　明正统间朝鲜刻本【参看插图1】　一册　　李6060

唐李白撰。此朝鲜李崇之选本。有"读耕斋之家藏""听剑谨读"印记。

圣宋名贤五百家播芳大全文粹存四卷　明正嘉间朝鲜铜活字印本　四册　　李3580

宋魏齐贤等编。此朝鲜中宗朝"乙亥字"印本。是书自宋绍熙后，从未覆刻，故传本绝稀。此朝鲜本，亦未见中外著录。有"宣赐之记""翚川氏图书记"等印记。

格斋赓韵唐贤诗不分卷　明成化十五年朝鲜刻本　一册　　李6537

明朝鲜胤□□辑。有"养安院藏书""于水草堂之印""素石园印""苕香山房之印"等印记。按日本永禄元年（明万历二十年）丰臣秀吉率兵侵朝鲜，入平壤，掠朝鲜铜活字及书籍甚多，归献铜活字于朝，存书籍于养安院。上述有"养安院藏书"印记之朝鲜刻印旧籍，当即丰臣所虏之战利品。

日本本

周易注六卷　日本庆长十年（明万历三十三年）活字印本　三册　　李7609

晋王弼注。此日本德川家康据宋建阳坊刻重言重意本排印，即日人所谓"伏见版《周易》"也。卷末有日人鹿苑西笑叟承兑刊记。有"赐芦文库""不忍文库"印记。

毛诗诂训传笺二十卷　日本旧活字印本　三册　　李3602

汉毛亨撰，郑玄笺。此日本庆长间活字印本。卷末有经注各若干言两行。有"新井氏图书记""荻俊之印""良辅"等印记。

春秋经传集解三十卷　日本旧刻本　十五册　　李7361

晋杜预集解。此日本南北朝时代覆刻宋嘉定兴国军学刻本。有杨守敬、吴慈培、日人市野光彦题记，及"杨守敬印""星吾海外访得秘笈""江户市野光彦藏书记""光彦""迷菴""弘前医官涩江氏藏书记""森氏开万册府之记"等印记。

春秋经传集解三十卷　日本庆长十七年（明万历四十年）以前活字印本　十五册　　李4489

晋杜预撰。按日本庆元间排印《春秋经传集解》凡三家，皆从宋嘉定兴国军学刻本出。此本为三家中之最早者。日本帝室图书馆亦藏此本。卷末有庆长十七年题字一行，知排印尚在是年之前也。有鹈饲彻定"古经堂""彻定之印"印记。

论语十卷　日本天文二年（明嘉靖十二年）刻本　二册　　李8762

此《论语》单经本，系据日本正平双跋本重刻，而删芟何晏集解者。有杨守敬题记。

孟子十四卷　日本旧刻本　三册　　李6542

汉赵岐注。此日本庆元间覆刻日本庆长活字印本。每章末附章指，系从元翠岩精舍刻本出。

大广益会玉篇三十卷　日本庆长九年（明万历三十二年）刻本　五册　　李3571

梁顾野王撰，唐孙强增。此日本京都要法寺释正运等覆刻元至正二十六年南山书院刻本。有"至正丙午良月南山书院新刊"牌记，及"水岛氏图书记""于水草堂之印""素石园木村藏"等印记。

古今韵会举要三十卷　日本旧活字印本　十册　　李4717

元熊忠撰。此日本庆元间据日本应永五年（明洪武三十一年）覆元刻本排印。有"海誉大僧正御牌所书籍不许出门"印记。

史记集解索隐正义一百三十卷　日本旧活字印本　四十九册　　李4006

汉司马迁撰，宋裴骃集解，唐司马贞索隐，张守节正义。此日本庆元间活字印本。

后汉书注八十卷　日本旧活字印本　五十册　　李9035

宋范晔撰，唐章怀太子注。此日本宽永间据元大德九年宁国路儒学刻本排印。有"金泽文库"印记。

标题句解孔子家语三卷　日本庆长四年（明万历二十七年）活字印本　四册　　李3957

元王广谋句解。此日本德川家康据元泰定元年苍岩书院刻本排印，伏见排版第一部书。后附元人所辑《新刊素王事纪》不分卷、《圣朝通制孔子庙记》不分卷，俱罕见。有"赐芦文库"印记。

天工开物三卷　日本明和八年（清乾隆三十六年）刻本　九册　　李2182

明宋应星撰。是书明崇祯间原刻本，中土罕见。此日本江田益英覆刻崇祯本，摹刊极精，上海华通影本即从此出也。

新刊黄帝明堂灸经三卷　日本庆长十八年（明万历四十一年）活字印本　二

　　册　　李591

　　此据元至大四年燕山活济堂刻本排印。卷末有庆长癸丑刊记。

太平圣惠方一百卷　日本旧抄本　五十册　　李3985

　　宋太宗敕辑。此日本江户时代影抄宋刻本。是书中土久佚，日本宫内省图书

　　寮、蓬左文库各藏宋刊残帙，此本即从图书寮宋本录出。有"养安院藏书"

　　印记。

杨氏家藏方二十卷　日本旧抄本　七册　　李3672

　　宋杨倓辑。是书中土久佚，此系日本江户时代影抄宋淳熙刻本，卷末有"以江

　　武官库御本写之"题字一行，知出自今日本宫内省图书寮所藏宋本。有"清川

　　氏图书记"印记。

魏氏家藏方存九卷　日本旧抄本　三册　　李3956

　　宋魏岘辑。此系日本江户时代影抄宋宝庆刻本，日本元治元年（清同治三年）

　　日人某据宋本校过。按此书宋以后无刻本，中土久佚，日本宫内省图书寮藏宋

　　刻残帙，存卷与此同，盖即此本所从出也。有"养安院藏书"印记。

察病指南三卷　日本旧活字印本　一册　　李7510

　　宋施发撰。中土佚书。此日本庆长间据日本室町时代覆宋淳祐刻本排印。卷末

　　有日本岸柳押记。有森立之"森氏""青山求精堂藏书画之记"印记。

新刊名方类证医书大全二十四卷卷首一卷　日本大永八年（明嘉靖七年）

　　刻本　十册　　李5781

　　明熊宗立撰。此日本大永八年阿佐井野宗瑞覆刻明成化三年熊氏种德堂刻本。

　　有日本天文二年（明嘉靖十二年）日人题记。

新刊万病回春八卷　日本庆长十六年（明万历三十九年）活字印本　八

　　册　　李3887

　　明龚廷贤撰。此据明万历二十五年金陵书坊周曰校刻本排印。卷首有原刻牌

　　记。有"清川氏图书记"印记。

群书治要五十卷　日本天明七年（清乾隆五十二年）尾张国刻本　二十五

　　册　　李2783

　　唐魏征等编。此本系日本天明七年尾张藩召细井德民诸人据日本内库所藏镰仓

　　时代抄本，及诸藏书家所藏旧本，并书中所引之现存书籍，比勘校刻，可称此

书惟一善本。《粤雅堂丛书》本、《四部丛刊》本均由此本出。

新雕皇宋事宝（实）类苑七十八卷　日本元和七年（明天启元年）铜活字

印本　十五册　　李1507

宋江少虞撰。此书旧刻中土久佚，此日本后水尾天皇元和七年敕版官书。目录三后有"绍兴二十三年癸酉岁中元日麻沙书坊印行"刊记，知从宋绍兴麻沙本排印。近时诵芬室董氏刻本，即据此本影刻。

新刊鹤林玉露十八卷　日本旧活字印本　三册　　李3560

宋罗大经撰。此日本庆元间活字印本，前有宋淳祐罗大经写刻序。

标题徐状元补注蒙求三卷　日本元和宽永间活字印本　三册　　李7822

唐李瀚撰，宋徐子光补注。《补注蒙求》原本八卷见陈氏《直斋书录解题》，后人据瀚书并为三卷。八卷本今已不存，三卷本则流传海东，文禄五年（明万历二十四年）小濑甫菴始以活字印行。此本即据甫菴印本重排者也。

唐段少卿酉阳杂俎二十卷　日本旧抄本　四册　　李6740

唐段成式撰。此日本江户时代传录明弘治间朝鲜刻本。按是书向以明万历李云鹄刻本为最善，而此本所据之原本，又早于李本者近百年。有"养安院藏书"印记。

成唯识论述记存一卷　日本古写本　一册　　李4713a

唐释窥基撰。此日本平安初期抄本。有日本应德三年（宋元祐元年）日人题记，及"无碍菴"印记。

成唯识论述记存三卷　日本古刻本　三册　　李4713b

唐释窥基撰。此日本镰仓初期刻本。有日本元久元年（宋嘉泰四年）荣辨题记，及"法隆寺一切经""无碍菴"等印记。

成唯识论述记存一卷　日本旧抄本　一册　　李4713c

唐释窥基撰。此日本室町初期抄本。有"无碍菴"印记。

成唯识论述记存六卷　日本庆长十一年（明万历三十四年）抄本　五册　　李4713d

唐释窥基撰。有抄书人朝实题记，及"无碍菴"印记。

义楚六帖二十四卷　日本延宝三年（清康熙十四年）书林村上勘兵卫覆刻宋福州开元寺刻《毗卢大藏》本　二十四册　　李3842

后周释义楚辑。此据宋崇宁间福州《开元毗卢藏》本覆刻。元以来《大藏》并失收，有"紫云藏""缘山北溪义俊藏书"印记。

景德传灯录存九卷　日本贞和四年（元至正八年）刻延文三年（元至正十八年）补修本　三册　李4694a

宋释道原撰。此本系日本覆刻元延祐湖州刻本。有"延祐丙辰重刊于道场山禅幽之菴"、"延文戊戌重开善忠一卷刊行"（卷一末）、"延祐三年刻梓于湖州道场禅幽菴"（卷四末）、"延祐三年刊于湖州道场山禅幽菴"、"延文戊戌重刊于城州东山天润菴"（卷五末）、"释氏希渭刻梓虎岩禅幽之菴"（卷八末）等牌记，及室町时代画家土佐光信之"光信"鼎形印记。

禅林僧宝传三卷　日本旧刻本　三册　李7802

宋释惠洪撰。此日本室町初期覆刻宋宝庆刻本。

无文印二十卷　日本贞享二年（清康熙二十四年）刻本【参看插图2】　十册　李3895

宋释道灿撰。此道灿诗文集，中土久佚。日本帝室图书馆藏宋刻本，即此本所从出。

佛果圜悟禅师碧岩录十卷　日本旧刻本　五册　李2173

宋释重显等编。日本南北朝室町时代镂刻《碧岩录》凡十余家，皆从元延祐峒中张明远刻本出。此本系室町时代刻本，有"峒中张氏书隐刻梓"（卷一、二、三、四、八、九、十末）、"此集自大慧一炬之后，而又重罹兵燹，世鲜善刻今得蜀本校正颇完，犹恐中间亥豕鲁鱼，不无一二，四方俱眼高人为是正之，抄录见教，当复改窜，俾成全美，禅宗幸甚，峒中书隐白"（卷五末）、"峒中书隐鼎刊《圜悟碧岩录》辛巳讫事，四方禅友，或收得《祖庭事苑万善同归录》及禅宗文字世罕刊本者，幸乞见本，当为绣梓以广禅宗，此亦方便接引之一端也，告勿舍玉，幸甚。禀白"（卷六末）等牌记。卷末有"龙源院常住"题字。

重修人天眼目集不分卷　日本乾元二年（元大德七年）刻本【参看插图3】　三册　李3831

宋释智昭撰。此初期"五山版"，有"鹿山首座寮常住"题字，及"法山退藏院"印记。

镇州临济慧照禅师语录不分卷　日本旧刻本【参看插图4】　一册　李7702

宋释慧然等集。日本镰仓迄室町时代覆刻宋本《临济录》凡三家，皆附刊记，此本刊记已佚，察其体势，盖即日本《古刻书史》所载之元应二年（元延祐七年）释妙秀刻本。有"金志院"印记。.

云门匡真禅师广录存一卷　日本旧刻本　一册　　李4923

宋释守坚集。此系日本室町时代覆刻宋福州鼓山王溢刻本。卷首有"瑞鸠山恩
禅庵公用"题字，及"玉印之印"印记。

雪峰空和尚外集不分卷　日本旧刻本　一册　　李7923

宋释慧空编。此日本室町初期覆刻宋淳熙刻本。卷末原有"此版留在嵯峨印
行"刊记，此本已剜去，盖欲充日本贞和间覆宋本也。卷前淳熙戊戌释惠升
《序》，系日本室町时代抄补。有"元口寺印""大行浦愿海藏""寂忍房图书
寮""左田家藏"等印记。

佛果圜悟真觉禅师心要二卷　日本历应四年（元至正元年）临川寺刻本　一
册　　李5514

宋释子文等编。按临川寺版于"五山版"中最负盛誉，此《真觉心要》为临川
寺开版第一部书，雕椠精劲，洵日本覆宋本中之上乘。有日本素轩居士题记，
及"素石园印"印记。

虎丘隆和尚语录不分卷　日本旧刻本　一册　　李5308

宋释嗣端等编。此日本室町初期覆刻日本正应元年（元世祖至元二十四年）刻
本。卷末有日本文明三年（明成化七年）光笃老衲题记并押，卷首有"长庆禅
寺"印记。

大慧普觉禅师宗门武库不分卷　日本旧刻本　一册　　李5167

宋释道谦编。此系日本室町时代覆刻宋淳熙刻本。卷首有"慈尊庵常住"题
字。末附《雪堂行和尚拾遗录》不分卷。

感山云卧纪谈二卷　日本贞和二年（元至正六年）刻本　一册　　李5346

宋释晓莹编。卷末有"贞和丙戌三月吉日沙门明远舍财命工镂梓流通，板留平
岳自快菴中，愿一切众生临死海乘般若舟，速到彼岸"刊记。附《云卧菴主
书》不分卷。

藏乘法数不分卷　日本应永十七年（明永乐八年）刻本　一册　　李6525

元释可遂集。此日本应永十七年覆刻元至正二十年刻本，卷末有释灵通刻书
记。有"养安院藏书""于水草堂之印""素石园印""苔香山房之印"等
印记。

永源寂室和尚语二卷　日本永和三年（明洪武十年）刻本　二册　　李1272

日释永源撰。此系日本仿宋刻本。卷末有日释性均永和丁巳刻书刊记。

中岩和尚语录不分卷　日本旧刻本　二册　　李4047

日释圆月撰，释省缘等编。此系日本室町时代仿宋刻本，疏行无界，写雕秀劲，为"五山版"别开生面之作。卷末有日人宽文十二年（清康熙十一年）题记，及"玉光庵"一印。

祇陀开山大智禅师偈颂不分偈卷　日本旧刻本　一册　　李6398

日释光严等编。此系日本室町时代仿宋刻本。

白氏文集七十一卷　日本元和四年（明万历四十六年）那波道圆活字印本　三十册　　李3986

唐白居易撰。《四部丛刊》即据此本影印。有"获原文库"印记。

山谷诗集注二十卷　日本旧活字印本　十册　　李2779

宋任渊集注。此日本庆元间活字印本。有"惠林什书门外不出""赐芦文库""石川氏藏书记"等印记。

本录摘自纪念北京大学五十周年编印的《北京大学图书馆善本书录》（北京大学出版部，1948年）。此次重刊，除校正讹误、添加书号外，未作增删。每种书后附德化李盛铎木犀轩藏书编号，作"李××××"。

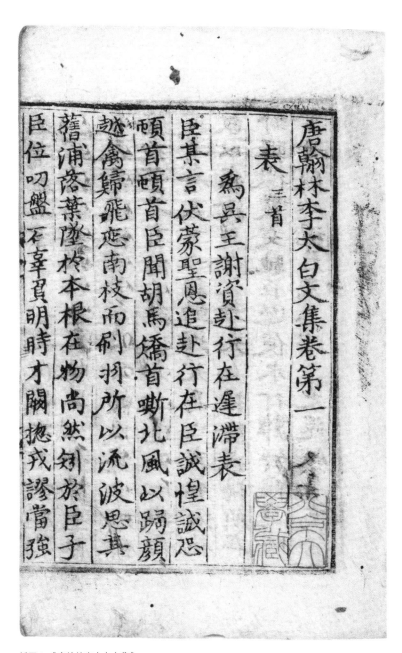

插图 1　《唐翰林李太白文集》

明正统十二年（1447年）朝鲜庆尚道尚州刊本。框高18厘米、宽12.4厘米。

卷末有正统丁卯年前持平李续善跋和尚州监刻诸官以及"刻手禅师尚如海玉"等衔名。

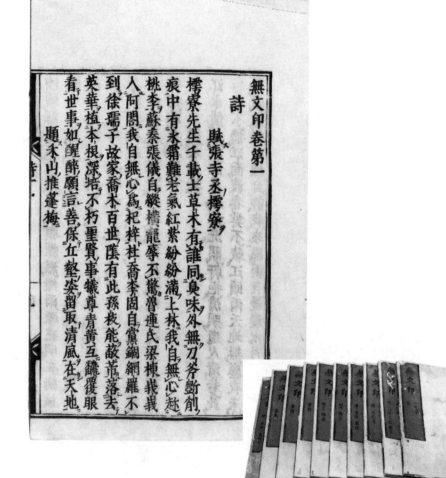

插图2　《无文印》

日本贞享二年（清康熙二十四年，1685年）覆刊宋咸淳九年（1273年）刊本。

框高21.2厘米、宽15.2厘米。

卷末有咸淳九年虚舟普度跋。

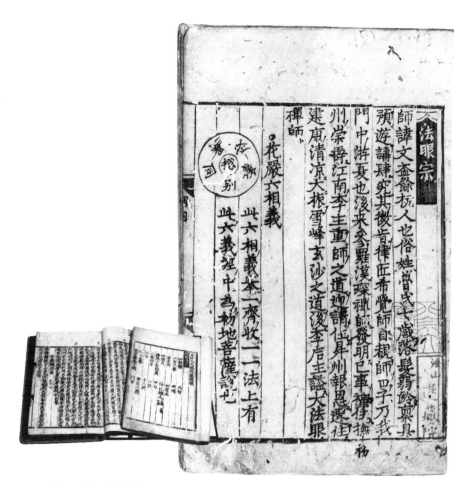

插图3　《重修人天眼目集》
日本乾元二年（元大德七年，1303年）覆刊宋宝祐六年（1258年）刊本。
框高14.2厘米、宽14.7厘米。
卷末有乾元癸卯（二年）桂堂叟穆林跋。

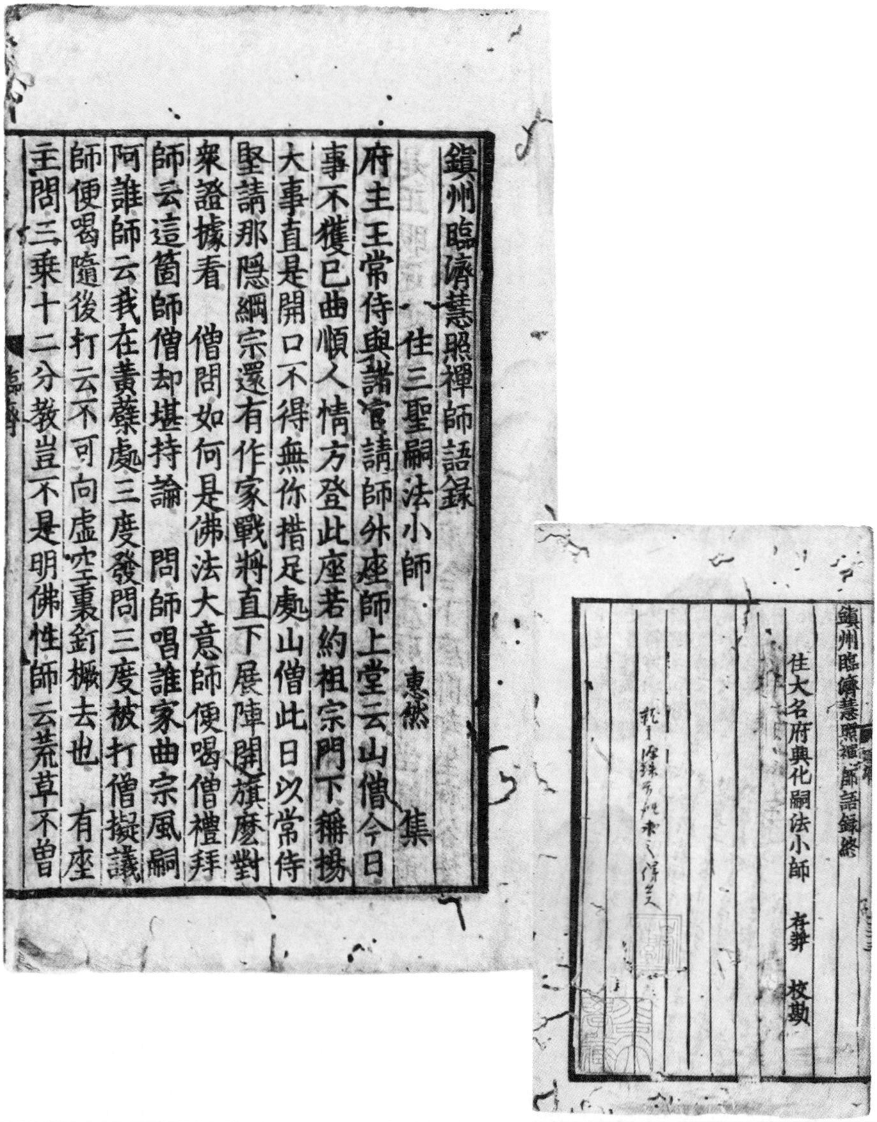

插图4 《镇州临济慧照禅师语录》
日本元应二年（元延祐七年，1320年）妙秀覆刻宋刊本。
框高18.2厘米、宽11.5厘米。
卷前有北宋宣和庚子（二年，1120年）真定府路安抚使马防序。

附录二

北京大学图书馆善本书影选辑拟目

选辑分四项：一、宋元刻本九十种；二、明刻本二十种；三、抄校稿本三十一种；四、朝鲜日本善本十九种。共一百六十种。

一、宋元刻本

后汉书注	宋建安黄善夫刻本	李 8356
三国志注	宋衢州刻元明递修本	李 1513
晋书	元刻本	李 8357
周书	宋刻元明递修本	NC 2599/824.62
资治通鉴	宋刻元印本	李 9034
通鉴总类	元刻本	李 91
五朝名臣言行录	宋刻元印本	李 3493
眉山新编前汉策要	宋刻本	李 8392
新编方舆胜览	宋刻元印本	李 8753
圣朝混一方舆胜览	元刻本	李 882
大唐西域记	北宋崇宁二年（1103年）福州东禅寺刻《万寿大藏》本	
		李 8280
通典	宋刻元印本	李 8892
大唐六典	宋绍熙四年（1134年）温州州学刻本	李 4029
集古录跋尾	宋刻《欧阳文忠公集》本	李 8866
致堂读史管见	宋宝祐二年（1254年）刻本	□ 910.02/4730
泳斋近思录衍注	宋刻本	NC 1042/2943.42
说苑	宋刻本【参看插图7】	李 3
宋提刑洗冤集录	元刻本	李 135
棠阴比事	元刻本	李 95
新编金匮方论	元刻本	李 3504
河间刘守贞伤寒直格	元天历元年（1328年）建安翠岩精舍刻本	李 78
经史证类大观本草	元大德六年（1302年）宗文书院刻本	李 1781
重刊孙真人备急千金要方	元刻本	李 3483
外台秘要方	宋两浙东路茶盐司刻本	李 5335
永类钤方	元至顺二年（1331年）刻本	李 6052
济生拔粹方	元延祐刻本	李 106
世医得效方	元至正建宁路官医提领陈志刻本	李 4750
医说	宋刻元印本	李 8891
五曹算经	宋刻本	李 9090

数术记遗　　宋刻本　　　　　　　　　　　　　　　　　　　　李 9090

算学源流　　宋刻本　　　　　　　　　　　　　　　　　　　　李 9090

重校正地理新书　　元刻本　　　　　　　　　　　　　　　　　李 8890

玉灵聚义　　元天历平江路刻本　　　　　　　　　　　　　　　李 4112

类编阴阳备用差穀奇书　　元后至元三年（1337 年）刻本　　　李 685

图绘宝鉴　　元刻本　　　　　　　　　　　　　　　　　　　　李 4039

饮膳正要　　元刻本【参看插图 4】　　　　　　　　　　　　　李 4671

风俗通义　　元大德刻元公文纸印本　　　　　　　　　　　　　李 9092

桯史　　宋刻元明递修明成化公文纸印本　　　　　　　　　　　李 9075

学斋占毕　　宋刻《百川学海》本　　　　　　　　　　　　　　李 8290

册府元龟　　宋刻本　　　　　　　　　　　　　　　　　　　　李 8915

回溪先生史韵　　宋刻本　　　　　　　　　　　　　　　　　　李 4614

锦绣万花谷别集　　宋刻本　　　　　　　　　　　　　　　　　李 198

古今合璧事类备要　　宋刻本　　　　　　　　　　　　　　　　李 4008

纂图增新群书类要事林广记　　元后至元六年（1340 年）

　　郑氏积诚堂刻本　　　　　　　　　　　　　　　　　　　　李 7556

选编省监新奇万宝诗山　　宋元间广勤堂刻本　　　　　　　　　李 176

新编诗学集成押韵渊海　　元后至元六年（1340 年）

　　蔡氏梅轩刻本　　　　　　　　　　　　　　　　　　　　　李 8304

大方广佛华严经修慈分　　北宋元丰八年（1085 年）

　　福州东禅寺刻《万寿大藏》本　　　　　　　　　　　　　　李 8577

瑜伽师地论义演　　金解州天宁寺刻大藏（《赵城藏》）本□　232.07/3550

金刚寿命陀罗尼念诵法　　元大德十年（1306 年）

　　平江延圣院刻大藏（《碛砂藏》）本　　　　　　　　　　　　李 7398

历代三宝记　　北宋元祐六年（1091 年）福州东禅寺刻

　　《万寿大藏》本　　　　　　　　　　　　　　　　　　　　李 633

法苑珠林　　北宋福州开元寺刻《毗卢大藏》本　　　　　　　　李 5

一切经音义　　宋平江延圣院刻大藏（《碛砂藏》）本　　　　　李 8782

景德传灯录　　宋刻本　　　　　　　　　　　　　　　　　　　李 4694

师子林天如和尚剩语集　　元至正刻本　　　　　　　　　　　　李 3485

重广眉山三苏先生文集　　宋绍兴三十年（1160年）

　　饶州德兴县银山庄谿董应梦集古堂刻本　　　　　　　李9078

文选五臣注　　南宋初杭州开笺纸马铺钟家刻本【参看插图3】

　　　　　　　　　　　　　　　　　　　　□810.079/4420.4

　唐僧弘秀集　　宋刻本　　　　　　　　　　　　李9089

　新雕皇朝文鉴　　宋麻沙刘将仕宅刻本　　　　　李9070

　新刊国朝二百家名贤文粹　　宋刻本　　　　　　李8287

　杜工部草堂诗笺　　宋刻本　　　　　　　　　　李9093

　朱文公校昌黎先生集　　宋刻本　　　　　　　　李79

　增广注释音释唐柳先生集　　宋刻本　　　　　　李9083

　孟东野诗集　　宋刻本　　　　　　　　　　　　李9086

　增广音注唐郢州刺史丁卯集　　元刻本　　　　　李9088

　临川先生文集　　宋刻明印本　　　　　　　　　李76

　苏文忠公文集　　宋刻本　　　　　　　　　　　李8282

　类编增广黄先生大全文集　　宋乾道麻沙镇水南刘仲吉宅刻本　李9085

　淮海集　　宋淳熙高邮郡斋刻明印本　　　　　　李4577

　攻媿先生文集　　宋刻本　　　　　　　NC 5366/4482.01

　梅亭先生四六标准　　宋刻本　　　　　　　□817.5/4072

　道园遗稿　　元至正刻本　　　　　　　　　　　李9081

　伯生诗后　　元后至元六年（1340年）刘氏日新堂刻本　李8881

　苕溪渔隐丛话前集　　元翠岩精舍刻本　　　　　李9081

　苕溪渔隐丛话后集　　宋刻本【参看插图5】　　　李9082

　诗人玉屑　　宋刻本　　　　　　　　　　　　　李99

二、明刻本

　读易备忘　　明嘉靖活字印本　　　　　　　　　李888

　皇明同姓诸王表　　明万历刻本　　　　　　　　李7286

　炎徼纪闻　　明刻本　　　　　　　　　　　　　李4529

　南诏源流纪要　　明嘉靖十一年（1532年）刻本　　李4527

虚庵李公奉使录　　明嘉靖元年（1522年）刻本　　　　　　　　李521

〔洪武〕无锡志　　明初刻本　　　　　　　　　　　　　　　李8852

〔绍定〕海盐澉水志　　明刻本　　　　　　　　　　　　　　李4954

〔嘉靖〕霸州志　　明嘉靖二十七年（1548年）刻本　　　　　李1152

大宁考　　明嘉靖刻本　　　　　　　　　　　　　　　　　　李5284

武经总要　　明弘治刻本　　　　　　　　　　　　　　　　　李7091

家塾事亲　　明弘治十七年（1504年）刻本　　　　　　　　　李18

齐东野语　　明正德刻本　　　　　　　　　　　　　　　　　李111

香奁四友传　　明嘉靖刻本　　　　　　　　　　　　　　　　李497

奇妙全相注释西厢记　　明弘治十一年（1498年）

　　京师书坊金台岳家刻本　　　　　　　　　　　　　NC 5696.1/1336

雨窗欹枕集　　明清平山堂刻本　　　　　　　　　　　□813.21/3441

三遂平妖传　　明钱塘王慎修刻本　　　　　　　　□813.385/6050.1

马石田文集　　明弘治刻本　　　　　　　　　　　　　　　　李4839

覆瓿集　　明万历二十四年（1596年）刻本　　　　　　　　　李406

国朝典故　　明刻本　　　　　　　　　　　　　　　　　　　李1845

张小山小令　　明嘉靖四十五年（1566年）李开先刻本　　　　李4987

三、抄、校、稿本

子夏易传义疏　　清吴骞稿本　　　　　　　　　　　　　　　李7830

注易日记　　清焦循稿本　　　　　　　　　　　　　□091.78/2022

春秋榖梁疏　　明抄本清陈鳣校　　　　　　　　　　　　　　李178

说文解字句解　　清王筠稿本　　　　　　　　　　　　　　　李1821

班马字类补遗　　明抄本　　　　　　　　　　　　　　　　　李333

后汉书补注　　清惠栋稿本　　　　　　　　　　　　　　　　李3460

万历起居注　　明抄本　　　　　　　　　　　　　　　NC 2734/4747

元和郡县图志　　明抄本　　　　　　　　　　　　　　　　　李5522

〔绍熙〕云间志　　明抄本　　　　　　　　　　　　　　　　李165

刭录　　明抄本　　　　　　　　　　　　　　　　　　　　　李4806

四、朝鲜、日本善本

黄帝内经明堂　　　日本永仁四年（元元贞二年〔1296年〕）影抄

　　卷子本　　　　　　　　　　　　　　　　　　　　　　　李3904

太平圣惠方　　　日本影抄宋刻本　　　　　　　　　　　　李3539

杨氏家藏方　　　日本影抄宋淳熙刻本　　　　　　　　　　李3672

魏氏家藏方　　　日本影抄宋宝庆刻本　　　　　　　　　　李3956

察病指南　　　日本据宋淳祐刻本活字印本　　　　　　　李7510

新刊京本活人心法　　　明嘉靖朝鲜刻本　　　　　　　　李1029

新雕皇宋事宝（实）类苑　　　日本元和七年（明天启元年〔1621年〕）

　　据宋绍兴二十三年（1153年）麻沙书坊刻本活字印本　　　李1507

成唯识论述记　　　日本古刻、古抄配本　　　　　　　　李4713

义楚六帖　　　日本延宝三年（清康熙十二年〔1673年〕）

　　覆刻宋福州开元寺刻《毗卢大藏》本　　　　　　　　　李3842

重修人天眼目集　　　日本乾元二年（元大德七年〔1303年〕）

　　　覆刻宋宝祐刻本　　　　　　　　　　　　　　　　　李3831

无文印　　　日本贞享二年（清康熙二十三年〔1684年〕）刻本　　李3895

镇州临济慧照禅师语录　　　日本元应二年（元延祐七年〔1320年〕）

　　刻本　　　　　　　　　　　　　　　　　　　　　　李7702

大慧普觉禅师宗门武库　　　日本覆刻宋刻本　　　　　　李5167

圣宋名贤五百家播芳大全文粹　　　明正德嘉靖间朝鲜活字印本　李3580

唐翰林李太白文集　　　明正统朝鲜刻本　　　　　　　李6060

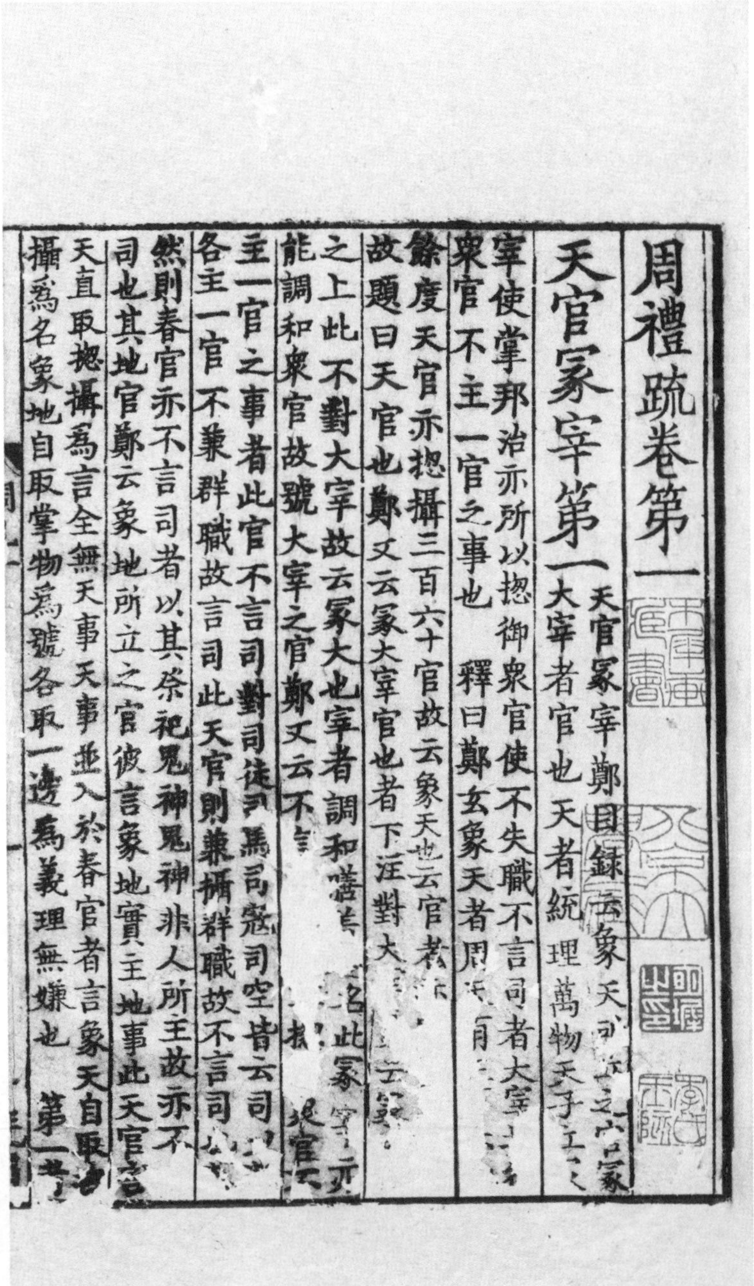

插图1 《周礼疏》

宋刻元印本。框高20.9厘米、宽15.9厘米。

此本解经之疏列于注前，是最早的注疏合刻本。

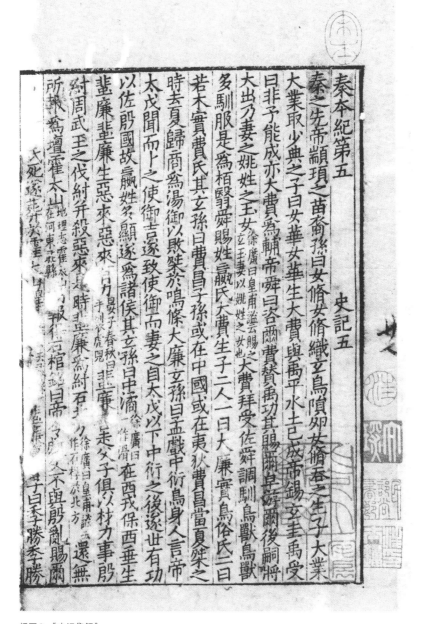

插图2 《史记集解》

北宋刻本。框高16.9厘米、宽11.2厘米。

此本传世多残本，北京大学图书馆所藏仅存卷五至卷七。

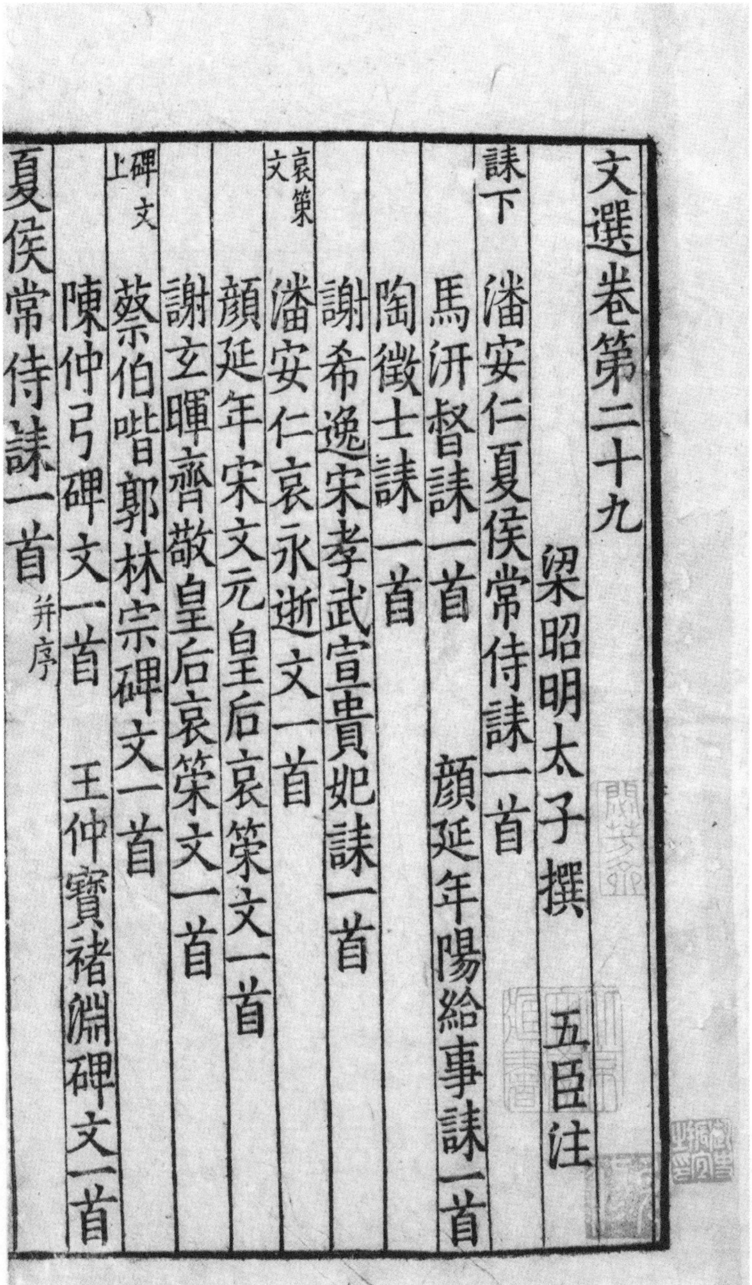
文選卷第二十九　梁昭明太子撰　五臣注

誄下

潘安仁夏侯常侍誄一首

馬汧督誄一首　顏延年陽給事誄一首

陶徵士誄一首

謝希逸宋孝武宣貴妃誄一首

哀策文

潘安仁哀永逝文一首

顏延年宋文元皇后哀策文一首

謝玄暉齊敬皇后哀策文一首

碑文上

蔡伯喈郭林宗碑文一首

陳仲弓碑文一首　王仲寶褚淵碑文一首

夏侯常侍誄一首 并序

插图3 《文选五臣注》

南宋初杭州钟家刻本。框高18.4厘米、宽10.8厘米。

北京图书馆藏此本卷三〇末有“杭州猫儿桥河东岸开笺纸马铺钟家印行”刊记。

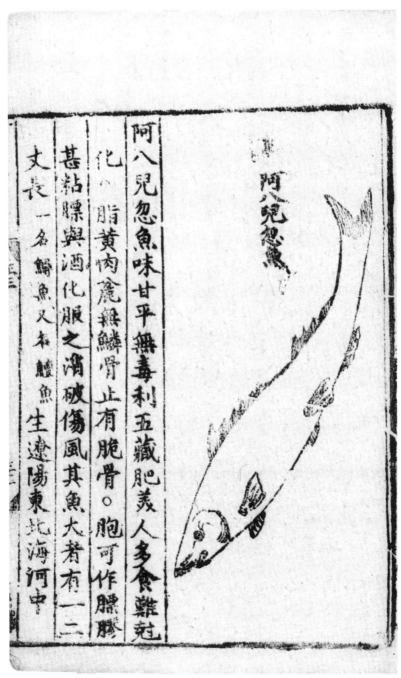

插图4 《饮膳正要》
元刻本。框高25.3厘米、宽19.2厘米。
明景泰本即从此出。附图精美。内阁大库旧藏。

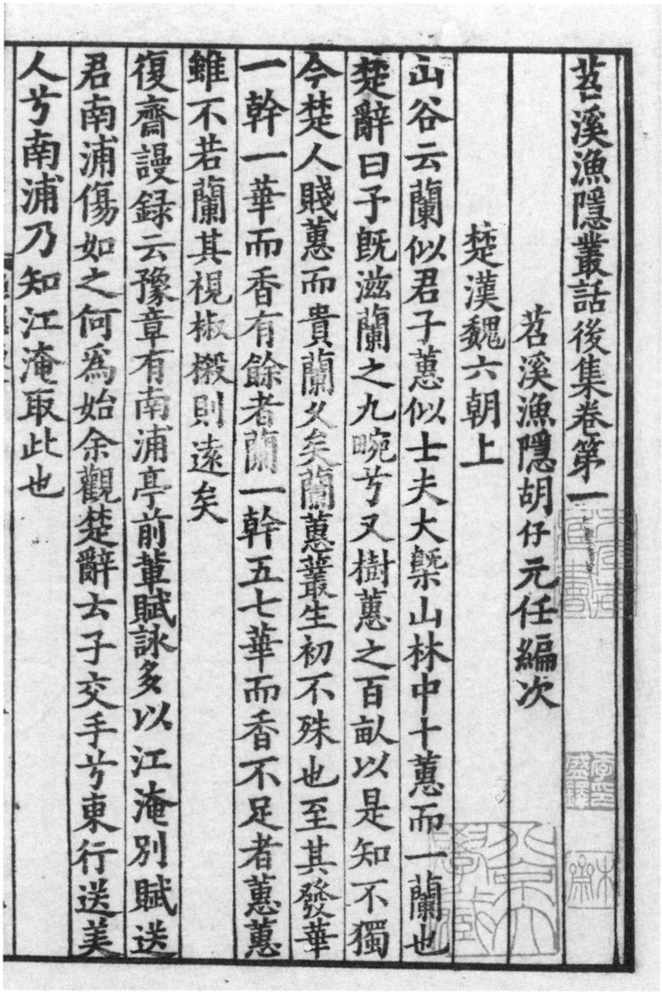

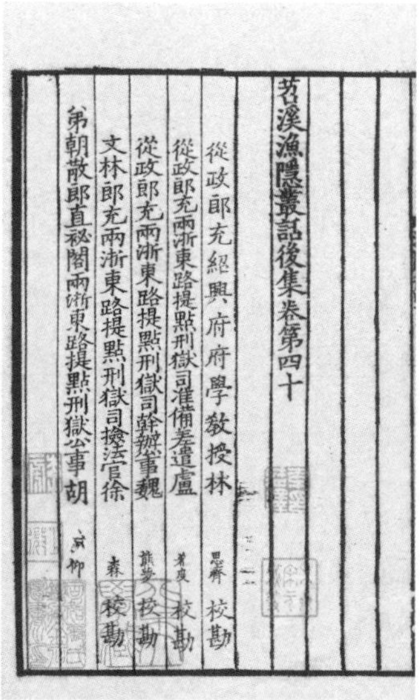

插图5　《苕溪渔隐丛话后集》
宋乾道淳熙间刻本。框高20.5厘米、宽14.5厘米。
卷前有胡仔自序，卷末有校勘衔名5行。约是此书祖本。

插图6　《九僧诗》

清初毛氏汲古阁影抄宋抄本。黑格，框高17.8厘米、宽13厘米。

缮写精良，"毛抄"之上品，卷末有毛扆跋。

世传抄本、刻本《九僧诗》俱从此毛抄出。

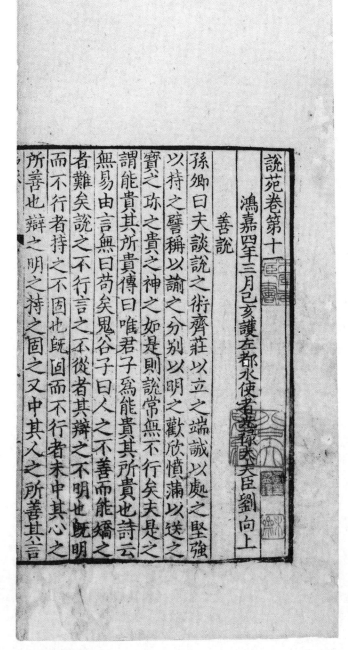

插图7 《说苑》
宋刻本。框高21.8厘米、宽14.2厘米。
巨册蝶装。内阁大库旧藏。

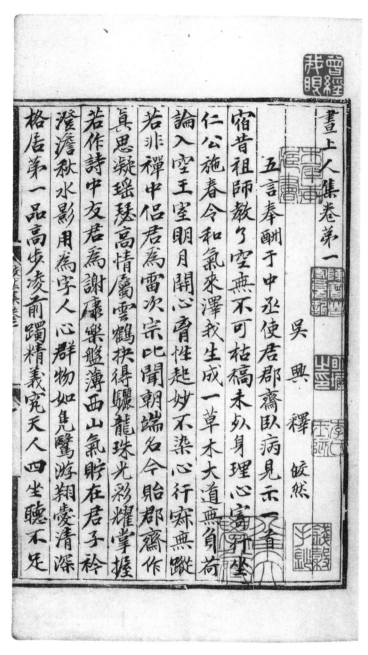

插图8 《昼上人集》

明钱穀抄本。黑格，框高20.1厘米、宽14厘米。

卷前有唐贞元八年（792年）《湖州写送皎然禅师集牒》和于頔撰《吴兴昼上人集序》。

钱穀（1508—1572年）师事文征明习书画，每闻异书，手自抄写，

冯时可谓穀小楷法虞、欧，每得其妙于法外。

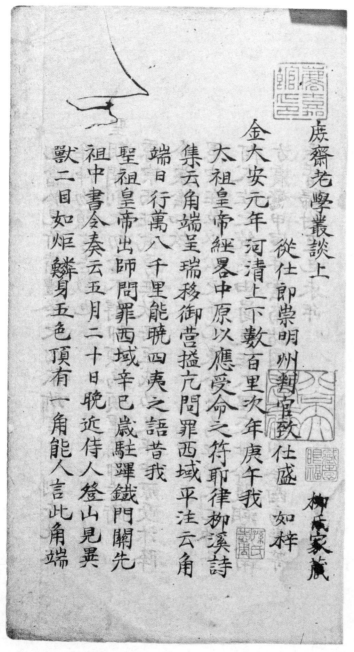

插图9 《庶斋老学丛谈》
明嘉靖元年（1522年）柳金抄本。无格框。
金字大中，以摹写旧籍，考核精审名于世。

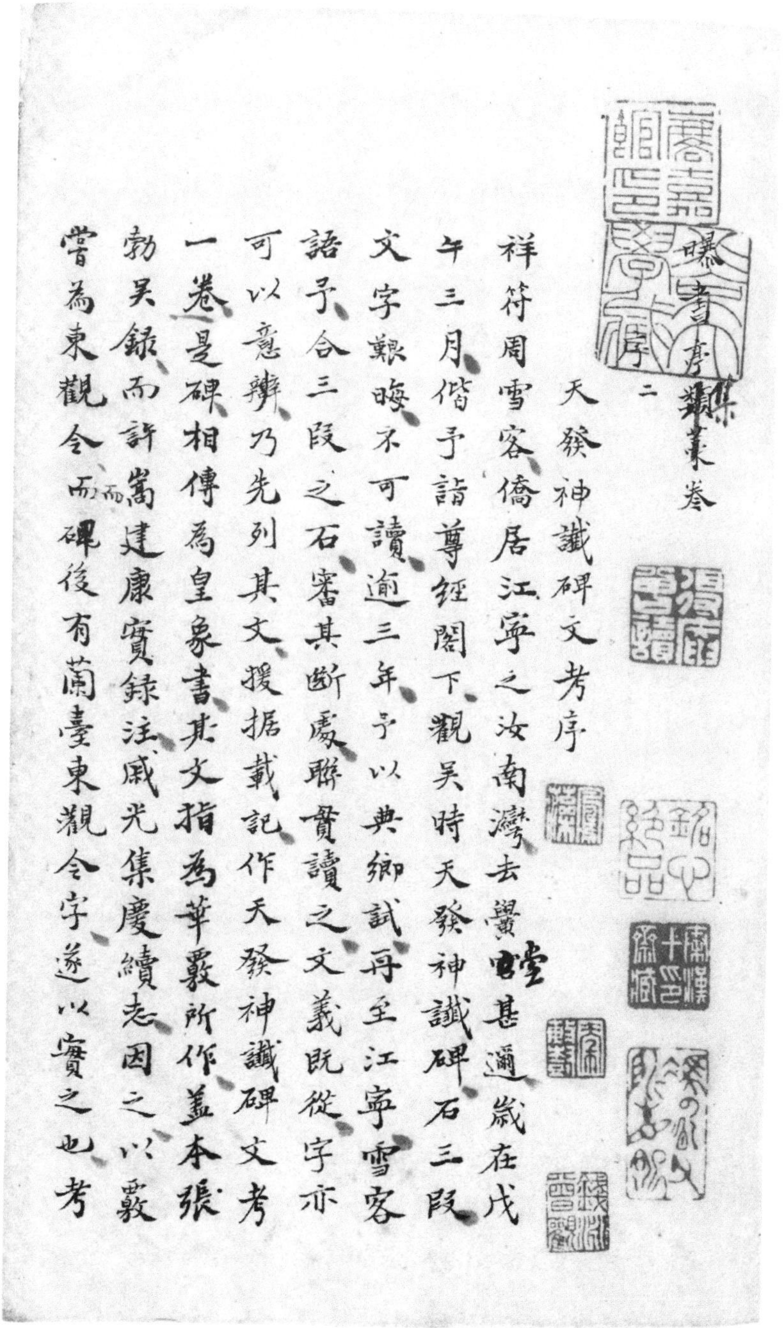
曝書亭集類藁卷
二
天發神讖碑文考序
祥符周雪客僑居江寧之汝南灣去黌堂甚邇歲在戊
午三月偕予詣尊經閣下觀吳時天發神讖碑石三段
文字艱晦不可讀逾三年予以典鄉試再至江寧雪客
語予合三段之石審其斷處聯貫讀之文義既從字亦
可以意辨乃先列其文援据載記作天發神讖碑文考
一卷是碑相傳為皇象書其文指為華覈所作蓋本張
勃吳錄而許嵩建康實錄注、戚光集慶續志因之以覈
嘗為東觀令而碑後有蘭臺東觀令字遂以實之也考

插图10 《曝书亭集》

稿本。无格、框。

稿中有朱彝尊朱墨校字和夫人及公子西畯手抄页。

索 引

（书名、篇名和印刷品名称）

凡 例

一、索引收录全书（包括附录）引述的古籍文献书名、篇名，及少量今人文献。

二、索引词目按汉语拼音音序排列。英文词目按首字字母归入各部之末；日文词目以汉字开头的，按汉字的汉语拼音，与中文条目混排；以日语假名开头的，按假名罗马音标的首字字母归入各部之末。

三、部分词目后列刊刻地点或版本说明。

后　记

　　本论集原只收五篇旧作和两篇附录，夹在旧作和附录之间的《唐宋时期雕版印刷书影选辑》是接受文物出版社同志们的意见，扩展了旧作中的插图并附简单说明组织成稿的；其中第四部分的图版和说明大部根据北京图书馆《中国版刻图录》，由于选辑仓促，如有讹误，当与原图录无关。

　　本论集次第一再改变后的底定和文献索引的编辑，皆赖责任编辑蔡敏同志的安排。李崇峰同志译出了英文目次并拍摄复制了书影的绝大部分。北京大学图书馆藏书的拍摄，主要出自北京大学图书馆善本部同志的协助。发表在《文物》上的照片，承文物出版社惠借。苏哲同志拍摄复制了日本清凉寺栴檀佛像装藏的雕版印刷品。谨向以上大力支持编辑本书的单位和同志致以衷心的感谢。

1998 年 10 月

Studies on the Block Printings and Woodcuts of the Tang and Song Dynasties

CONTENTS